普通高等教育食品类专业“十四五”规划教材

工程教育及新工科理念建

加工与检验实践教程

●主编　王明成

郑州大学出版社

图书在版编目(CIP)数据

食品加工与检验实践教程 / 王明成主编 . — 郑州 : 郑州大学出版社, 2023. 8
ISBN 978-7-5645-9804-4

Ⅰ. ①食… Ⅱ. ①王… Ⅲ. ①食品加工 - 教材②食品检验 - 教材
Ⅳ. ①TS205②TS207. 3

中国国家版本馆 CIP 数据核字(2023)第 122329 号

食品加工与检验实践教程
SHIPIN JIAGONG YU JIANYAN SHIJIAN JIAOCHENG

策划编辑	袁翠红	封面设计	苏永生
责任编辑	杨飞飞	版式设计	苏永生
责任校对	崔 勇	责任监制	李瑞卿

出版发行	郑州大学出版社	地 址	郑州市大学路 40 号(450052)
出 版 人	孙保营	网 址	http://www.zzup.cn
经 销	全国新华书店	发行电话	0371-66966070
印 刷	广东虎彩云印刷有限公司		
开 本	787 mm×1 092 mm 1 / 16		
印 张	15.25	字 数	363 千字
版 次	2023 年 8 月第 1 版	印 次	2023 年 8 月第 1 次印刷

书 号	ISBN 978-7-5645-9804-4	定 价	46.00 元

本书作者

主　　编　王明成

副 主 编　王孜玲　乔　柱　孙红梅　姜晓红

编　　委　魏姜勉　刘营营　李玉芳
　　　　　曹连宾　马　艳　鲁　珍
　　　　　刘超英　温培佩　李明哲
　　　　　韩培勋　王　冶　刘道奇
　　　　　李源鑫　仲　杰　郭亚男

前言

实践教学，是巩固理论知识、加深理论认识的有效途径，是培养具有创新意识的高素质工程技术人员的重要环节，是理论联系实际、培养学生掌握科学方法和提高动手能力的重要平台，有利于学生素养的提高和正确价值观的形成。《食品加工与检验实践教程》是为了提高食品科学与工程、食品质量与安全、食品安全与检测、食品营养与健康等食品科学与工程类本科专业学生实践技能、动手能力而编写的教材。

目前，食品科学与工程类本科专业实践教材同质化严重，实验项目设定陈旧、应用性不足，不能满足新工科理念下食品专业教材的需求。本教材在编写过程中，将省级和校级教改成果、科研项目成果和社会服务项目成果融入实践项目。实现项目进课堂，项目成果进教材，将科研成果融入到专业课教学中，作为实践案例进行分享，让学生领略到科技的魅力，以提高学生的科研兴趣，熏陶和影响学生科研思路的形成和科研思维的建立。

本教材在实践项目设定时紧扣行业需要。教材根据课程体系组合实践项目，充分调研食品相关企事业单位对人才能力的要求，突出应用型人才培养，融入地方特色农产品的分析、加工、检测等实践项目，促进产教研融合。使学生在学习过程中，解决行业急需疑难问题，从而激发学生的学习兴趣和研究兴趣。

本教材体系结构系统性强。教材所设实践教学项目系统、紧凑，从食品样品的采集、分析、加工到质量检测，由浅入深；涵盖探索、实验和实践。既注重培养学生的实践技能，又注重培养学生分析、解决问题的能力。

本书作者是一批多年从事食品科学与工程类本科专业教学的教师和食品生产与安全检验方面的工作者，书中内容是作者多年参与食品科学与工程类课程的实践经验总结。但因编者水平有限，书中仍有不足之处，敬请广大读者提出宝贵意见，我们会及时修改、提高。

编　者

2023 年 3 月

目录

第一章　食品分析实验

第一节　样品采集及物理检验

对食品进行分析检验的第一步就是样品的采集。样品的采集即采样，是从大量物料中抽取一定数量具有代表性的样品，所抽取的分析材料称为样品或试样，检验样品通常需要几克或几毫克。而在实际工作中，要检验的物料的量通常都很大，组成有的均匀，有的不均匀，所检验的结果必须代表全部样品，即采样必须有代表性，因此正确的采样在检验工作中是非常重要的。

食品的物理指标是食品生产中常用的工艺控制指标，也是防止假冒伪劣食品进入市场的监控手段，通过测定食品的物理指标，可以指导生产过程、保证产品质量，是生产管理和市场管理不可缺少的方便而快捷的监控手段。

实验一　食品样品采集、制备和前处理

一、实验目的

(1)掌握样品的一般取样方法。
(2)掌握样品前处理的方法。
(3)了解食品样品的基本制备方法。

二、实验原理

采样的方法一般分为随机采样和代表性采样。随机采样指按照随机的原则，从被分析的大批物料中抽取部分样品。代表性采样指按照系统抽样法进行样品的采集。采样应注意样品的生产日期、批号、代表性和均匀性。掺伪食品和食品中毒样品采集要具有典型性。采集的数量应能反映该食品的卫生质量和满足检验项目对样品量的需要。

具体的取样方法根据分析对象的不同而异。液体、半流体食品如用大桶或大罐盛装的，先混合均匀，用虹吸法分上、中、下三层取样，然后混合分取，缩减至所需数量的平均样品。粮食及固体食品应自每批食品上、中、下三层中的不同部位分别采取部分样品，混合后按四分法对角缩分，最后取得有代表性的样品。肉类、水产等食品应按照分析项目要求采取不同部位的样品或混合后采样。罐头、瓶装食品或其他小包装食品，应根据批号随机取样。

四分法方法：将采取的样品铺在木板(或玻璃板、牛皮纸)上成为均匀的一层，按照对角线划分为四等份。取对角的两份为进一步取样的材料，而将其余的对角两份淘汰。再

将已取中的两份样品充分混合后重复上述方法取样。反复操作，每次均淘汰50%的样品，直至所取样品达到所要求的数量为止。这种取样的方法称作“四分法”。一般禾谷类、豆类及油料作物的种子均可采用这个方法采取平均样品，但注意样品中不要混有不成熟的种子及其他混杂物。由于采集的样品数量过多或组成不均匀，为保证分析结果的准确可靠，在分析测定前必须对样品进行制备，包括整理、粉碎、过筛、混匀、缩分、净化、浓缩等步骤。

在食品分析中，由于食品或食品原料的成分十分复杂，而且其中某些组分（如糖类、蛋白质、脂肪、维生素等）或杂质之间往往以复杂的结合态或络合态形式存在，对分析测定产生干扰，因此在正式测定之前，需要对样品进行适当的前处理，以去除干扰物。主要的前处理方法有有机物破坏法（如干法灰化法、湿法消化法）、溶剂抽提法、蒸馏法、色层分离法、化学分离法、浓缩法等。本次实验主要学习干法灰化法和湿法消化法。

干法灰化法：以氧为氧化剂，在高温下长时间灼烧，使其中的有机物脱水、炭化、分解、氧化，生成二氧化碳、水或其他挥发性气体散逸掉，残留的白色或浅灰色残渣即为无机成分。

湿法消化法：样品中加入强氧化剂，并加热消煮，使样品中的有机物质完全分解、氧化，呈气态逸出，待测组分转化为无机物状态存在于消化液中。常用的强氧化剂有浓硝酸、浓硫酸、高氯酸、高锰酸钾、过氧化氢等。

三、仪器与试剂

（1）实验仪器：长柄勺、压板、烧杯、小刀、研钵、蒸发皿、天平、电炉、电热鼓风干燥箱、马弗炉、坩埚、量筒、玻璃棒、滤纸。

（2）实验试剂：盐酸、硝酸、高氯酸、硫酸等。

（3）实验材料：大米、蔬菜、苹果。

四、实验步骤

1. 四分法采样

“四分法”将原始样品做成平均样品，即将原始样品充分混匀后堆集在清洁的玻璃板上，压平成厚度在3 cm以下的形状，并划成对角线或“+”字线，将样品分成四份，取对角线的两份混合，再分为四份，取对角的两份（图1-1）。这样操作直至取到所需数量为止，此即是平均样品。

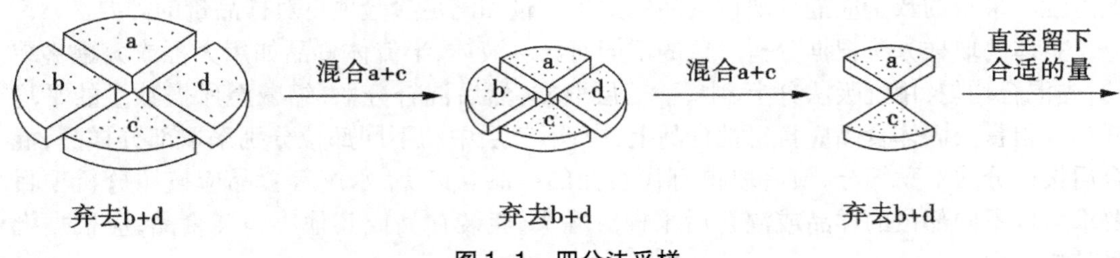

图1-1 四分法采样

2. 大米样品的制备

取一定量的大米→按四分法取样→植物组织粉碎机粉碎→过 80 目筛→转移至干净容器→装入铝盒保藏→待测。

3. 蔬菜的取样

随机选取 3 棵蔬菜→整棵清洗→混合→组织捣碎机捣碎→混匀即为原始样品→转移至干净容器→待测。

4. 苹果的取样

随机选取 1 个苹果→沿生长轴按四分法切→取对角 2 块→切碎→混匀转移至干净容器→待测。

5. 大米湿法消化

混合称取 5 g 大米，置于 250 mL 烧杯中，先加少许水湿润，加几粒玻璃珠，10 ~ 15 mL 硝酸-高氯酸混合液（硝酸：高氯酸 = 4：1），放置片刻，小火慢慢加热，待作用缓和，放冷。加 5 ~ 10 mL 硫酸，继续加热，至液体变成棕色时，不断加入硝酸-高氯酸混合液至有机物完全分解。加大火力至产生白烟，待瓶口白烟消失后，瓶内液体再产生白烟为消化完全，溶液为澄清透明无色或微带黄色，放冷。操作过程中应注意防止爆沸或爆炸。加 20 mL 水再次煮沸，除去残余的硝酸至产生白烟为止。溶液加水定容到 50 mL 的容量瓶中。定容后的溶液每 10 mL 相当于含有 1 g 样品。

6. 蔬菜的干法消化

取新鲜蔬菜，先用自来水清洗，再用蒸馏水清洗，切碎，用研钵捣碎，称取 10 g，置于蒸发皿中，在通风处小火加热，直至不再冒烟为止（或放入电热鼓风干燥箱，干燥 2 h），然后将其放入马弗炉内灰化（注意升温速度不要太快，最高温度 500 ℃，时间 10 ~ 20 h）。冷却后，加入 1：1 的盐酸，如果不完全溶解，小火加热使其全部溶解，若再不溶解，加入 2 ~ 3 mL 硝酸，使其溶解，加 5 mL 水，然后过滤，移入 50 mL 的容量瓶中。加水定容，摇匀，备用。

五、注意事项

（1）样品要混合均匀，取样要有代表性。

（2）干法灰化时要注意操作安全，谨防烫伤。把坩埚从马弗炉中取出时，要在炉口停留片刻，使坩埚冷却，防止因温度剧变而使坩埚破裂。

（3）湿法灰化时使用强酸试剂，要注意安全。

六、思考题

（1）固体样品的采样流程是什么？

（2）干法灰化法和湿法消化法的优缺点各是什么？

实验二 食品密度的测定

一、实验目的

(1)掌握相对密度的测定方法和操作流程。

(2)掌握密度瓶的工作原理。

二、实验原理

相对密度是指某一温度下物质的质量与同体积某一温度下水的质量之比,以符号 d 表示,即两者的密度之比。温度一般为 20 ℃。各种液态食品都有其一定的相对密度,当其组成成分及其浓度改变时,其相对密度也随着改变,故测定液态食品的相对密度可以检验食品的纯度或浓度及判断食品的质量。

三、仪器与材料

(1)实验仪器:密度瓶、分析天平、恒温水浴锅等。

(2)实验材料:液态食品。

四、实验步骤

取洁净、干燥、恒重、准确称量的密度瓶,记为 m_0,装满试样后,置于 20 ℃水浴中浸泡 0.5 h,使内容物的温度达到 20 ℃,盖上瓶盖,并用细滤纸条吸去支管标线上的试样,盖好小帽后取出,用滤纸将密度瓶外擦干,置于天平室内 0.5 h,称量,记为 m_2。再将试样倾出,洗净密度瓶,装入煮沸 30 min 并冷却到 20 ℃以下的蒸馏水,按上述方法操作,称量同体积 20 ℃蒸馏水与密度瓶的质量,记为 m_1。密度瓶内不应有气泡,天平室内温度保持 20 ℃恒温条件,否则不应使用此方法。

五、结果计算

相对密度结果计算按照如下公式:

$$d=(m_2-m_0)/(m_1-m_0)$$

六、注意事项

(1)密度瓶必须洁净、干燥,操作顺序为先称量空密度瓶,再装入供试品后称量,最后装水称重。

(2)装过供试品的密度瓶必须冲洗干净,如供试品为油剂,测定后应尽量倾去,连同瓶塞可先用石油醚和三氯甲烷冲洗数次,待油完全洗去,再以乙醇、水冲洗干净,再依法测定水的质量。

(3)测定有腐蚀性供试液时,为避免腐蚀天平盘,可在称量时将一个表面皿置于天平盘上,再放密度瓶称量。

七、思考题

测定相对密度的影响因素有哪些?

实验三 食品折射率、旋光度的测定

一、实验目的

(1)掌握折光仪、旋光仪的使用原理及方法。

(2)掌握使用折光仪、旋光仪测量有关食品的浓度、纯度及品质的方法。

二、实验原理

(1)折光法:由于样液的浓度不同,折射率不同,故临界角的数值也不同,而折射率与临界角成正比,所以只需调整折光仪,使样液的入射角达到临界角,此时即可读取样液的折射率或质量分数。

(2)旋光法:旋光度是每一种光学活性物质的特征常数,在一定条件下,比旋光度 $[\alpha]_{\lambda}=\frac{\alpha}{Lc}$ 是已知的,L 为旋光系数,为一定值,所以测得了旋光度,就可以计算出旋光性溶液的浓度 c。

三、仪器与材料

(1)实验仪器:手持折光仪、自动旋光仪等。

(2)实验材料:牛乳、糖液等。

四、实验步骤

1. 手持折光仪测定折射率

(1)操作步骤

1)掀起棱镜盖板,用柔软的绒布仔细地将折光棱镜清洗干净,并用滤纸和擦镜纸将水拭净。

2)调零:取蒸馏水 1 ~ 2 滴,置于折光棱镜面上,合上盖板,通过接目镜观察刻度。如果分界线未与刻度盘“0”点重合,为了调焦,可向任意方向旋转接目镜,直至视场清晰。

3)取样液 1 ~ 2 滴,置于折光棱镜面上,并保持水平状态轻轻合上盖板,使溶液均匀分布在棱镜面,如有气泡必须消除。20 ℃时纯水的折光率为 1.332 99,若校正时温度不是 20 ℃,应查出该温度下水的折光率值再进行校正,如表 1-1 所示。

表 1-1 纯水在 10～30 ℃的折射率

温度/℃	纯水折射率	温度/℃	纯水折射率	温度/℃	纯水折射率
10	1.333 71	17	1.333 24	24	1.332 63
11	1.333 63	18	1.333 16	25	1.332 53
12	1.333 59	19	1.333 07	26	1.332 42
13	1.333 53	20	1.332 99	27	1.332 31
14	1.333 46	21	1.332 90	28	1.332 20
15	1.333 39	22	1.332 81	29	1.332 08
16	1.333 32	23	1.332 72	30	1.331 96

4）将仪器进光窗对向光源，通过接目镜观察刻度。

5）在分界线和刻度盘交叉处读取测量值，如目镜读数标尺刻度为百分数，即为可溶性固形物含量（%），如目镜读数标尺为折光率，可查糖溶液的密度和折射率表换算为可溶性固形物含量（%）。

6）用柔软的绒布擦净镜面上的样液。

（2）数据记录。同一样品两次测定值之差不应大于 0.5%。取两次测定的算术平均值作为结果，精确至小数点后一位。

（3）校正方法。若测定温度不是 20 ℃，应进行温度校正。方法：温度高于 20 ℃时，读数加上查读数温度校正表（表 1-2）得出的相应校正值，即为样液的准确浓度数值。若低于 20 ℃时，读数减去查读数温度校正表得出的相应校正值，即为样液的准确浓度数值。

表 1-2 可溶性固形物对温度校正表

温度/℃		可溶性固形物含量读数									
		5	10	15	20	25	30	40	50	60	70
减校正值	15	0.29	0.31	0.33	0.34	0.34	0.35	0.37	0.38	0.39	0.40
	16	0.24	0.25	0.26	0.27	0.28	0.28	0.30	0.30	0.31	0.32
	17	0.18	0.19	0.20	0.21	0.21	0.21	0.22	0.23	0.23	0.24
	18	0.13	0.13	0.14	0.14	0.14	0.14	0.15	0.15	0.16	0.16
	19	0.06	0.06	0.07	0.07	0.07	0.07	0.08	0.08	0.08	0.08
加校正值	21	0.07	0.07	0.07	0.07	0.08	0.08	0.08	0.08	0.08	0.08
	22	0.13	0.14	0.14	0.15	0.15	0.15	0.15	0.16	0.16	0.16
	23	0.20	0.21	0.22	0.22	0.23	0.23	0.23	0.24	0.24	0.24
	24	0.27	0.28	0.29	0.30	0.30	0.31	0.31	0.31	0.32	0.32
	25	0.35	0.36	0.37	0.38	0.38	0.39	0.40	0.40	0.40	0.40

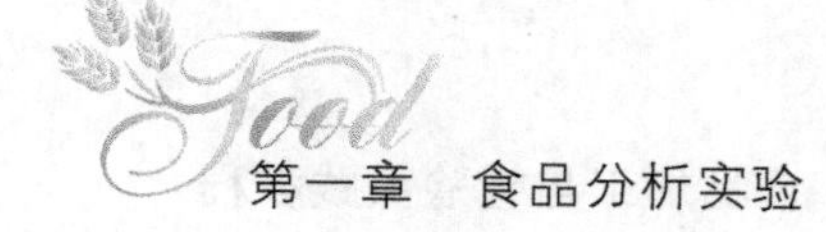

2. SGW 自动旋光仪测定旋光度

(1)打开电源,仪器显示请等待,大约6 s后,显示器显示模式、长度、浓度、复测次数、波长等选项。默认值:模式=1,长度=2.0,浓度=1.000,复测次数=1,波长=1(589.3 nm)。显示模式的分类:模式1——旋光度,模式2——比旋度,模式3——浓度,模式4——糖度。

(2)如果显示模式不需要改变,则按"校零"键,显示"0.000"。若需要改变模式,修改相应的模式数字对应模式、长度、浓度、复测次数,输入完毕后,需要按"回车"键,当复测次数输入完毕后,按"回车"键后显示"0.000"表示可以测试。在浓度项输入过程中,发现输入错误时,可按"→",光标会向前移动修改错误。在检测过程中需该表模式,可按"→"。

(3)测定旋光度,模式选1,测量内容显示旋光度,数据栏显示 α 及其均值,需要输入测量的次数,脚标均值表示平均值。

(4)检测。将装有蒸馏水或其他空白试剂的旋光管放入样品室,盖上箱盖,按清零键,显示0。旋光管中若有气泡,应先让气泡浮在凸镜处,通光面两端的雾状水滴,应用软布擦干,旋光管帽不宜旋得过紧,以免产生应力,影响读数。旋光管安放时应注意标记位置和方向。

(5)待测样品的测定。取出旋光管,将待测样品注入旋光管,按相同的位置和方向放入样品室内,盖好箱盖,仪器将显示该样品的旋光度。仪器自动复测 n 次,得 n 个读数并显示平均值及均方差值。如果复测次数设定为1,可用复测键手动复测,如果复测次数>1时,按"复测"键,仪器将不响应。如果样品超过测量范围,仪器来回震荡,此时取出旋光管,仪器自动转回零位,此时可稀释样品后复测。

五、注意事项

(1)折光棱镜为软质玻璃,注意防止刮花。

(2)样品测定通常规定在20 ℃时测定,如测定温度不是20 ℃,可按实际的测定温度查温度校正表进行校正,若室温在10 ℃以下或30 ℃以上时,一般不宜查表校正,可在棱镜周围通以恒温水流,使试样达到规定温度后再测定。

(3)滴在进光镜面上的液体要均匀分布在棱镜面上,并保持水平状态合上两棱镜,保证棱镜缝隙中充满液体。

(4)被测试液不能含有固体杂质,测试固体样品时应防止折射棱镜的工作表面拉毛或产生压痕,严禁测试腐蚀性较强的样品。

(5)温度对旋光度有很大的影响,如测定时温度不是20 ℃,应进行校正。

(6)旋光管使用后(特别在盛放有机溶剂后)必须立即洗涤。

(7)旋光管两端的圆玻片为光学玻璃,必须小心用软纸擦拭,以免磨损。

(8)淀粉中除了蛋白质对测定结果有影响外,其他可溶性糖及糊精均有影响,用此法测定时应格外注意。

六、思考题

(1)影响折光率测定的因素有哪些?

(2)食品的旋光度与哪些因素有关?

实验四 食品色泽的测定

一、实验目的

(1)了解物体颜色的基本概念及表示方法。

(2)了解物体颜色的测量方法。

二、实验原理

物质的颜色是物质对太阳可见光(白光)选择性反射或透过的物理现象。可见光被物体反射或透射后的颜色称为物体色,不透明物体表面的颜色称为表面色。色差计是利用仪器内部的标准光源照明来测量透射色或反射色的光电积分测色仪器。物体的颜色一般用色调、色彩度和明度这三种尺度来表示。色调表示红、黄、绿、蓝、紫等颜色特性。色彩度是用等明度无彩点的视知觉特性来表示物体表面颜色的浓淡,并给予分度。明度表示物体表面相对明暗的特性,是在相同的照明条件下,以白板为基准,对物体表面的视知觉特性给予的分度。

三、仪器与材料

(1)实验仪器:色差计。

(2)实验材料:不同类型食品。

四、实验步骤

1. 试样制作

对于固体食品,测定时应尽量使表面平整,在可能条件下,最好把表面压平。对于糊状食品,使食品中各成分混合均匀,这样仪器测定值就比较一致,例如对果蔬酱、汤汁、调味汁类样品,可以在不使其变质前提下适当均质处理。颗粒食品测定时,尽量使颗粒大小一致。为此,可采用过筛或适当破碎其中大块的方法处理,颗粒大小一致可减少测定值的偏差,果汁类透明液体颜色的测定,为避免光的散射,应使试样面积大于光照射面积。当测定透过色光时,应尽量将试样中的悬浮颗粒用过滤或离心分离的方法除去。对颜色不均匀的平面或混有不同颜色颗粒的食品,测定时可以将试样旋转,以达到混色效果。

2. 开机

将仪器的标准值设定为纯水的三刺激值:$X=94.81$,$Y=100.00$,$Z=107.32$。同时设置内部目标样品的 L^*、a^*、b^* 值为80.55、81.26和-79.92。

3. 设定模式

设定测量模式和比较色差模式。

4. 测量操作

(1)仪器调零。先将仪器探头上的透射样品架从探头中抽出,把透射调零挡光片放在架上的样品槽内，然后放回透射样品架，执行仪器调零操作。

(2)调白操作。将透射样品架从探头中抽出，拿掉透射调零挡光片，换上擦净后盛满纯水的透射液体槽，放回透射样品架，执行调白操作。

(3)测量样品。调白结束换掉盛满纯水的透射液体槽，将作为标准的目标样品放入洗净擦干的透射液体槽内，然后将透射液体槽小心地夹在透射样品架上，再放入探头中，执行测量操作。仪器可以重复测定 9 次，测试的结果将是几次结果的算术平均值，按下"显示"按钮键即可得到样品的测定值。

五、食品颜色的判定

在生产中，常常希望将产品的颜色与目标色的色差控制在一定范围内，即希望食品颜色更接近理想的颜色。但实际工作中是很难做到的，颜色常有偏差。利用色差仪进行测量时，用户就可以根据测量结果来判断产品的偏色情况。其中：

明度指数 L^*(亮度轴)，表示黑白，0 为黑色，100 为白色，0～100 为灰色。

色品指数 a^*(红绿轴)，正值为红色，负值为绿色。

色品指数 b^*(黄蓝轴)，正值为黄色，负值为蓝色。

所有颜色都可以利用 L^*、a^*、b^* 这三个数值表示，试样与标样的 L^*、a^*、b^* 之差，用 ΔL^*、Δa^*、Δb^* 表示；ΔE^* 表示总色差。ΔL^* 为正值，说明试样比标样颜色浅；为负值，说明试样比标样颜色深。

六、注意事项

(1)仪器应放置在温度稳定、干燥、无振动的地方，避免高温高湿和大量灰尘影响。

(2)切忌用手触摸测试头内部。

(3)色差计测定需对同一样品至少重复测定 5 次以上。

七、思考题

色差计和分光光度测色仪的区别是什么？

实验五　食品黏度、硬度的测定

一、实验目的

(1)掌握食品黏度和硬度的测定原理。

(2)掌握黏度计测定液体食品黏度的方法，具备独立测定食品黏度的能力。

(3)了解水果硬度计的使用方法。

二、实验原理

旋转黏度计上的同步电机以稳定的速度带动刻度盘旋转，再通过游丝和转轴带动转子转动，当转子未受到液体的阻力，游丝、指针以同速转动，此时指针在刻度盘上指出的刻度为"0"。将旋转黏度计转子置于黏性流体之中时，由于转子受到液体的黏滞阻力，游丝产生扭力矩,与黏滞阻力抗衡直至达到平衡,这时与游丝连接的指针在制度圆盘上指示一定的读数。阻力越大,则游丝与之抗衡产生的扭矩也越大,因此刻度盘读数也越大。结合所用的相应转子号数以及转速,对照换算系数表,计算出被测样品的绝对黏度。

硬度是每平方厘米面积上承受的压力,水果的硬度是鉴定水果成熟度、质地品质和耐贮性的重要指标。硬度直接与水果细胞壁及其周围结构的成分有关。通过测定果品组织对外来压缩力的阻力程度来衡量硬度大小。

三、仪器与材料

(1)实验仪器:电子分析天平、旋转黏度计、恒温水浴锅、电动搅拌器、硬度计等。

(2)实验材料:全脂牛乳、脱脂牛乳、酸奶、水果等。

四、实验步骤

1. 黏度测量

(1)调整仪器水平,调整主机底座的三个水平调节螺钉,使黏度计机头上水准泡处于中间位置。

(2)安装转子,估算被测试样的黏度范围,结合量程表选择合适的转子。

(3)准确地控制被测液体的温度。

(4)测定样品,测定样品液时把样品置于直径不小于 700 mm,高度不低于 125 mm 的烧杯或试筒(仪器自备)中,使转子尽量置于容器中心部位,缓慢调节升降旋钮,调整转子在被测样品液中的高度,投入样品液直至液面达到转子的标志刻度为止。

(5)读取黏度数据,启动黏度计,待转子在样品液中转动一定时间,指针趋于稳定时读数,如此重复测量 3 次,取平均值。

2. 硬度测量

(1)转动刻度盘将水果硬度计调零。

(2)一手握住水果,一手用硬度计将测试头垂直对准果实表面,慢慢下压,均匀用力,使测试头顶部垂直压入果肉中。

(3)当测试头穿破果皮,此时当果品组织形态改变时,停止施加压力,读出标尺上的读数(kg/cm^2)。仪器回零后,多次测量取平均值。

(4)测试同一水果不同部位的硬度值。

(5)测试不同水果的硬度值。

五、结果计算

1. 黏度的计算

根据下列公式计算试样的动力黏度

$$\eta = K \times S$$

式中:η——样品的动力黏度,mPa·s;

K——黏度计常数,mPa·s;

S——黏度计示值。

注:黏度计常数及量程表见所使用黏度计的说明书。

2. 硬度的计算

从标尺读出不同水果的硬度值，并记录。试分析果实不同部位硬度的差异。

六、注意事项

(1) 安装转子时可用左手固定连接螺杆，避免刻度指针大幅度左右摆动，同时用右手慢慢将转子旋入连接螺杆，注意不要使转子横向受力，以免转子弯曲。

(2) 旋转黏度计与转子为一对一匹配，不可把转子混淆，不得随意拆卸和调整仪器零件。装上转子后，不可在无液体的情况下长期旋转，以免损坏轴尖，使用完毕后应及时清洗转子(注意不得在仪器上清洗转子)，清洗后的转子要妥善安放于转子架中。

(3) 黏度测定时应保证样品液的均匀性，测定的转子应提前浸于被测样品液中，使其与被测液体温度一致，从而获得较精确的数值。

(4) 硬度计调整后，开始测量硬度时，第一个测试点不用。因为第一个测试点处的试样与砧座接触可能不好，使测得的值不准确。待第一点测试完，硬度计处于正常运行状态后再对试样进行正式测试，记录测得的硬度值。

(5) 在试样允许的情况下，一般选不同部位至少测试三个硬度值，取平均值作为试样的硬度值。

(6) 加载前要检查加载手柄是否放在卸载位，加载时动作要轻稳，不要用力太猛，加载完毕，加载手柄应放在卸载位置，以免仪器长期处于负荷状态，发生塑性变形，影响测量精确度。

七、思考题

(1) 黏度测定实验中，为什么要保持体系温度恒定？

(2) 测定食品硬度的意义有哪些？

实验六　食品质构的测定

一、实验目的

(1) 熟悉质构仪的测定原理和测定方法。

(2) 了解质构仪的使用方法和常见食品质构的测定。

二、实验原理

质构仪基本结构一般是由一个能对样品产生变形作用的探头、一个用于支撑样品的底座和一个对力进行感应的力量感应源三部分组成。力量感应源连接探头，探头可以随主机曲臂做上升或下降运动，主机内部电路控制部分和数据存储器会记录探头运动所受到的力量，转换成数字信号，并在计算机显示器上同时绘出传感器受力与其移动时间或距离的曲线。

质构仪的检测方法包括五种基本模式：压缩实验、穿刺实验、剪切实验、弯曲实验、拉伸实验，这些模式可以通过不同的运动方式和配置不同形状的探头来实现。

三、仪器与材料

(1)实验仪器:质构仪。

(2)实验材料:饼干、苹果、黄瓜、火腿肠、馒头、面包、酸奶、果冻等。

四、实验步骤

1. 样品处理

火腿肠去包装后切成2.5 cm圆柱体备用。整块饼干、苹果、黄瓜、馒头、面包等从包装中取出直接测定。果冻去包装后除去游离水分。酸奶去掉其包装杯上的封口薄膜。

2. 黄瓜表皮硬度的测定

测试探头:进入弹性探头(NO.63)。测试速率:6 cm/min。进入距离:10 mm。

检测方法:分别在果肩端2~3 cm处,果实中部及距果蒂端2~3 cm处,于果身圆周对称4点[如图1-2中(2)的a、b、c、d部位]进行压缩-穿刺测试,各点取平均值,结果用N表示。

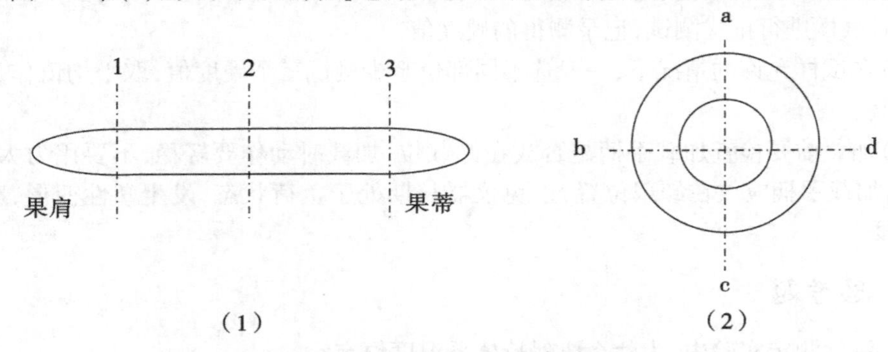

图1-2 黄瓜表皮硬度的检测方法

3. 苹果、桃子硬度的比较测定

测试探头:进入弹性探头(NO.65)。测试速率:6 cm/min。进入距离:5 mm。

检测方法:沿果梗将果实纵向均匀切分为两瓣,按图1-3中所示测点1、2、3、4取样,然后切成3 cm×3 cm×1 cm的果块,厚薄均匀一致,置于测试台,实验结果取平均值,比较苹果和桃子的硬度。

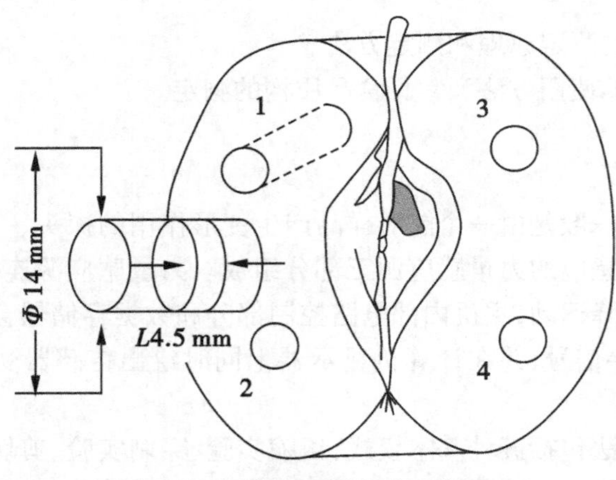

图1-3 苹果取样方式示意图

4. 烤肠脆性和弹性的测定

(1)脆性。测试探头：进入弹性探头(NO. 65)。测试速率：6 cm/min。进入距离：5 mm。

检测方法：将烤肠切为厚度15 mm、直径1 cm的圆柱体。

(2)弹性。测试探头：黏度弹性探头(NO. 915)。测试速率：6 cm/min。压缩率：20%，即进入距离3 mm。

检测方法：同脆性测定。

5. 面包、馒头弹性的比较测定

测试探头：进入弹性探头(NO. 915)。测试速率：6 cm/min。压缩率：60%，即进入距离9 mm。

检测方法：用切片机从竖直方向将每个馒头切成15 mm的均匀薄片，取中部两片测定。

6. 饼干脆性的测定

测试探头：进入弹性探头(NO. 35)。测试速率：6 cm/min。进入距离：破碎时停止。

检测方法：直接将饼干置于样品台上检测。

五、结果计算

样品按质构仪设定的程序进行测定。每个样品重复实验6次。记录测试条件和结果。

六、注意事项

(1)测定过程中勿将手、其他物体放入或靠近测试台面，以免造成人体伤害或损坏质构仪。

(2)实验过程中应尽量保证测试条件的一致性，如样品形状大小、质构测试的参数等。

七、思考题

质构仪的检测方法包括哪几种基本模式？

实验七　嗅觉辨别实验

一、实验目的

通过实验练习嗅觉辨别的方法，增强嗅觉辨别能力。

二、实验原理

嗅觉属于化学感觉，是辨别各种气味的感觉。嗅觉的感受器位于鼻腔最上端的嗅上皮内，嗅觉的感受物质必须具有挥发性和可溶性的特点。嗅觉的个体差异很大，有嗅觉敏锐者和迟钝者，嗅觉敏锐者也并非对所有气味都敏锐，因不同气味而异，且易受身体状况和生理的影响。

三、仪器与材料

(1)实验仪器:容量瓶、移液管、移液器、量筒、电子天平、白瓷盘、棕色具塞磨口瓶等。

(2)实验材料:乙酸乙酯、乙酸异戊酯、2-苯乙醇、食用香精(苹果、香蕉、柠檬)等。

四、实验步骤

1. 溶液配制

将乙酸乙酯用10%(体积分数)乙醇水溶液配成浓度为1 500 mg/L的溶液A,将乙酸异戊酯用10%(体积分数)乙醇水溶液配成浓度为600 mg/L的溶液B,将2-苯乙醇用水配成浓度为1 100 mg/L的溶液C,将食用香精苹果、香蕉、柠檬用水配成浓度为1%的母液。

2. 试样溶液的配制

(1)乙酸乙酯试样:取溶液A 100 mL和200 mL分别加水稀释至500 mL,配成质量浓度分别为300 mg/L和600 mg/L的试液。

(2)乙酸异戊酯试样:取溶液B 1 mL和2 mL分别加水稀释至500 mL,配成质量浓度分别为1.2 mg/L和2.4 mg/L的试液。

(3)2-苯乙醇试样:取溶液C 25 mL和50 mL分别加水稀释至500 mL,配成质量浓度分别为55 mg/L和110 mg/L的试液。

(4)苹果、香蕉、柠檬试样:取3种溶液母液各1 mL分别加水配成浓度为2‰的试液。

3. 鉴别前的准备

将9种基本风味物质的试剂,以随机数码表进行编号,并记录对应的风味物质名称。将棕色瓶洗净,依次贴上标签,在瓶中放入适量的试剂,盖好瓶盖,防止气味流失或窜味。

4. 鉴别时的操作

鉴别时,打开瓶盖,从左到右取第一个试剂瓶,打开瓶盖,使瓶口接近鼻子。用手在瓶口轻轻往鼻子方向扇动,使风味物质的气味进入鼻腔,轻轻吸气,辨别逸出的气味。由于人的嗅觉易疲劳和嗅味的相互影响,嗅感灵敏度再恢复需要一段时间,在品评时,每次鼻子闻过一种风味物质后,都要稍做休息,隔0.5~1 min,然后再闻另一种风味物质。仔细辨别,并对气味进行简要描述。

五、结果记录与分析

根据品评结果,对试样进行气味描述,并根据气味辨别风味物质名称,填写表1-3。

表 1-3　嗅觉识别试验记录

序号	试样编号	气味描述	物质名称

六、注意事项

(1)嗅觉实验时,要保持实验室内空气通畅。

(2)每次鉴别时,用手轻轻扇一下,使风味物质的气味进入鼻腔。不要吸入太多的气味,以免气味浓度太高,导致嗅觉麻痹,影响其他气味的辨别。另外,应限制样品实验次数,使其尽可能减小。

(3)每次鼻子闻过一种风味物质后,都要稍做休息,隔 0.5 ~1 min,然后再闻另一种风味物质。

(4)每次只打开一种嗅味成分的棕色瓶,不要同时打开 2 个或 2 个以上的棕色瓶瓶盖,防止风味物质互窜,以免影响气味的鉴别。

(5)样品嗅闻顺序安排可能会对实验结果产生影响,连续嗅闻同一种类型气体会使嗅觉很快疲劳,因此样品顺序应合理安排。

七、思考题

影响嗅觉识别气味的因素有哪些?

实验八　味觉辨别实验

一、实验目的

(1)通过对不同试液的品尝,学会判别基本味觉(酸、甜、苦、咸、鲜)。

(2)学会基本味觉的测定方法并了解其代表物质。

二、实验原理

味觉是人的基本感觉之一,是人类对食物进行辨别、挑选和决定是否予以接受的重要因素。可溶性呈味物质进入口腔后,在肌肉运动作用下将呈味物质与味蕾相接触,刺激味蕾中的味细胞,这种刺激再以脉冲的形式通过神经系统传导到大脑,经大脑综合神经中枢系统的分析处理,使人产生味觉。

酸、甜、苦、咸、鲜为基本味觉,柠檬酸、蔗糖、硫酸奎宁、氯化钠、味精分别为基本味觉的呈味物质。基本味和色彩中的三原色相似,它们以不同的浓度和比例组合就可形成自然界千差万别的各种味道。通过对这些基本味道识别的训练可提高感官鉴评能力。

三、仪器与材料

(1)实验仪器:容量瓶、移液管、量筒、电子天平、白瓷盘、温度计、电炉、一次性塑料杯等。

(2)实验材料:蔗糖、氯化钠、柠檬酸、硫酸奎宁、味精、水等。

四、实验步骤

1. 溶液配制

将蔗糖溶液配制为浓度 200 g/100 L 的溶液 A;将氯化钠溶液配制为浓度 100 g/L 的溶液 B;将柠檬酸溶液配制为浓度 10 g/L 的溶液 C;将硫酸奎宁溶液配制为浓度 0.2 g/L 的溶液 D,硫酸奎宁溶液在配制时先加一部分水,在 70 ~ 80 ℃水浴中加热至固体完全溶解后加水至刻度;将味精溶液配制为浓度 100 g/L 的溶液 E。试样溶液的配制如下:

(1)蔗糖试液:取溶液 A 10 mL 和 15 mL 分别稀释至 500 mL,配成质量浓度分别为 4 g/L、6 g/L 的试液。

(2)氯化钠试液:取溶液 B 4 mL 和 8 mL 分别稀释至 500 mL,配成质量浓度分别为 0.8 g/L、1.6 g/L 的试液。

(3)柠檬酸试液:取溶液 C 10 mL 和 20 mL 分别稀释至 500 mL,配成质量浓度分别为 0.2 g/L、0.4 g/L 的试液。

(4)硫酸奎宁试液:取溶液 D 5 mL 和 10 mL 分别稀释至 500 mL,配成质量浓度分别为 2 mg/L、4 mg/L 的试液。

(5)味精试液:取溶液 E 1.5 mL 和 3.0 mL 分别稀释至 500 mL,配成质量浓度分别为 0.3 g/L、0.6 g/L 的试液。

2. 试液编号

在白瓷盘中,放 10 个已编号的塑料杯,各盛有约 30 mL 不同质量浓度的基本味觉试液,再准备 2 个塑料杯(1 杯盛水,1 杯为漱口杯),试液以随机顺序用三位数从左到右编号排列。

3. 味觉辨别

先用清水漱口,再取第一个样品,喝一小口试液含于口中(勿咽下),轻微活动口腔使试液接触整个舌头,仔细辨别味道,吐去试液,用清水洗漱口腔。记录塑料杯的编号和味觉判断。按照一定的顺序对每一种试液(包括水)进行品尝,并做出味道判断。更换一批试液,重复以上操作。

五、结果记录与分析

当试液的味道低于你的分辨能力时,以“0”表示,例如水;当你对试液的味道犹豫不决时,以“?”表示;当你肯定你的味道判别时,以“甜、酸、咸、苦、鲜”表示。味觉试验记录见表 1-4。

表1-4 味觉试验记录

序号	试液编号	味觉	序号	试液编号	味觉
1			6		
2			7		
3			8		
4			9		
5			10		

六、注意事项

(1)试液用数字编号时,最好采用从随机数表上选择三位数的随机数字,也可用拉丁字母或字母和数字相结合的方式对试样进行编号。

(2)试验中所有玻璃器皿都必须从未装过任何化学试剂,并预先用清水洗涤,不能用其他液体洗涤,如肥皂液等。

(3)试验中的水质非常重要,蒸馏水、去离子水都不令人满意。蒸馏水会引起苦味感觉,去离子水对某些人会引起甜味感,所以一般方法是将新鲜自来水煮沸 10 min(用无盖锅),然后冷却即可。

(4)每次品尝后,用清水漱口,等待 1 min 再品尝下一个试样。

(5)实验期间样品和水温尽量保持在 20 ℃。

(6)实验前应保持良好的生理和心理状态。

七、思考题

(1)影响味觉的因素有哪些?

(2)在品尝样品时,应从哪几个方面加以注意?

第二节 食品中营养物质检测

食品中具有有益成分和营养素,有益成分包括水分和膳食纤维等,营养素包括蛋白质、脂肪、碳水化合物、矿物质、维生素等。它们是食品中具有特定生理作用的物质,能维持机体生长、发育、活动、繁殖以及正常代谢,缺少这些物质,将导致机体发生相应的生化或生理学的不良变化。

实验一 香菇中水分含量的测定

一、实验目的

学习食用真菌香菇的水分测定方法和取样方法。

二、实验原理

香菇是一种食用真菌,食用菌子实体中的水在一定的温度下受热后产生的蒸汽压高于在烘箱中的分压而蒸发掉。

三、仪器与材料

(1)仪器:扁形铝制或玻璃制称量瓶、电热恒温干燥箱、干燥器(内附有效干燥剂)、天平(感量为0.1 mg)等。

(2)材料:香菇。

四、操作步骤

(1)扁形铝制或玻璃制称量瓶前处理。取洁净铝制或玻璃制的扁形称量瓶,置于101~105 ℃干燥箱中,瓶盖斜支于瓶边,加热1.0 h,取出盖好,置干燥器内冷却0.5 h,称量,并重复干燥至前后两次质量差不超过2 mg,即为恒重。

(2)取样。随机抽取不少于10个香菇,用游标卡尺量取每个香菇的菌盖直径,计算出平均值。用组织捣碎机将选取的香菇样品捣碎,立即装于样品瓶中,进行后续试验。

(3)水分测定。称取2~10 g试样(精确至0.000 1 g),放入此称量瓶中,试样厚度不超过5 mm,如为疏松试样,厚度不超过10 mm。加盖,精密称量后,置于101~105 ℃干燥箱中,瓶盖斜支于瓶边,干燥2~4 h后,盖好取出,放入干燥器内冷却0.5 h后称量。然后再放入101~105 ℃干燥箱中干燥1 h左右,取出,放入干燥器内冷却0.5 h后再称量。并重复以上操作至前后两次质量差不超过2 mg,即为恒重。

五、注意事项

两次恒重值在最后计算中,取质量较小的一次称量值。

六、思考题

(1)干燥器有什么作用?

(2)为什么经加热干燥的称量瓶要迅速放到干燥器内冷却后再称量?

实验二 玉米水分活度的测定

一、实验目的

(1)掌握水分活度的概念和扩散法测定水分活度的原理。

(2)学习测定玉米水分活度的操作技术。

二、实验原理

食品中的水分都随环境条件的变动而变化。当环境空气的相对湿度低于食品的水分活度时,食品中的水分向空气中蒸发,食品的质量减轻;相反,当环境空气的相对湿度高于食品的水分活度时,食品就会从空气中吸收水分,使质量增加。不管是蒸发水分还是吸收水分,最终是食品和环境的水分达到平衡为止。据此原理,采用标准水分活度的试剂,形成相应湿度的空气环境,在密封和恒温条件下,观察食品试样在此空气环境中因水分变化而引起的质量变化,通常使试样分别在较高、中等和较低的标准饱和盐溶液中扩散平衡后,根据试样质量的增加(即在较高标准饱和盐溶液达平衡)和减少(即在较低标准饱和盐溶液达平衡)的量,计算试样的水分活度,食品试样放在以此为相对湿度的空气中时,既不吸湿也不解吸,即其质量保持不变。

三、仪器与试剂

1. 仪器

(1)康卫氏皿(带磨砂玻璃盖,见图 1-4)。

(2)称量皿:直径 35 mm,高 10 mm。

(3)天平感量:0.000 1 g 和 0.1 g。

(4)恒温培养箱:0 ~40 ℃,精度±1 ℃。

(5)电热恒温鼓风干燥箱。

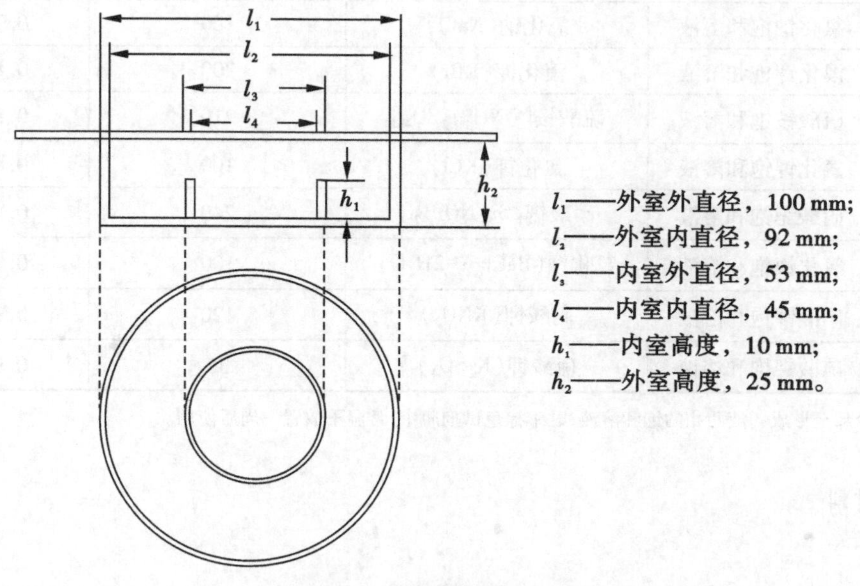

图 1-4　康卫氏皿示意图

2. 试剂

按表 1-5 配制各种无机盐的饱和溶液,所有试剂均使用分析纯试剂。

表 1-5 饱和盐溶液的配制

序号	过饱和盐溶液的种类	试剂名称	称取试剂的质量 X(加入热水×200 mL)[a]/g ≥	水分活度(A_w)(25 ℃)
1	溴化锂饱和溶液	溴化锂($LiBr \cdot 2H_2O$)	500	0.064
2	氯化锂饱和溶液	氯化锂($LiCl \cdot H_2O$)	220	0.113
3	氯化镁饱和溶液	氯化镁($MgCl_2 \cdot 6H_2O$)	150	0.328
4	碳酸钾饱和溶液	碳酸钾(K_2CO_3)	300	0.432
5	硝酸镁饱和溶液	硝酸镁[$Mg(NO_3)_2 \cdot 6H_2O$]	200	0.529
6	溴化钠饱和溶液	溴化钠($NaBr \cdot 2H_2O$)	260	0.576
7	氯化钴饱和溶液	氯化钴($CoCl_2 \cdot 6H_2O$)	160	0.649
8	氯化锶饱和溶液	氯化锶($SrCl_2 \cdot 6H_2O$)	200	0.709
9	硝酸钠饱和溶液	硝酸钠($NaNO_3$)	260	0.743
10	氯化钠饱和溶液	氯化钠($NaCl$)	100	0.753
11	溴化钾饱和溶液	溴化钾(KBr)	200	0.809
12	硫酸铵饱和溶液	硫酸铵[$(NH_4)_2SO_4$]	210	0.810
13	氯化钾饱和溶液	氯化钾(KCl)	100	0.843
14	硝酸锶饱和溶液	硝酸锶[$Sr(NO_3)_2$]	240	0.851
15	氯化钡饱和溶液	氯化钡($BaCl_2 \cdot 2H_2O$)	100	0.902
16	硝酸钾饱和溶液	硝酸钾(KNO_3)	120	0.936
17	硫酸钾饱和溶液	硫酸钾(K_2SO_4)	35	0.973

注:a 冷却至形成固液两相的饱和溶液,贮于棕色试剂瓶中,常温下放置一周后使用。

3. 材料

玉米。

四、操作步骤

1. 取样

取可食部分的代表性样品至少 200 g。在室温 18 ~25 ℃,相对湿度 50% ~80% 的条件下,迅速切成约小于 3 mm× 3 mm×3 mm 的小块,不得使用组织捣碎机,混匀后置于密闭的玻璃容器内。

2. 分析步骤

(1)预处理。将盛有试样的密闭容器、康卫氏皿(图 1-4)及称量皿置于恒温培养箱内,于 25 ℃±1 ℃条件下,恒温 30 min。取出后立即使用及测定。

(2)预测定。分别取 12.0 mL 溴化锂饱和溶液、氯化镁饱和溶液、氯化钴饱和溶液、硫酸钾饱和溶液于4个康卫氏皿的外室，用经恒温的称量皿，迅速称取与标准饱和盐溶液相等份数的同一试样约1.5 g，于已知质量的称量皿中（精确至0.000 1 g），放入盛有标准饱和盐溶液的康卫氏皿的内室。沿康卫氏皿上口平行移动盖好涂有凡士林的磨砂玻璃片，放入25 ℃±1 ℃的恒温培养箱内，恒温24 h。取出盛有试样的称量皿，加盖，立即称量（精确至0.000 1 g）。

（3）预测定结果计算

1）试样质量的增减量按下式计算：

$$X = \frac{m_1 - m}{m - m_0}$$

式中：X——试样质量的增减量，g/g；

m_1——25 ℃扩散平衡后，试样和称量皿的质量，g；

m——25 ℃扩散平衡前，试样和称量皿的质量，g；

m_0——称量皿的质量，g。

2）绘制二维直线图。以所选饱和盐溶液（25 ℃）的水分活度（A_w）数值为横坐标，对应标准饱和盐溶液的试样的质量增减数值为纵坐标，绘制二维直线图。取横坐标截距值，即为该样品的水分活度预测值，参见图1-5。

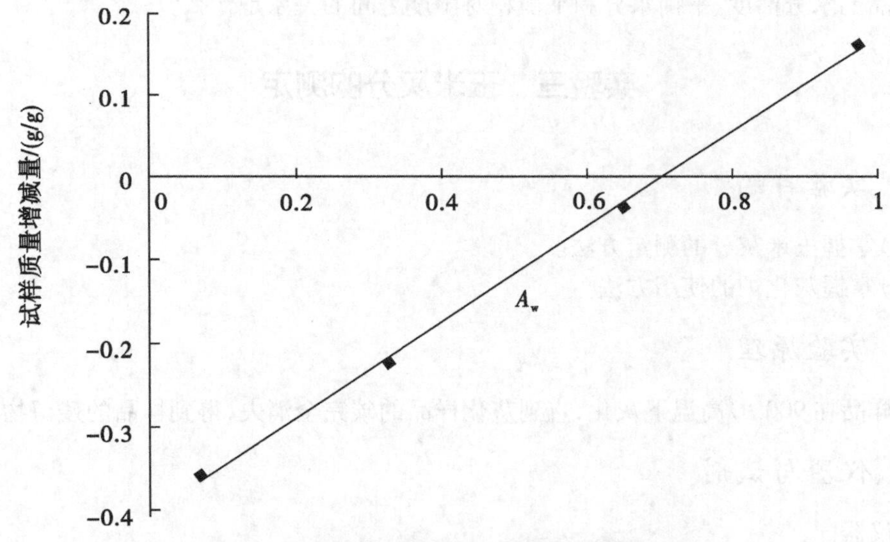

图1-5　蛋糕水分活度预测结果二维直线图

（4）试样的测定。依据（3）预测定结果，分别选用水分活度数值大于和小于试样预测结果数值的饱和盐溶液各3种，各取12.0 mL，注入康卫氏皿的外室。按“（2）预测定”中“迅速称取与标准饱和盐溶液相等份数的同一试样约1.5 g，……，立即称量（精确至0.000 1 g）”操作。

五、结果计算

同“预测定结果计算”。取横坐标截距值,即为该样品的水分活度实测值。当误差满足所规定的要求时,取三次平行测定的算术平均值作为结果。计算结果保留三位有效数字。

六、注意事项

(1)在重复性条件下获得的三次独立测定结果与算术平均值的相对偏差不超过10%。

(2)称重要精确迅速。

(3)扩散皿密封性要好。

(4)对试样的 A_w 值范围预先有一估计,以便正确选择标准饱和盐溶液。测定时也可选择2种或4种标准饱和盐溶液(水分活度大于或小于试样的标准盐溶液各1种或2种)。

七、思考题

食品的水分活度、平衡水分和平衡相对湿度之间的关系是什么?

实验三 玉米灰分的测定

一、实验目的

(1)掌握玉米灰分的测定方法。

(2)掌握灰化炉的使用方法。

二、实验原理

将样品在900 ℃高温下灰化,直到灰化样品的碳完全消失,得到样品的残留物。

三、仪器与试剂

1.仪器

(1)坩埚:由铂或在该测定条件下不受影响的材料制成,平底,容量为40 mL,最小可用表面积为15 cm^2。

(2)干燥器:内有有效充足的干燥剂和一个厚的多孔板。

(3)灰化炉:有控制和调节温度的装置,可提供900 ℃±25 ℃的灰化温度。

(4)分析天平:感量0.000 1 g。

(5)电热板或本生灯。

2.试剂

稀盐酸。

四、操作步骤

1. 坩埚预处理

不管是新的或是使用过的坩埚，必须先用沸腾的稀盐酸洗涤，再用大量自来水洗涤，最后用蒸馏水冲洗。将洗净的坩埚置于灰化炉内，在 900 ℃±25 ℃下灼烧 30 min，并在干燥器内冷却至室温，称重，精确至 0.000 1 g。

2. 称样

根据对样品灰分含量的估计，迅速称取玉米粉样品 10 g，精确至 0.000 1 g，将样品均匀分布在坩埚内，不要压紧。

3. 炭化

将坩埚置于灰化炉口、电热板或者本生灯上，半盖坩埚盖，小心加热使样品在通气情况下完全炭化，直至无烟产生。燃烧会产生挥发性物质，要避免自燃，自燃会使样品从坩埚中溅出而导致损失。

4. 灰化

炭化结束后，即刻将坩埚放入灰化炉内，将温度升高至 900 ℃±25 ℃，保持此温度直至剩余的碳全部消失为止，一般 1 h 可灰化完毕，打开炉门，将坩埚移至炉口冷却至 200 ℃左右，然后将坩埚放入干燥器中使之冷却至室温，准确称重，精确至 0.000 1 g。

每次放入干燥器的坩埚不得超过 4 个。

5. 测定次数

应进行平行实验。

五、结果计算

1. 计算方法

若灰分含量以样品残留物的质量占样品质量的百分比表示，按如下公式计算：

$$X = \frac{m_1}{m_0} \times 100\%$$

若灰分含量以样品残留物的质量占样品干基质量的百分比表示，按如下公式计算：

$$X = m_1 \times \frac{100}{m_0} \times \frac{100}{100 - H}$$

式中：X——样品的灰分含量，%；

m_1——灰化后残留物的质量，g；

m_0——样品质量，g；

H——样品按 GB/T 224272 规定的方法测定的水分含量，%。

取平行实验的算术平均值为结果。

实验结果保留两位小数。

2. 重复性

在灰分含量（质量分数）不大于 1% 时，平行实验结果的绝对差值不应超过 0.02%；在灰分含量（质量分数）大于 1% 时，绝对差值则不应超过算术平均值的 2%。

若重复性超出上述两种限值，应再重新做两次测定。

六、注意事项

(1)每次放入干燥器的坩埚不得超过4个。

(2)应进行平行实验。

七、思考题

灰化的温度过高或过低对测定有什么影响?

实验四　牛肉中总糖的测定

一、实验目的

掌握总糖测定的原理,学会总糖测定的方法,能测定肉制品中的总糖含量。

二、实验原理

样品经除去蛋白质后,经盐酸水解,在加热条件下,以次甲基蓝作指示剂,滴定标定过的费林试剂(碱性酒石酸铜溶液),根据消耗样品液的量得到试样总糖的含量。

三、仪器与试剂

1. 仪器

酸式滴定管(25 mL),可调电炉(带石棉网),绞肉机(孔径不超过4 mm)。

2. 试剂

(1)盐酸溶液(1+1)。

(2)费林试剂甲液:称取15 g硫酸铜($CuSO_4 \cdot 5H_2O$)及0.05 g次甲基蓝,溶于水中并稀释至1 000 mL。

(3)费林试剂乙液:称取50 g酒石酸钾钠、75 g氢氧化钠,溶于水中,再加入4 g亚铁氰化钾,完全溶解后,用水稀释至1 000 mL,贮存于橡胶塞玻璃瓶内。

(4)乙酸锌溶液:称取21.9 g乙酸锌,加3 mL冰乙酸,加水溶解并稀释至100 mL。

(5)亚铁氰化钾溶液:称取10.6 g亚铁氰化钾,用水溶解并稀释至100 mL。

(6)甲基红试剂:称取0.1 g甲基红,用少量乙醇(95%)溶解后,并稀释至100 mL。

(7)氢氧化钠溶液:称取200 g氢氧化钠,用水溶解并稀释至1 000 mL。

四、操作步骤

1. 试样处理

称取试样5~10 g(精确至0.001 g),置于250 mL容量瓶中,加50 mL水在45 ℃±1 ℃水浴中加热1 h,并不断振摇。慢慢加入5 mL乙酸锌溶液及5 mL亚铁氰化钾溶液,冷却至室温,加水至刻度,混匀,沉淀,静置30 min,用干燥滤纸过滤,弃去初滤液,准确吸取50 mL滤液于100 mL容量瓶中,加5 mL盐酸溶液,在68~70 ℃水浴中加热15 min,冷却后加2滴甲基红指示剂,用氢氧化钠溶液中和至中性,加水至刻度,混匀,作为试样溶液。

2. 费林试剂的标定

准确吸取5.0 mL费林试剂甲液及5.0 mL乙液,置于150 mL锥形瓶中,加水10 mL,加入玻璃珠2粒,从滴定管滴加约9 mL葡萄糖标准溶液,控制在2 min内加热至沸,趁沸以每2秒1滴的速度继续滴加葡萄糖标准溶液,直至溶液蓝色刚好褪去为终点,记录消耗的葡萄糖标准溶液总体积,平行操作3份取其平均值,计算每10 mL(甲、乙液各5 mL)碱性酒石酸铜溶液相当于葡萄糖的质量(mg)。

3. 试样溶液预测

准确吸取5.0 mL费林试剂甲液及5.0 mL乙液,置于150 mL锥形瓶中,加水10 mL,加入玻璃珠2粒,控制在2 min内加热至沸,趁沸以先快后慢的速度,从滴定管中滴加试样溶液,并保持溶液沸腾状态,待溶液颜色变浅时,以每秒1滴的速度滴定,直至溶液蓝色褪去为终点,记录试样溶液消耗体积。

4. 试样溶液测定

准确吸取5.0 mL碱性酒石酸铜甲液及5.0 mL乙液,置于150 mL锥形瓶中,加水10 mL,加入玻璃珠2粒,从滴定管中预加比预测体积少1 mL的试样溶液至锥形瓶中,控制在2 min内加热至沸,趁沸继续以每两秒1滴的速度滴定,直至溶液蓝色褪去为终点,记录试样溶液消耗体积。同法平行操作3份,得出平均消耗体积。

五、结果计算

总糖含量按下式计算:

$$X = \frac{A \times V_0}{m \times V_1 \times 1\,000} \times 2 \times 100$$

式中:X——试样中总糖的含量(以葡萄糖计),g/100 g;

A——费林试剂(甲、乙液各半)相当于葡萄糖的质量,mg;

V_0——试样经前处理后定容的体积,mL;

m——试样的质量,g;

V_1——测定时平均消耗试样溶液的体积,mL;

2——试样水解时的稀释倍数。

六、注意事项

在同一实验室由同一操作者在短暂的时间间隔内、用同一设备对同一试样获得的两次独立测定结果的绝对差值不得超过1%。

七、思考题

(1)在费林试剂比色法中,为什么可以用亚甲基蓝作为滴定终点的指示剂?

(2)在费林试剂比色法中,样品溶液预测定有何作用?

(3)在费林试剂比色法中,影响测定结果的主要操作因素是什么?为什么必须严格控制实验条件和操作步骤?

实验五　糖果中还原糖的测定

一、实验目的

(1)掌握还原糖的概念。

(2)掌握还原糖测定的原理与方法。

二、实验原理

直接滴定法:样品经除去蛋白质后,在加热条件下,直接滴定标定过的碱性酒石酸铜溶液,以次甲基蓝作指示剂。根据试样溶液消耗体积,计算还原糖量(用还原糖标准溶液标定碱性酒石酸铜溶液)。

三、仪器与试剂

1. 仪器

酸式滴定管(25 mL),可调电炉(带石棉板)。

2. 试剂

(1)碱性酒石酸铜甲液:称取 15 g 硫酸铜($CuSO_4 \cdot 5H_2O$)及 0.05 g 亚甲蓝,溶于水中并稀释至 1 000 mL。

(2)碱性酒石酸铜乙液:称取 50 g 酒石酸钾钠、75 g 氢氧化钠,溶于水中,再加入 4 g 亚铁氰化钾,完全溶解后,用水稀释至 1 000 mL,贮存于橡胶塞玻璃瓶内。

(3)乙酸锌溶液(219 g/L):称取 21.9 g 乙酸锌,加 3 mL 冰乙酸,加水溶解并稀释至 100 mL。

(4)亚铁氰化钾溶液(106 g/L):称取 10.6 g 亚铁氰化钾,加水溶解并稀释至 100 mL。

(5)氢氧化钠溶液(40 g/L):称取 4 g 氢氧化钠,加水溶解并稀释至 100 mL。

(6)盐酸溶液(1+1):量取 50 mL 盐酸,加水稀释至 100 mL。

(7)葡萄糖标准溶液:称取 1 g 精确至(0.000 1 g)经过 98 ~100 ℃干燥 2 h 的葡萄糖,加水溶解后加入 5 mL 盐酸,并以水稀释至 1 000 mL。此溶液每毫升相当于 1.0 mg 葡萄糖。

(8)果糖标准溶液:称取 1 g(精确至 0.000 1 g)经过 98 ~100 ℃干燥 2 h 的果糖,加水溶解后加入 5 mL 盐酸,并以水稀释至 1 000 mL。此溶液每毫升相当于 1.0 mg 果糖。

(9)乳糖标准溶液:称取 1 g(精确至 0.000 1 g)经过 96 ℃±2 ℃干燥 2 h 的乳糖,加水溶解后加入 5 mL 盐酸,并以水稀释至 1 000 mL。此溶液每毫升相当于 1.0 mg 乳糖(含水)。

(10)转化糖标准溶液:准确称取 1.052 6 g 蔗糖,用 100 mL 水溶解,置于具塞三角瓶中,加 5 mL 盐酸(1+1),在 68 ~70 ℃水浴中加热 15 min,放置至室温,转移至 1 000 mL 容量瓶中并定容至 1 000 mL,每毫升标准溶液相当于 1.0 mg 转化糖。

四、操作步骤

1. 样品处理

称取粉碎后的糖果试样 2.5～5.0 g，精确至 0.001 g，置于 250 mL 容量瓶中，加 50 mL 水，慢慢加入 5 mL 乙酸锌溶液及 5 mL，亚铁氰化钾溶液，加水至刻度，混匀，静置 30 min，用干燥滤纸过滤，弃去初滤液，取续滤液备用。

2. 标定碱性酒石酸铜溶液

吸取 5.0 mL 碱性酒石酸铜甲液及 5.0 mL 碱性酒石酸铜乙液，置于 150 mL 锥形瓶中，加水 10 mL，加入玻璃珠两粒。从滴定管滴加约 9 mL 葡萄糖或其他还原糖标准溶液，控制在 2 min 内加热至沸，趁热以 1 滴/2 s 的速度继续滴加葡萄糖或其他还原糖标准溶液，直至溶液蓝色刚好褪去为终点。记录消耗葡萄糖或其他还原糖标准溶液的总体积。同时平行操作三份，取其平均值，计算每 10 mL（甲、乙液各 5 mL）碱性酒石酸铜溶液相当于葡萄糖的质量或其他还原糖的质量（mg）[也可以按上述方法标定 4～20 mL 碱性酒石酸铜溶液（甲、乙液各半）来适应试样中还原糖的浓度变化]。

3. 试样溶液预测

吸取 5.0 mL 碱性酒石酸铜甲液及 5.0 mL 碱性酒石酸铜乙液，置于 150 mL 锥形瓶中，加水 10 mL，加入玻璃珠两粒，控制在 2 min 内加热至沸，保持沸腾以先快后慢的速度从滴定管中滴加试样溶液，并保持溶液沸腾状态，待溶液颜色变浅时，以 1 滴/2 s 的速度滴定。直至溶液蓝色刚好褪去为终点，记录样液消耗体积。当样液中还原糖浓度过高时，应适当稀释后再进行正式测定，使每次滴定消耗样液的体积控制在与标定碱性酒石酸铜溶液时所消耗的还原糖标准溶液的体积相近约 10 mL。结果按式(1)计算。当浓度过低时则采取直接加入 10 mL 样品液，免去加水 10 mL。再用还原糖标准溶液滴定至终点，记录消耗的体积与标定时消耗的还原糖标准溶液体积之差相当于 10 mL 样液中所含还原糖的量，结果按式(2)计算。

4. 试样溶液测定

吸取 5.0 mL 碱性酒石酸铜甲液及 5.0 mL 碱性酒石酸铜乙液，置于 150 mL 锥形瓶中，加水 10 mL，加入玻璃珠两粒，从滴定管滴加比预测体积少 1 mL 的试样溶液至锥形瓶中，使在 2 min 内加热至沸，保持沸腾继续以 1 滴/2 s 的速度滴定，直至蓝色刚好褪去为终点，记录样液消耗体积。同法平行操作 3 份，得出平均消耗体积。

五、结果计算

试样中还原糖的含量（以某种还原糖计）按下式进行计算：

$$X = \frac{m_1}{m \times \frac{V}{250} \times 1\,000} \times 100 \qquad (1)$$

式中：X——试样中还原糖的含量（以某种还原糖计），g/100 g；

m_1——碱性酒石酸铜溶液（甲、乙液各半）相当于某种还原糖的质量，mg；

m——试样质量，g；

V——测定时平均消耗试样溶液体积，mL。

当浓度过低时,试样中还原糖的含量(以某种还原糖计)按下式进行计算:

$$X = \frac{m_2}{m \times \frac{10}{250} \times 1\,000} \times 100 \qquad (2)$$

式中:X——试样中还原糖的含量(以某种还原糖计),g/100 g;

m_2——标定时体积与加入样品后消耗的还原糖标准溶液体积之差相当于某种还原糖的质量,mg;

m——试样质量,g。

还原糖含量≥10 g/100 g时,计算结果保留三位有效数字;还原糖含量<10 g/100 g时,计算结果保留两位有效数字。

六、注意事项

本法用碱性酒石酸铜溶液作为氧化剂。由于硫酸铜与氢氧化钠反应可生成氢氧化铜沉淀,氢氧化铜沉淀可被酒石酸钾钠缓慢还原,析出少量氧化亚铜沉淀,使氧化亚铜计量发生误差,所以甲、乙试剂要分别配制及贮藏,用时等量混合。

七、思考题

溶液放置一段时间后,颜色由无色变蓝色,这是为什么?

实验六　猪肉中脂肪含量的测定

一、实验目的

(1)掌握索氏提取器的使用方法。

(2)掌握猪肉中脂肪含量的测定方法。

二、实验原理

试样与稀盐酸共同煮沸,游离出包含的和结合的脂类部分,过滤得到的物质,干燥,然后用正己烷或石油醚抽提留在滤器上的脂肪,除去溶剂,即得脂肪总量。

索氏抽提器的结构及作用原理:索氏提取器,又称脂肪抽取器或脂肪抽出器。索氏提取器是由提取瓶、提取管、冷凝器三部分组成的,提取管两侧分别有虹吸管和连接管,各部分连接处要严密不能漏气。提取时,将待测样品包在脱脂滤纸包内,放入提取管内。提取瓶内加入石油醚,加热提取瓶,石油醚气化,由连接管上升进入冷凝器,凝成液体滴入提取管内,浸提样品中的脂类物质。待提取管内石油醚液面达到一定高度,溶有粗脂肪的石油醚经虹吸管流入提取瓶。流入提取瓶内的石油醚继续被加热气化,上升,冷凝,滴入提取管内,如此循环往复,直到抽提完全为止。

三、仪器与试剂

1. 仪器

(1)滤纸袋或滤纸、针、线、恒温水浴锅、铁架台及铁夹、烘箱、小烧杯、分析天平、托盘天平、干燥器等。

(2)绞肉机:孔径不超过4 mm。

(3)索氏抽提器。

2. 试剂

所用试剂均为分析纯,所用水为蒸馏水或相当纯度的水。

抽提剂:正已烷或30~60 ℃沸程石油醚。

盐酸溶液(2 mol/L),蓝石蕊试纸,沸石。

四、操作步骤

1. 取样

至少取有代表性的试样200 g,于绞肉机中至少绞两次使其均质化并混匀,试样必须封闭贮存于一完全盛满的容器中,防止其腐败和成分变化,并尽可能提早分析试样。

2. 酸水解

称取试样3~5 g,精确至0.001 g,置于250 mL锥形瓶中,加入2 mol/L盐酸溶液50 mL,盖上小表面皿,于石棉网上用火加热至沸腾,继续用小火煮沸1 h并不时振摇。取下,加入热水150 mL,混匀,过滤。锥形瓶和小表面皿用热水洗净,一并过滤。沉淀用热水洗至中性(用蓝石蕊试纸检验)。将沉淀连同滤纸置于大表面皿上,连同锥形瓶和小表面皿一起于103 ℃±2 ℃干燥箱内干燥1 h,冷却。

3. 抽提脂肪

将烘干的滤纸放入衬有脱脂棉的滤纸筒中,用抽提剂润湿的脱脂棉擦净锥形瓶、小表面皿和大表面皿上遗留的脂肪,放入滤纸筒中。将滤纸筒放入索氏抽提器的抽提筒内,连接内装少量沸石并已干燥至恒重的接收瓶,加入抽提剂至瓶内容积的2/3处,于水浴上加热,使抽提剂以每5~6 min回流一次的速度抽提4 h。

4. 称量

取下接收瓶,回收抽提剂,待瓶中抽提剂剩1~2 mL时,在水浴上蒸干,于103 ℃±2 ℃干燥箱内干燥30 min,置干燥器内冷却至室温,称重。重复以上烘干、冷却和称重过程,直到相继两次称量结果之差不超过试样质量的0.1%。

5. 抽提完全程度验证

用第二个内装沸石、已干燥至恒重的接收瓶,用新的抽提剂继续抽提1 h,增量不得超过试样质量的0.1%。

同一试样进行两次测定。

五、结果计算

按照如下公式计算样品中脂肪含量:

$$X = \frac{m_2 - m_1}{m} \times 100$$

式中：X——试样的总脂肪含量，g/100 g；

m_2——接收瓶、沸石连同脂肪的质量，g；

m_1——接收瓶和沸石的质量，g；

m——试样的质量，g。

当分析结果符合允许差的要求时，则取两次测定的算术平均值作为结果，精确至0.1%。允许差：由同一分析者同时或相继进行的两次测定结果之差不得超过0.5%。

六、注意事项

获得的脂肪不能用于脂肪性质的测定。

七、思考题

(1)试样与稀盐酸共同煮沸的作用是什么？
(2)索氏抽提器能够提取脂肪的原因是什么？

实验七　大豆中蛋白质含量的测定

一、实验目的

(1)掌握凯氏定氮仪的使用方法。
(2)掌握大豆中蛋白质含量的测定方法。

二、实验原理

将有机化合物与硫酸共热使其中的氮转化为硫酸铵。在这一步中，经常会向混合物中加入硫酸钾来提高中间产物的沸点。样本的分析过程的终点很好判断，因为这时混合物会变得无色且透明(开始时很暗)。

在得到的溶液中加入少量氢氧化钠，然后蒸馏。这一步会将铵盐转化成氨。而总氨量(由样本的含氮量直接决定)会由反滴定法确定：冷凝管的末端会浸在硼酸溶液中。氨会和酸反应，而过量的酸则会在甲基橙的指示下用碳酸钠滴定。滴定所得的结果乘以特定的转换因子就可以得到结果。

三、仪器与试剂

(1)仪器：天平(感量为1 mg)、自动凯氏定氮仪等。

(2)试剂：除非另有规定，本方法所用试剂均为分析纯。浓硫酸，30%氢氧化钠溶液，2%～4%硼酸溶液，0.1 mol/L盐酸溶液。催化剂：硫酸钾－硫酸铜的混合物(K_2SO_4 : $CuSO_4 \cdot 5H_2O$ = 3.5 g : 0.1 g)。

四、操作步骤

1.消化

准确称取粉碎均匀的大豆粉0.5 g左右，小心移入干燥的消化瓶中（注意用称量纸将样品加入消化管底部，勿黏附在瓶壁上），加入适量催化剂及10 mL浓硫酸，按要求安装好消化装置后，设置好消化程序，打开冷凝水，开始消化程序（160 ℃，40 min；250 ℃，20 min；350 ℃，60 min；420 ℃，30 min）。消化程序结束后，消化至溶液透明呈蓝绿色，冷却至室温。同时做空白对照。

2.蒸馏

小心地向冷却后的消解烧瓶中加入50 mL水，放冷至室温。量取50 mL硼酸到接收瓶中，无论是使用目测比色或光学探头，均要向其中加至10滴指示剂。

连接好蒸馏装置，向消解烧瓶中加入5 mL过量的氢氧化钠溶液完全中和所使用的硫酸，然后开始蒸馏。

根据仪器，所用的试剂量可以变化。

3.滴定

使用硫酸溶液进行滴定，滴定既可以在蒸馏过程中进行，也可以在蒸馏结束后对所有蒸馏液进行滴定。滴定终点的确定可以使用目测比色、光学探头或用pH计的电位分析判定。

4.空白试验

不加试样进行空白试验。

注：可以用1 g蔗糖代替试验样品。

五、结果计算

按照如下公式计算样品中蛋白质含量：

$$X = \frac{(V_1 - V_2) \times c \times 0.0140}{m \times V_3/100} \times F \times 100$$

式中：X——试样中蛋白质的含量，g/100 g；

c——HCl标准溶液的浓度，mol/L；

V_1——滴定样品吸收液消耗的HCl或H_2SO_4标准溶液的体积，mL；

V_2——滴定样品空白液消耗的HCl或H_2SO_4标准溶液的体积，mL；

V_3——吸取消化液的体积，mL；

0.014 0——1.0 mL盐酸[c(HCl)＝1.000 mol/L]标准滴定溶液相当的氮的质量，g；

m——试样的质量或体积，g或mL；

F——氮换算为蛋白质的系数。一般食物为6.25，乳制品为6.38，面粉为5.70，玉米、高粱为6.24，花生为5.46，米为5.95，大豆及其制品为5.71，肉与肉制品为6.25，大麦、小米、燕麦、裸麦为5.83，芝麻、向日葵为5.30。

在重复性条件下获得两次独立测定结果的绝对差值不得超过算术平均值的10%。

六、注意事项

(1)消化时,若样品含糖高或含脂肪较多时,注意控制加热温度,以免大量泡沫喷出凯氏烧瓶,造成样品损失。可加入少量辛醇或液体石蜡,或硅消泡剂减少泡沫产生。

(2)消化时应注意旋转凯氏烧瓶,将附在瓶壁上的碳粒冲下,对样品彻底消化。若样品不易消化至澄清透明,可将凯氏烧瓶中溶液冷却,加入数滴过氧化氢后,再继续加热消化至完全。

(3)硼酸吸收液的温度不应超过 40 ℃,否则氨吸收减弱,造成检测结果偏低。可把接收瓶置于冷水浴中。

七、思考题

(1)预习凯氏定氮法测定蛋白质的原理及操作。

(2)蒸馏时为什么要加入氢氧化钠溶液?加入量对测定结果有何影响?

(3)实验操作过程中,影响测定准确性的因素有哪些?

实验八　小麦粉中淀粉含量的测定

一、实验目的

掌握淀粉含量测定的原理和方法。

二、实验原理

试样经除去脂肪及可溶性糖类后,其中淀粉用酸水解成具有还原性的单糖,然后按还原糖测定,并折算成淀粉含量。

三、仪器与试剂

1. 仪器

分析天平、恒温水浴锅、回流装置、高速组织捣碎机、电炉等。

2. 试剂

除非另有说明,本方法所用试剂均为分析纯。盐酸,氢氧化钠,乙酸铅,硫酸钠,石油醚(沸点范围为 60 ~90 ℃),乙醚,无水乙醇或 95% 乙醇,甲基红指示剂,精密 pH 试纸(6.8 ~7.2),D-无水葡萄糖(纯度≥98%)。

3. 试剂配制。

(1)甲基红指示液(2 g/L):称取甲基红 0.20 g,用少量乙醇溶解后,加水定容至 100 mL。

(2)氢氧化钠溶液(400 g/L):称取 40 g 氢氧化钠加水溶解后,冷却至室温,稀释至 100 mL。

(3)乙酸铅溶液(200 g/L):称取 20 g 乙酸铅,加水溶解并稀释至 100 mL。

(4)硫酸钠溶液(100 g/L):称取 10 g 硫酸钠,加水溶解并稀释至 100 mL。

(5)盐酸溶液(1∶1):量取50 mL盐酸,与50 mL水混合。

(6)乙醇(85%):取85 mL无水乙醇,加水定容至100 mL混匀。也可用95%乙醇配制。

四、实验材料及前处理

小麦粉,产地为河南省遂平县,由克明面业有限公司提供。小麦粉过40目筛后备用。

五、操作步骤

1. 样品的酸水解

准确称取2～5 g(精确到0.001 g),置于放有慢速滤纸的漏斗中,用50 mL石油醚或乙醚分五次洗去试样中脂肪,弃去石油醚或乙醚。用150 mL乙醇(85%)分数次洗涤残渣,以充分除去可溶性糖类物质。根据样品的实际情况,可适当增加洗涤液的用量和洗涤次数,以保证干扰检测的可溶性糖类物质洗涤完全。滤干乙醇溶液,以100 mL水洗涤漏斗中残渣并转移至25 mL锥形瓶中,加入30 mL盐酸(1∶1),接好冷凝管,置沸水浴中回流2 h。回流完毕后,立即冷却。待试样水解液冷却后,加入2滴甲基红指示液,先以氢氧化钠溶液(400 g/L)调至黄色,再以盐酸(1∶1)校正至试样水解液刚变成红色。若试样水解液颜色较深,可用精密pH试纸测试,使试样水解液的pH约为7。然后加20 mL乙酸铅溶液(200 g/L),摇匀,放置10 min。再加20 mL硫酸钠溶液(100 g/L),以除去过多的铅。摇匀后将全部溶液及残渣转入500 mL容量瓶中,用水洗涤锥形瓶,洗液合并入容量瓶中,加水稀释至刻度。过滤,弃去初滤液20 mL,滤液供测定用。

2. 测定

(1)标定碱性酒石酸铜溶液。吸取5.0 mL碱性酒石酸铜甲液及5.0 mL碱性酒石酸铜乙液,置于150 mL锥形瓶中,加水10 mL,加入玻璃珠两粒,从滴定管滴加约9 mL葡萄糖标准溶液,控制在2 min内加热至沸,保持溶液呈沸腾状态,以每两秒一滴的速度继续滴加葡萄糖,直至溶液蓝色刚好褪去为终点,记录消耗葡萄糖标准溶液的总体积,同时做三份平行,取其平均值,计算每10 mL(甲、乙液各5 mL)碱性酒石酸铜溶液相当于葡萄糖的质量m_1(mg)。

(2)试样溶液预测。吸取5.0 mL碱性酒石酸铜甲液及5.0 mL碱性酒石酸铜乙液,置于150 mL锥形瓶中,加水10 mL,加入玻璃珠两粒,控制在2 min内加热至沸,保持沸腾以先快后慢的速度,从滴定管中滴加试样溶液,并保持溶液沸腾状态,待溶液颜色变浅时,以每两秒一滴的速度滴定,直至溶液蓝色刚好褪去为终点。记录试样溶液的消耗体积。当样液中葡萄糖浓度过高时,应适当稀释后再进行正式测定,使每次滴定消耗试样溶液的体积控制在与标定碱性酒石酸铜溶液时所消耗的葡萄糖标准溶液的体积相近,在10 mL左右。

(3)试样溶液测定。吸取5.0 mL碱性酒石酸铜甲液及5.0 mL碱性酒石酸铜乙液,置于150 mL锥形瓶中,加水10 mL,加入玻璃珠两粒,从滴定管滴加比预测体积少1 mL的试样溶液至锥形瓶中,使在2 min内加热至沸,保持沸腾状态继续以每两秒一滴的速度滴定,直至蓝色刚好褪去为终点,记录样液消耗体积。同法平行操作3份,得出平均消耗体积。

六、结果计算

(1)试样中葡萄糖含量按下式计算:

$$X_1 = \frac{m_1}{\frac{50}{250} \times \frac{V_1}{100}}$$

式中:X_1——所称试样中葡萄糖的量,mg;

m_1——10 mL 碱性酒石酸铜溶液(甲、乙液各半)相当于葡萄糖的质量,mg;

50——测定用样品溶液体积,mL;

250——样品定容体积,mL;

V_1——测定时平均消耗试样溶液体积,mL;

100——测定用样品的定容体积,mL。

(2)当试样中淀粉浓度过低时,葡萄糖含量按下式进行计算:

$$X_2 = \frac{m_2}{\frac{50}{250} \times \frac{10}{100}}$$

$$m_2 = m_1 \times (1 - \frac{V_2}{V_s})$$

式中:X_2——所称试样中葡萄糖的质量,mg;

m_2——标定 10 mL 碱性酒石酸铜溶液(甲、乙液各半)时消耗的葡萄糖标准溶液的体积与加入试样后消耗的葡萄糖标准溶液体积之差相当于葡萄糖的质量,mg;

50——测定用样品溶液体积,mL;

250——样品定容体积,mL;

10——直接加入的试样体积,mL;

100——测定用样品的定容体积,mL;

m_1——10 mL 碱性酒石酸铜溶液(甲、乙液各半)相当于葡萄糖的质量,mg;

V_2——加入试样后消耗的葡萄糖标准溶液体积,mL;

V_s——标定 10 mL 碱性酒石酸铜溶液(甲、乙液各半)时消耗的葡萄糖标准溶液的体积,mL。

(3)试剂空白值按下式计算:

$$X_0 = \frac{m_0}{\frac{50}{250} \times \frac{10}{100}}$$

$$m_0 = m_1(1 - \frac{V_0}{V_s})$$

式中:X_0——试剂空白值,mg;

m_0——标定 10 mL 碱性酒石酸铜溶液(甲、乙液各半)时消耗的葡萄糖标准溶液的体积与加入空白后消耗的葡萄糖标准溶液体积之差相当于葡萄糖的质量，mg；

50——测定用样品溶液体积，mL；

250——样品定容体积，mL；

10——直接加入的试样体积，mL；

100——测定用样品的定容体积，mL；

V_0——加入空白试样后消耗的葡萄糖标准溶液体积，mL；

V_s——标定10 mL碱性酒石酸铜溶液（甲、乙液各半）时消耗的葡萄糖标准溶液的体积，mL。

（4）试样中淀粉的含量按下式计算：

$$X = \frac{(X_1 - X_0) \times 0.9}{m \times 1\,000} \times 100 \text{ 或 } X = \frac{(X_2 - X_0) \times 0.9}{m \times 1\,000} \times 100$$

式中：X——试样中淀粉的含量，g/100 g；

0.9——还原糖（以葡萄糖计）换算成淀粉的换算系数；

m——试样质量，g。

结果<1 g/100 g，保留两位有效数字；结果≥1 g/100 g，保留三位有效数字。

七、注意事项

取样品的时候，应将样品过筛后充分混匀。

八、思考题

（1）还有什么样品处理方法？

（2）影响淀粉含量测定的因素有哪些？

实验九　橙子中维生素C含量的测定

方法一　高效液相色谱法

一、实验目的

（1）掌握维生素C（抗坏血酸）含量的测定原理和方法。

（2）学习高效液相色谱仪的使用。

二、实验原理

试样中的抗坏血酸用偏磷酸溶解超声提取后，以离子对试剂为流动相，经反相色谱柱分离，其中L（+）-抗坏血酸和D（-）-抗坏血酸直接用配有紫外检测器的液相色谱仪（波长245 nm）测定；试样中的L（+）-脱氢抗坏血酸经L-半胱氨酸溶液进行还原后，用紫外检测器（波长245 nm）测定L（+）-抗坏血酸总量，或减去原样品中测得的L（+）-抗坏血酸含量而获得L（+）-脱氢抗坏血酸的含量。以色谱峰的保留时间定性，外标法定量。

三、仪器与试剂

1. 仪器

液相色谱仪(配有二极管阵列检测器或紫外检测器)、pH 计、分析天平、超声波清洗器、离心机、均质机等。

2. 试剂

偏磷酸$(HPO_3)_n$,含量(以HPO_3计)≥38%;磷酸三钠;磷酸二氢钾;磷酸 85%;L-半胱氨酸,优级纯;十六烷基三甲基溴化铵,色谱纯;甲醇,色谱纯;L(+)-抗坏血酸标准品,纯度≥99%;D(-)-抗坏血酸(异抗坏血酸)标准品,纯度≥99%。

3. 试剂配制

(1)L(+)-抗坏血酸标准贮备溶液(1.000 mg/mL):准确称取 L(+)-抗坏血酸标准品 0.01 g(精确至 0.01 mg),用 20 g/L 的偏磷酸溶液定容至 10 mL。该贮备液在 2~8 ℃避光条件下可保存一周。

(2)D(-)-抗坏血酸标准贮备溶液(1.000 mg/mL):准确称取 D(-)-抗坏血酸标准品 0.01 g(精确至 0.01 mg),用 20 g/L 的偏磷酸溶液定容至 10 mL。该贮备液在 2~8 ℃避光条件下可保存一周。

(3)抗坏血酸混合标准系列工作液:分别吸取 L(+)-抗坏血酸和 D(-)-抗坏血酸标准贮备液 0 mL、0.05 mL、0.50 mL、1.0 mL、2.5 mL、5.0 mL,用 20 g/L 的偏磷酸溶液定容至 100 mL。标准系列工作液中 L(+)-抗坏血酸和 D(-)-抗坏血酸的浓度分别为 0 μg/mL、0.5 μg/mL、5.0 μg/mL、10.0 μg/mL、25.0 μg/mL、50.0 μg/mL。临用时配制。

四、实验材料及前处理

橙子,购于本地市场。取 100 g 左右样品加入等质量 20 g/L 的偏磷酸溶液,经均质机均质并混合均匀后,应立即测定。

五、操作步骤

1. 试样溶液的制备

称取相对于样品 0.5~2.0 g(精确至 0.001 g)混合均匀的固体试样或匀浆试样,或吸取 2~10 mL 液体试样[使所取试样含 L(+)-抗坏血酸 0.03~6 mg]于 50 mL 烧杯中,用 20 g/L 的偏磷酸溶液将试样转移至 50 mL 容量瓶中,振摇溶解并定容。摇匀,全部转移至 50 mL 离心管中,超声提取 5 min 后,于 4 000 r/min 离心 5 min,取上清液过 0.45 μm 水相滤膜,滤液待测[由此试液可同时分别测定试样中 L(+)-抗坏血酸和 D(-)-抗坏血酸的含量]。

2. 试样溶液的还原

准确吸取 20 mL 上述离心后的上清液于 50 mL 离心管中,加入 10 mL 40 g/L 的 L-半胱氨酸溶液,用 100 g/L 磷酸三钠溶液调节 pH 至 7.0~7.2,以 200 次/min 振荡 5 min。再用磷酸调节 pH 至 2.5~2.8,用水将试液全部转移至 50 mL 容量瓶中,并定容至刻度。混匀后取此试液过 0.45 μm 水相滤膜后待测[由此试液可测定试样中包括脱氢型的 L(+)-抗坏血酸总量]。若试样含有增稠剂,可准确吸取 4 mL 经 L-半胱氨酸溶液还原的试液,再准确加入 1 mL 甲醇,混匀后过 0.45 μm 滤膜后待测。

3. 标准曲线的制作

分别对抗坏血酸混合标准系列工作溶液进行测定,以 L(+)-抗坏血酸[或 D(-)-抗坏血酸]标准溶液的质量浓度(μg/mL)为横坐标,L(+)-抗坏血酸[或 D(-)-抗坏血酸]的峰高或峰面积为纵坐标,绘制标准曲线或计算回归方程。L(+)-抗坏血酸、D(-)-抗坏血酸标准色谱图参见图 1-6。

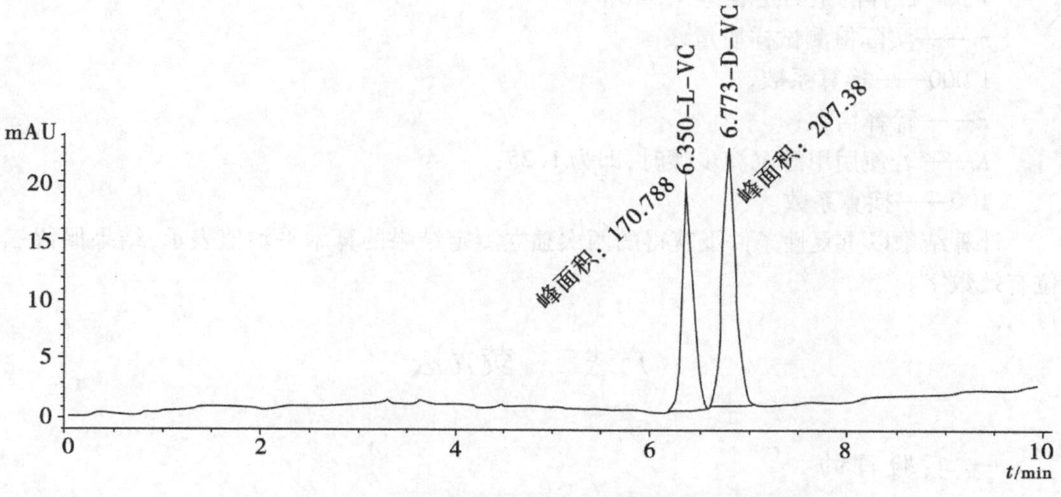

图 1-6 L(+)-抗坏血酸、D(-)-抗坏血酸标准色谱图

4. 测定

(1)测试条件

1)色谱柱:C18 柱,柱长 250 mm,内径 4.6 mm,粒径 5 μm,或同等性能的色谱柱。

2)检测器:二极管阵列检测器或紫外检测器。

3)流动相:A 液——6.8 g 磷酸二氢钾和 0.91 g 十六烷基三甲基溴化铵,用水溶解并定容至 1 L(用磷酸调 pH 至 2.5~2.8);B 液——100% 甲醇。按 A:B=98:2 混合,过 0.45 μm 滤膜,超声脱气。

4)流速:0.7 mL/min。

5)检测波长:245 nm。

6)柱温:25 ℃。

7)进样量:20 μL。

(2)测定。对试样溶液进行测定,根据标准曲线得到测定液中 L(+)-抗坏血酸[或 D(-)-抗坏血酸]的浓度(μg/mL)。空白试验系指除不加试样外,采用完全相同的分析步骤、试剂和用量,进行平行操作。

六、结果计算

试样中 L(+)-抗坏血酸[或 D(-)-抗坏血酸]的含量和 L(+)-抗坏血酸总量以毫克每百克表示,按下式计算:

$$X=\frac{(c_1-c_0)\times V}{m\times 1\ 000}\times F\times K\times 100$$

式中：X——试样中L(+)-抗坏血酸[或D(-)-抗坏血酸、L(+)-抗坏血酸总量]的含量，mg/100 g；

c_1——样液中L(+)-抗坏血酸[或D(-)-抗坏血酸]的质量浓度，μg/mL；

c_0——样品空白液中L(+)-抗坏血酸[或D(-)-抗坏血酸]的质量浓度，μg/mL；

V——试样的最后定容体积，mL；

m——实际检测试样质量，g；

1 000——换算系数；

F——稀释倍数；

K——若使用甲醇沉淀步骤时，即为1.25；

100——换算系数。

计算结果以重复性条件下获得的两次独立测定结果的算术平均值表示，结果保留三位有效数字。

方法二　荧光法

一、实验目的

(1)掌握维生素C(抗坏血酸)含量的测定原理和方法。

(2)学习荧光分光光度计的使用。

二、实验原理

试样中L(+)-抗坏血酸经活性炭氧化为L(+)-脱氢抗坏血酸后，与邻苯二胺(OPDA)反应生成有荧光的喹喔啉，其荧光强度与L(+)-抗坏血酸的浓度在一定条件下成正比，以此测定试样中L(+)-抗坏血酸总量。

三、仪器与试剂

1. 仪器

荧光分光光度计、分析天平等。

2. 试剂

偏磷酸，含量(以HPO_3计)≥38%；冰乙酸，浓度约为30%；硫酸；乙酸钠；硼酸；邻苯二胺；百里酚蓝；活性炭粉；L(+)-抗坏血酸标准品，纯度≥99%。

3. 试剂配制

(1)偏磷酸-乙酸溶液：称取15 g偏磷酸，加入40 mL冰乙酸及250 mL水，加温，搅拌，使之逐渐溶解，冷却后加水至500 mL，于4 ℃冰箱可保存7~10 d。

(2)硫酸溶液(0.15 mol/L)：取8.3 mL硫酸，小心加入水中，再加水稀释至1 000 mL。

(3)偏磷酸-乙酸-硫酸溶液：称取15 g偏磷酸，加入40 mL冰乙酸，滴加0.15 mol/L

硫酸溶液至溶解，并稀释至 500 mL。

(4)乙酸钠溶液(500 g/L)：称取 500 g 乙酸钠，加水至 1 000 mL。

(5)硼酸-乙酸钠溶液：称取 3 g 硼酸，用 500 g/L 乙酸钠溶液溶解并稀释至 100 mL。临用时配制。

(6)邻苯二胺溶液(200 mg/L)：称取 20 mg 邻苯二胺，用水溶解并稀释至 100 mL，临用时配制。

(7)酸性活性炭：称取约 200 g 活性炭粉(75～177 μm)，加入 1 L 盐酸(1∶9)，加热回流 1～2 h，过滤，用水洗至滤液中无铁离子为止，置于 110～120 ℃烘箱中干燥 10 h，备用。

(8)百里酚蓝指示剂溶液(0.4 mg/mL)：称取 0.1 g 百里酚蓝，加入 0.02 mol/L 氢氧化钠溶液约 10.75 mL，在玻璃研钵中研磨至溶解，用水稀释至 250 mL(变色范围：pH 等于 1.2 时，呈红色；pH 等于 2.8 时，呈黄色；pH 大于 4 时，呈蓝色)。

(9)L(+)-抗坏血酸标准溶液(1.000 mg/mL)：称取 L(+)-抗坏血酸 0.05 g(精确至 0.01 mg)，用偏磷酸-乙酸溶液溶解并稀释至 50 mL，该贮备液在 2～8 ℃避光条件下可保存一周。

(10)L(+)-抗坏血酸标准工作液(100.0 μg/mL)：准确吸取 L(+)-抗坏血酸标准液 10 mL，用偏磷酸-乙酸溶液稀释至 100 mL。临用时配制。

四、实验材料及前处理

橙子，购于本地市场。取 100 g 左右样品加入等质量 20 g/L 的偏磷酸溶液，经均质机均质并混合均匀后，应立即测定。

五、操作步骤

1. 试样溶液的制备

称取约 100 g(精确至 0.1 g)试样，加 100 g 偏磷酸-乙酸溶液，倒入捣碎机内打成匀浆，用百里酚蓝指示剂测试匀浆的酸碱度。如呈红色，即称取适量匀浆用偏磷酸-乙酸溶液稀释；若呈黄色或蓝色，则称取适量匀浆用偏磷酸-乙酸-硫酸溶液稀释，使其 pH 为 1.2。匀浆的取用量根据试样中抗坏血酸的含量而定。当试样液中抗坏血酸含量在 40～100 μg/mL，一般称取 20 g(精确至 0.01 g)匀浆，用相应溶液稀释至 100 mL，过滤，滤液备用。

2. 试样溶液的处理

(1)氧化处理：分别准确吸取 50 mL 试样滤液及抗坏血酸标准工作液于 200 mL 具塞锥形瓶中，加入 2 g 活性炭，用力振摇 1 min，过滤，弃去最初数毫升滤液，分别收集其余全部滤液，即为试样氧化液和标准氧化液，待测定。

(2)分别准确吸取 10 mL 试样氧化液于两个 100 mL 容量瓶中，作为“试样液”和“试样空白液”。

(3)分别准确吸取 10 mL 标准氧化液于两个 100 mL 容量瓶中，作为“标准液”和“标准空白液”。

(4)于“试样空白液”和“标准空白液”中各加 5 mL 硼酸-乙酸钠溶液，混合摇动

15 min,用水稀释至100 mL,在4 ℃冰箱中放置2～3 h,取出待测。

(5)于"试样液"和"标准液"中各加5 mL的500 g/L乙酸钠溶液,用水稀释至100 mL,待测。

3. 标准曲线的绘制

准确吸取上述"标准液"[L(+)-抗坏血酸含量10 μg/mL]0.5 mL、1.0 mL、1.5 mL、2.0 mL,分别置于10 mL具塞刻度试管中,用水补充至2.0 mL。另准确吸取"标准空白液"2 mL于10 mL带盖刻度试管中。在暗室迅速向各管中加入5 mL邻苯二胺溶液,振摇混合,在室温下反应35 min,于激发波长338 nm、发射波长420 nm处测定荧光强度。以"标准液"系列荧光强度分别减去"标准空白液"荧光强度的差值为纵坐标,对应的L(+)-抗坏血酸含量为横坐标,绘制标准曲线或计算直线回归方程。

六、结果计算

试样中L(+)-抗坏血酸[或D(-)-抗坏血酸]的含量和L(+)-抗坏血酸总量以毫克每百克表示,按下式计算:

$$X = \frac{c \times V}{m} \times F \times \frac{100}{1\,000}$$

式中:X——试样中L(+)-抗坏血酸的总量,mg/100 g;

c——由标准曲线查得或回归方程计算的进样液中L(+)-抗坏血酸的质量浓度,μg/mL;

V——荧光反应所用试样体积,mL;

m——实际检测试样质量,g;

F——稀释倍数;

100——换算系数。

1 000——换算系数。

计算结果以重复性条件下获得的两次独立测定结果的算术平均值表示,结果保留三位有效数字。

七、注意事项

样品测定的进样瓶和比色皿,使用前要充分清洗后,烘干。

八、思考题

两种方法的优缺点是什么?

实验十 苹果中膳食纤维含量的测定

一、实验目的

掌握膳食纤维含量测定的原理和方法。

二、实验原理

干燥试样经热稳定α-淀粉酶、蛋白酶和葡萄糖苷酶酶解消化去除蛋白质和淀粉后，经乙醇沉淀、抽滤，残渣用乙醇和丙酮洗涤，干燥称量，即为总膳食纤维残渣。

三、仪器与试剂

1. 仪器

高型无导流口烧杯、坩埚、真空抽滤装置、恒温振荡水浴箱、分析天平、马弗炉、烘箱、干燥器、pH 计、真空干燥箱等。

2. 试剂

除非另有说明，本方法所用试剂均为分析纯。95%乙醇、丙酮、石油醚、氢氧化钠、重铬酸钾、三羟甲基氨基甲烷（TRIS）、2-（N-吗啉代）乙烷磺酸（MES）、冰乙酸、盐酸。

热稳定α-淀粉酶液：CAS9000-85-5，IUB3.2.1.1，10 000 U/mL±1 000 U/mL，不得含丙三醇稳定剂，于0～5 ℃冰箱储存。

蛋白酶液：CAS9014-01-1，IUB3.2.21.14，300～400 U/mL，不得含丙三醇稳定剂，于0～5 ℃冰箱储存。

淀粉葡萄糖苷酶液：CAS9032-08-0，IUB3.2.1.3，2 000～3 300 U/mL，于0～5 ℃储存。

3. 试剂配制

（1）乙醇溶液（85%，体积分数）：取895 mL 95%乙醇，用水稀释并定容至1 L，混匀。

（2）乙醇溶液（78%，体积分数）：取821 mL 95%乙醇，用水稀释并定容至1 L，混匀。

（3）氢氧化钠溶液（6 mol/L）：称取24 g 氢氧化钠，用水溶解至100 mL，混匀。

（4）氢氧化钠溶液（1 mol/L）：称取4 g 氢氧化钠，用水溶解至100 mL，混匀。

（5）盐酸溶液（1 mol/L）：取8.33 mL 盐酸，用水稀释至100 mL，混匀。

（6）盐酸溶液（2 mol/L）：取167 mL 盐酸，用水稀释至1 L，混匀。

（7）MES-TRIS 缓冲液（0.05 mol/L）：称取19.52 g 2-（N-吗啉代）乙烷磺酸和12.2 g 三羟甲基氨基甲烷，用1.7 L 水溶解，根据室温用6 mol/L 氢氧化钠溶液调 pH，20 ℃时调 pH 为8.3，24 ℃时调 pH 为8.2，28 ℃时调 pH 为8.1；20～28 ℃其他室温用插入法校正 pH。加水稀释至2 L。

（8）蛋白酶溶液：用0.05 mol/L MES-TRIS 缓冲液配成浓度为50 mg/mL 的蛋白酶溶液，使用前现配并于0～5 ℃暂存。

（9）酸洗硅藻土：取200 g 硅藻土于600 mL 的2 mol/L 盐酸溶液中，浸泡过夜，过滤，用水洗至滤液为中性，置于525 ℃±5 ℃马弗炉中灼烧灰分后备用。

（10）重铬酸钾洗液：取100 g 重铬酸钾，用200 mL 水溶解，加入1 800 mL 浓硫酸混合。

（11）乙酸溶液（3 mol/L）：取172 mL 乙酸，加入700 mL 水，混匀后用水定容至1 L。

四、实验材料及前处理

苹果，购于本地市场。样品干燥后粉碎处理。

五、操作步骤

1. 样品处理

试样需经脱糖处理：称取适量试样（m_C，不少于 50 g），置于漏斗中，按每克试样 10 mL 的比例用 85% 乙醇溶液冲洗，弃乙醇溶液，连续 3 次。脱糖后将试样置于 40 ℃烘箱内干燥过夜，称量（m_D），记录脱糖、干燥后试样质量损失因子（f）。干样反复粉碎至完全过筛，置于干燥器中待用。

2. 酶解

（1）准确称取双份试样（m），约 1 g（精确至 0.1 mg），双份试样质量差≤0.005 g。将试样转置于 400～600 mL 高脚烧杯中，加入 0.05 mol/L MES-TRIS 缓冲液 40 mL，用磁力搅拌直至试样完全分散在缓冲液中。同时制备两个空白样液与试样液进行同步操作，用于校正试剂对测定的影响。注：搅拌均匀，避免试样结成团块，以防止试样酶解过程中不能与酶充分接触。

（2）热稳定 α-淀粉酶酶解：向试样液中分别加入 50 μL 热稳定 α-淀粉酶液缓慢搅拌，加盖铝箔，置于 95～100 ℃恒温振荡水浴箱中持续振摇，当温度升至 95 ℃开始计时，通常反应 35 min。将烧杯取出，冷却至 60 ℃，打开铝箔盖，用刮勺轻轻将附着于烧杯内壁的环状物以及烧杯底部的胶状物刮下，用 10 mL 水冲洗烧杯壁和刮勺。

（3）蛋白酶酶解：将试样液置于 60 ℃±1 ℃水浴中，向每个烧杯加入 100 μL 蛋白酶溶液，盖上铝箔，开始计时，持续振摇，反应 30 min。打开铝箔盖，边搅拌边加入5 mL 3 mol/L 乙酸溶液，控制试样温度保持在 60 ℃±1 ℃。用 1 mol/L 氢氧化钠溶液或 1 mol/L 盐酸溶液调节试样液 pH 至4.5±0.2。

（4）淀粉葡萄糖苷酶酶解：边搅拌边加入100 μL 淀粉葡萄糖苷酶液，盖上铝箔，继续于 60 ℃±1 ℃水浴中持续振摇，反应 30 min。

3. 总膳食纤维含量的测定

（1）沉淀：向每份试样酶解液中，按乙醇与试样液体积比 4∶1 的比例加入预热至 60 ℃±1 ℃的 95% 乙醇（预热后体积约为 225 mL），取出烧杯，盖上铝箔，于室温条件下沉淀 1 h。

（2）抽滤：取出已加入硅藻土并干燥称量的坩埚，用 15 mL 78% 乙醇润湿硅藻土并展平，接上真空抽滤装置，抽去乙醇使坩埚中硅藻土平铺于滤板上。将试样乙醇沉淀液转移入坩埚中抽滤，用刮勺和 78% 乙醇将高脚烧杯中所有残渣转至坩埚中。

（3）洗涤：分别用 78% 乙醇 15 mL 洗涤残渣 2 次，用 95% 乙醇 15 mL 洗涤残渣 2 次，丙酮 15 mL 洗涤残渣 2 次，抽滤去除洗涤液后，将坩埚连同残渣在 105 ℃烘干过夜。将坩埚置干燥器中冷却 1 h，称量（m_{GR}，包括处理后坩埚质量及残渣质量），精确至 0.1 mg。减去处理后坩埚质量，计算试样残渣质量（m_R）。

（4）蛋白质和灰分的测定：取 2 份试样残渣中的 1 份按 GB 5009.5 测定氮（N）含量，以 6.25 为换算系数，计算蛋白质质量（m_P）；另一份试样测定灰分，即在 525 ℃灰化 5 h，于干燥器中冷却，精确称量坩埚总质量（精确至 0.1 mg），减去处理后坩埚质量，计算灰分质量（m_A）。

六、结果计算

试样中空白质量按下式计算：

$$m_B = \overline{m}_{BR} - m_{BP} - m_{BA}$$

试样中膳食纤维含量按下式计算：

$$m_R = m_{GR} - m_G$$

$$X = \frac{\overline{m}_R - m_P - m_A - m_B}{\overline{m} \times f} \times 100$$

$$f = \frac{m_C}{m_D}$$

式中：m_B——试剂空白质量，g；

$\overline{m}_{BR}$——双份试剂空白残渣质量均值，g；

m_{BP}——试剂空白残渣中蛋白质质量，g；

m_{BA}——试剂空白残渣中灰分质量，g；

m_R——试样残渣质量，g；

m_{GR}——处理后坩埚质量及残渣质量，g；

m_G——处理后坩埚质量，g；

X——试样中膳食纤维的含量，g/100 g；

$\overline{m}_R$——双份试样残渣质量均值，g；

m_P——试样残渣中蛋白质质量，g；

m_A——试样残渣中灰分质量，g；

m_B——试剂空白质量，g；

$\overline{m}$——双份试样取样质量均值，g；

f——试样制备时因干燥、脱脂、脱糖导致质量变化的校正因子；

100——换算稀释；

m_C——试样制备前质量，g；

m_D——试样制备后质量，g。

计算结果以重复条件下获得的两次独立测定结果的算术平均值表示，结果保留三位有效数字。

七、注意事项

样品测定前，需要干燥、粉碎处理，对于含糖量高的食品需要脱糖处理。

八、思考题

影响样品膳食纤维测定含量的因素有哪些？

第三节　食品中矿物元素检测

实验一　黑芝麻中铁含量的测定

一、实验目的

(1)掌握火焰原子吸收光谱法测定铁含量的原理和方法。

(2)学习原子吸收分光光度计的原理及使用。

二、实验原理

样品经消化后,导入原子吸收分光光度计中,经火焰原子化后,在248.3 nm为吸收谱线,在一定浓度范围内,铁的吸光值与铁含量成正比,与标准系列比较确定铁含量。

三、仪器与试剂

1. 仪器

原子吸收分光光度计、铁空心阴极灯、分析天平、可调式电热板等。

2. 试剂

除非另有说明,本方法所用试剂均为优级纯。

3. 试剂配制

(1)硝酸溶液(5∶95):量取50 mL硝酸,倒入950 mL水中,混匀。

(2)硝酸溶液(1∶1):量取250 mL硝酸,倒入250 mL水中,混匀。

(3)硫酸溶液(1∶3):量取50 mL硫酸,缓慢倒入150 mL水中,混匀。

(4)铁标准储备液(1 000 mg/L):准确称取0.863 1 g(精确至0.000 1 g)硫酸铁铵,加水溶解,加1.00 mL硫酸溶液(1∶3),移入100 mL容量瓶,加水定容至刻度,混匀。

(5)铁标准使用液:吸取铁标准储备液10 mL置于100 mL容量瓶中,用0.5 mol/L硝酸溶液定容至刻度,该溶液每毫升相当于100 μg铁。贮存于聚乙烯瓶内,置冰箱保存。

(6)铁标准中间液(100 mg/L):准确吸取铁标准储备液(1 000 mg/L)10 mL于100 mL容量瓶中,加硝酸溶液(5∶95)定容至刻度,混匀。此铁溶液质量浓度为100 mg/L。

(7)标准曲线制备:吸取铁标准中间液(100 mg/L)0.50 mg/L、1.0 mg/L、2.0 mg/L、3.0 mg/L、4.0 mg/L、6.0 mL于100 mL容量瓶中,加硝酸溶液(5∶95)定容至刻度,混匀。此铁标准系列溶液中铁的质量浓度分别为0 mg/L、0.500 mg/L、1.00 mg/L、2.00 mg/L、4.00 mg/L、6.00 mg/L。

四、实验材料及前处理

黑芝麻,产地为河南省平舆县,由驻马店市正道油业有限公司提供。黑芝麻除杂后,粉碎,储于塑料瓶中。

五、操作步骤

1. 样品湿法消解

准确称取均匀样品0.5～3.0 g(精确至0.001 g)于带刻度消化管(或者锥形瓶)中，加入10 mL硝酸和0.5 mL高氯酸，在可调式电热炉上消解(参考条件:120 ℃/0.5～1 h，升至180 ℃/2～4 h，升至200～220 ℃)。若消化液呈棕褐色，再加硝酸，消解至冒白烟，消化液呈无色透明或略带黄色，取出消化管，冷却后将消化液转移至25 mL容量瓶中，用少量水洗涤2～3次，合并洗涤液于容量瓶中并用水定容至刻度，混匀备用。同时做试样空白试验。

2. 测定

(1)测试条件。火焰原子吸收光谱法参考条件见表1-6。

表1-6　火焰原子吸收光谱法参考条件

元素	波长/nm	狭缝/nm	灯电流/mA	燃烧头高度/mm	空气流量/(L/min)	乙炔流量/(L/min)
铁	248.3	0.2	5～15	3	9	2

(2)标准曲线的制作。将标准系列工作液按质量浓度由低到高的顺序分别导入火焰原子化器，测定其吸光度值。以铁标准系列溶液中铁的质量浓度为横坐标，以相应的吸光度值为纵坐标，制作标准曲线。

(3)试样测定。在与测定标准溶液相同的实验条件下，将空白溶液和样品溶液分别导入原子化器，测定吸光度值，与标准系列比较定量。

六、结果计算

试样中铁的含量按下式计算:

$$X=\frac{(\rho-\rho_0)\times V}{m}$$

式中:X——试样中铁的含量，mg/kg或mg/L;

ρ——测定样液中铁的质量浓度，mg/L;

ρ_0——空白液中铁的质量浓度，mg/L;

V——试样消化液的定容体积，mL;

m——试样称样量或移取体积，g或mL。

当铁含量≥10.0 mg/kg或10.0 mg/L时，计算结果保留3位有效数字;当铁含量<10.0 mg/kg或10.0 mg/L时，计算结果保留2位有效数字。

在重复性条件下获得的两次独立测定结果的绝对差值不得超过算术平均值的10%。

七、注意事项

取样的时候应该迅速，各份试样称量应在同一条件下进行。

八、思考题

简述火焰原子吸收光谱法的原理及优缺点。

实验二 牛奶中钙含量的测定

方法一 火焰原子吸收光谱法

一、实验目的

(1)掌握火焰原子吸收光谱法测定钙含量的原理和方法。

(2)学习原子吸收分光光度计的原理及使用。

二、实验原理

试样经消解处理后,加入镧溶液作为释放剂,经原子吸收火焰原子化,在 422.7 nm 处测定的吸光度值在一定浓度范围内与钙含量成正比,与标准系列比较确定钙含量。

三、仪器与试剂

1. 仪器

原子吸收分光光度计、钙空心阴极灯、分析天平、可调式电热板等。

2. 试剂

除非另有说明,本方法所用试剂均为优级纯。硝酸、高氯酸、盐酸、氧化镧等。

3. 试剂配制

(1)硝酸溶液(5∶95):量取 50 mL 硝酸,加入 950 mL 水,混匀。

(2)硝酸溶液(1∶1):量取 500 mL 硝酸,与 500 mL 水混合均匀。

(3)盐酸溶液(1∶1):量取 500 mL 盐酸,与 500 mL 水混合均匀。

(4)镧溶液(20 g/L):称取 23.45 g 氧化镧,先用少量水湿润后再慢慢加入 75 mL 盐酸溶液(1∶1)溶解,转入 1 000 mL 容量瓶中,加水定容至刻度,混匀。

4. 标准溶液的配制

(1)钙标准储备液(1 000 mg/L):准确称取 2.496 3 g(精确至 0.000 1 g)碳酸钙,加盐酸溶液(1∶1)溶解,移入 1 000 mL 容量瓶中,加水定容至刻度,混匀。

(2)钙标准中间液(100 mg/L):准确吸取钙标准储备液(1 000 mg/L)10 mL 于 100 mL 容量瓶中,加硝酸溶液(5∶95)至刻度,混匀。

(3)钙标准系列溶液:分别吸取钙标准中间液(100 mg/L)0 mL、0.500 mL、1.00 mL、2.00 mL、4.00 mL、6.00 mL 于 100 mL 容量瓶中,另在各容量瓶中加入 5 mL 镧溶液(20 g/L),最后加硝酸溶液(5∶95)定容至刻度,混匀。此钙标准系列溶液中钙的质量浓度分别为 0 mg/L、0.500 mg/L、1.00 mg/L、2.00 mg/L、4.00 mg/L 和 6.00 mg/L。

四、实验材料及前处理

牛奶,产地为河南省正阳县,由花花牛乳业公司提供。样品摇匀处理。

五、操作步骤

1.样品湿法消解

准确移取液体试样0.500～5.00 mL于带刻度消化管中，加入10 mL硝酸、0.5 mL高氯酸，在可调式电热炉上消解（参考条件：120 ℃/0.5～1 h，升至180 ℃/2～4 h，升至200～220 ℃）。若消化液呈棕褐色，再加硝酸，消解至冒白烟，消化液呈无色透明或略带黄色。取出消化管，冷却后将消化液转移至25 mL容量瓶中，再根据实际测定需要稀释，并在稀释液中加入一定体积的镧溶液（20 g/L），使其在最终稀释液中的浓度为1 g/L，混匀备用，此为试样待测液。同时做试样空白试验。

2.测定

（1）测试条件。火焰原子吸收光谱法参考条件见表1-7。

表1-7　火焰原子吸收光谱法参考条件

元素	波长/nm	狭缝/nm	灯电流/mA	燃烧头高度/mm	空气流量/（L/min）	乙炔流量/（L/min）
钙	422.7	1.3	5～15	3	9	2

（2）标准曲线的制作。将钙标准系列溶液按质量浓度由低到高的顺序分别导入火焰原子化器，测定其吸光度值。以钙标准系列溶液中钙的质量浓度为横坐标，以相应的吸光度值为纵坐标，制作标准曲线。

（3）试样测定。在与测定标准溶液相同的实验条件下，将空白溶液和样品溶液分别导入原子化器，测定相应的吸光度值，与标准系列比较定量。

六、结果计算

试样中钙的含量按下式计算：

$$X=\frac{(\rho-\rho_0)\times f\times V}{m}$$

式中：X——试样中钙的含量，mg/kg或mg/L；

ρ——测定样液中钙的质量浓度，mg/L；

ρ_0——空白溶液中钙的质量浓度，mg/L；

f——试样消化液的稀释倍数；

V——试样消化液的定容体积，mL；

m——试样称样量或移取体积，g或mL。

当钙含量≥10.0 mg/kg或10.0 mg/L时，计算结果保留3位有效数字；当钙含量<10.0 mg/kg或10.0 mg/L时，计算结果保留2位有效数字。

在重复条件中所获得的两次独立测定结果的绝对差值不得超过算术平均值的10%。

方法二 EDTA滴定法

一、实验目的

掌握EDTA滴定法测定钙含量的原理和方法。

二、实验原理

在适当的pH值范围内,钙与EDTA(乙二胺四乙酸二钠)能定量地形成金属络合物,以EDTA滴定,在达到当量点时,EDTA与钙离子结合,使溶液呈现游离指示剂的颜色终点。根据EDTA用量,可计算钙的含量。

三、仪器与试剂

1. 仪器

分析天平、可调式电热板、可调式电热炉、马弗炉等。

2. 试剂

氢氧化钾、硫化钠、柠檬酸钠、乙二胺四乙酸二钠(EDTA)、盐酸(优级纯)、钙红指示剂、硝酸(优级纯)、高氯酸(优级纯)。

3. 试剂配制

(1)1.25 mol/L氢氧化钾溶液:精确称取70.13 g氢氧化钾,用水稀释至1 000 mL,混匀。

(2)10 g/L硫化钠溶液:称取1.0 g硫化钠,用水稀释至100 mL,混匀。

(3)0.05 mol/L柠檬酸钠溶液:称取14.7 g柠檬酸钠,用水稀释至1 000 mL,混匀。

(4)EDTA溶液:准确称取4.50 g EDTA,用水稀释至1 000 mL,贮存于聚乙烯瓶中,4 ℃保存。使用时稀释10倍即可。

(5)钙标准溶液:准确称取0.124 8 g碳酸钙(纯度大于99.99%,105~110 ℃烘干2 h),加20 mL水及3 mL 0.5 mol/L盐酸溶解,移入500 mL容量瓶中,加水定容至刻度,贮存于聚乙烯瓶中,4 ℃保存。此溶液每毫升相当于100 μg钙。

(6)钙红指示剂:称取0.1 g钙红指示剂,用水稀释至100 mL,溶解后即可使用。贮存于冰箱中可保持一个半月以上。

四、操作步骤

1. 试样的处理

同原子吸收分光光度法。

2. 测定

(1)滴定度(T)的测定。吸取0.500 mL钙标准储备液(100.0 mg/L)于试管中,加1滴硫化钠溶液(10 g/L)和0.1 mL柠檬酸钠溶液(0.05 mol/L),加1.5 mL氢氧化钾溶液(1.25 mol/L),加3滴钙红指示剂,立即以稀释10倍的EDTA溶液滴定,至指示剂由紫红色变蓝色为止,记录所消耗的稀释10倍的EDTA溶液的体积。根据滴定结果计算出每毫升稀释 10 倍的 EDTA 溶液相当于钙的毫克数，即滴定度(T)。

(2)试样及空白滴定。分别吸取 0.1 ~ 0.5 mL(根据钙的含量而定)试样消化液及空白于试管中，加 1 滴硫化钠溶液和 0.1 mL 柠檬酸钠溶液，用滴定管加 1.5 mL 氢氧化钾溶液(1.25 mol/L)，加3 滴钙红指示剂，立即以稀释 10 倍 EDTA 溶液滴定，至指示剂由紫红色变蓝色为止，记录所消耗的稀释 10 倍的 EDTA 溶液的体积。

五、结果计算

试样中钙的含量按下式计算：

$$X = \frac{T \times (V - V_0) \times f \times 100}{m}$$

式中：X——试样中的钙含量，mg/100 g；

T——EDTA 滴定度，mg/mL；

V——滴定试样溶液时所用的 EDTA 溶液的体积，mL；

V_0——滴定空白溶液时所用的 EDTA 溶液的体积，mL；

f——试样稀释倍数；

m——试样质量或体积，g 或 mL。

计算结果表示到小数点后两位。

当钙含量≥10.0 mg/kg 或 10.0 mg/L 时，计算结果保留 3 位有效数字；当钙含量<10.0 mg/kg 或 10.0 mg/L 时，计算结果保留 2 位有效数字。

在重复性条件下获得的两次独立测定结果的绝对差值不得超过算术平均值的 10%。

六、注意事项

玻璃仪器使用前需要进行硝酸溶液(1∶5)浸泡过夜，用自来水反复冲洗，最后用水冲洗干净。

七、思考题

空心阴极灯的工作原理是什么？

实验三　坚果中锌含量的测定

一、实验目的

(1)掌握火焰原子吸收光谱法测定锌含量的原理和方法。

(2)学习原子吸收分光光度计的原理及使用。

二、实验原理

样品经消解处理后，导入原子吸收分光光度计中，经火焰原子化后，在 213.9 nm 为吸收谱线，在一定浓度范围内，锌的吸光值与锌含量成正比，与标准系列比较确定锌含量。

三、仪器与试剂

1. 仪器

原子吸收分光光度计、锌空心阴极灯、分析天平、可调式电热板等。

2. 试剂

除非另有说明,本方法所用试剂均为优级纯。

3. 试剂配制

(1)硝酸溶液(5∶95):量取50 mL硝酸,缓慢倒入950 mL水中,混匀。

(2)硝酸溶液(1∶1):量取250 mL硝酸,缓慢倒入250 mL水中,混匀。

(3)锌标准储备液(1 000 mg/L):准确称取1.244 7 g(精确至0.000 1 g)氧化锌,加少量硝酸溶液(1∶1),加热溶解,冷却后移入1 000 mL容量瓶,加水至刻度,混匀。

(4)锌标准中间液(10.0 mg/L):准确吸取锌标准储备液(1 000 mg/L)1.00 mL于100 mL容量瓶中,加硝酸溶液(5∶95)至刻度,混匀。

(5)锌标准系列溶液:分别准确吸取锌标准中间液0 mL、1.00 mL、2.00 mL、4.00 mL、8.00 mL和10.0 mL于100 mL容量瓶中,加硝酸溶液(5∶95)至刻度,混匀。此锌标准系列溶液的质量浓度分别为0 mg/L、0.100 mg/L、0.200 mg/L、0.400 mg/L、0.800 mg/L和1.00 mg/L。

四、实验材料及前处理

核桃,产地为河南省确山县。样品去除杂物后,粉碎,储于塑料瓶中。

五、操作步骤

1. 样品湿法消解

准确称取固体试样0.2~3.0 g(精确至0.001 g)于带刻度消化管(或者锥形瓶)中,加入10 mL硝酸和0.5 mL高氯酸,在可调式电热炉上消解(参考条件:120 ℃/0.5~1 h,升至180 ℃/2~4 h,升至200~220 ℃)。若消化液呈棕褐色,再加硝酸,消解至冒白烟,消化液呈无色透明或略带黄色,取出消化管,冷却后用水定容至25 mL或50 mL,混匀备用。同时做试样空白试验。

2. 测定

(1)测试条件。火焰原子吸收光谱法参考条件见表1-8。

表1-8 火焰原子吸收光谱法参考条件

元素	波长/nm	狭缝/nm	灯电流/mA	燃烧头高度/mm	空气流量/(L/min)	乙炔流量/(L/min)
锌	213.9	0.2	5~15	3	9	2

(2)标准曲线的制作。将锌标准系列工作液按质量浓度由低到高的顺序分别导入火焰原子化器,测定其吸光度值。以锌标准系列溶液中锌的质量浓度为横坐标,以相应的吸光度值为纵坐标,制作标准曲线。

(3)试样测定。在与测定标准溶液相同的实验条件下,将空白溶液和样品溶液分别导入火焰原子化器,原子化后测定其吸光度值,与标准系列比较定量。

六、结果计算

试样中锌的含量按下式计算:

$$X = \frac{(\rho - \rho_0) \times V}{m}$$

式中:X——试样中锌的含量,mg/kg 或 mg/L;
ρ——测定样液中锌的质量浓度,mg/L;
ρ_0——空白液中锌的质量浓度,mg/L;
V——试样消化液的定容体积,mL;
m——试样称样量或移取体积,g 或 mL。

当锌含量≥10.0 mg/kg 或 10.0 mg/L 时,计算结果保留 3 位有效数字;当锌含量<10.0 mg/kg或 10.0 mg/L 时,计算结果保留 2 位有效数字。

在重复性条件下获得的两次独立测定结果的绝对差值不得超过算术平均值的 10%。

七、注意事项

实验所用玻璃器皿要用硝酸(1∶1)浸泡 24 h,然后用去离子水冲洗干净,除去玻璃表面吸附的金属离子。

八、思考题

标准系列溶液测定为什么浓度要从低到高?

实验四 葡萄干中硒含量的测定

一、实验目的

(1)掌握原子荧光光谱法测定硒含量的原理和方法。
(2)学习原子荧光光谱仪的原理及使用。

二、实验原理

试样经酸加热消解后,在 6 mol/L 盐酸介质中,将试样中的六价硒还原成四价硒,用硼氢化钠或硼氢化钾作还原剂,将四价硒在盐酸介质中还原成硒化氢,由载气(氩气)带入原子化器中进行原子化,在硒空心阴极灯照射下,基态硒原子被激发至高能态,在去活化回到基态时,发射出特征波长的荧光,其荧光强度与硒含量成正比,与标准系列比较定量。

三、仪器与试剂

1. 仪器

原子吸收分光光度计、原子荧光光谱仪、分析天平、可调式电热板等。

2. 试剂

除非另有规定，本方法所用试剂均为分析纯。硝酸、高氯酸、盐酸、氢氧化钠、过氧化氢、硼氢化钠、铁氰化钾。

3. 试剂配制

(1)硝酸-高氯酸混合酸(9∶1)：将900 mL硝酸与100 mL高氯酸混匀。

(2)氢氧化钠溶液(5 g/L)：称取5 g氢氧化钠，溶于1 000 mL水中，混匀。

(3)硼氢化钠碱溶液(8 g/L)：称取8 g硼氢化钠，溶于氢氧化钠溶液(5 g/L)中，混匀。现配现用。

(4)盐酸溶液(6 mol/L)：量取50 mL盐酸，缓慢加入40 mL水中，冷却后用水定容至100 mL，混匀。

(5)铁氰化钾溶液(100 g/L)：称取10 g铁氰化钾，溶于100 mL水中，混匀。

(6)盐酸溶液(5∶95)：量取25 mL盐酸，缓慢加入475 mL水中，混匀。

(7)硒标准中间液(100 mg/L)：准确吸取1.00 mL硒标准溶液(1 000 mg/L)于10 mL容量瓶中，加盐酸溶液(5∶95)定容至刻度，混匀。

(8)硒标准使用液(1.00 mg/L)：准确吸取硒标准中间液(100 mg/L)1.00 mL于100 mL容量瓶中，用盐酸溶液(5∶95)定容至刻度，混匀。

(9)硒标准系列溶液：分别准确吸取硒标准使用液(1.00 mg/L)0 mL、0.500 mL、1.00 mL、2.00 mL和3.00 mL于100 mL容量瓶中，加入铁氰化钾溶液(100 g/L)10 mL，用盐酸溶液(5∶95)定容至刻度，混匀待测，此硒标准系列溶液的质量浓度分别为0 μg/L、5.00 μg/L、10.0 μg/L、20.0 μg/L和30.0 μg/L。

四、实验材料及前处理

葡萄干，产地为河南省确山县，购于当地市场。样品除杂后，粉碎，储于塑料瓶中。

五、操作步骤

1. 样品湿法消解

准确称取固体试样0.5～3.0 g(精确至0.001 g)于锥形瓶中，加10 mL硝酸-高氯酸混合酸(9∶1)及几粒玻璃珠，盖上表面皿冷消化过夜。次日于电热板上加热，并及时补加硝酸。当溶液变为清亮无色并伴有白烟产生时，再继续加热至剩余体积为2 mL左右，切不可蒸干。冷却，再加5 mL盐酸溶液(6 mol/L)，继续加热至溶液变为清亮无色并伴有白烟出现。冷却后转移至10 mL容量瓶中，加入2.5 mL铁氰化钾溶液(100 g/L)，用水定容，混匀待测。同时做试剂空白试验。

2. 测定

(1)测试条件。根据各自仪器性能调至最佳状态。参考条件为：负高压340 V，灯电流100 mA，原子化温度800 ℃，炉高8 mm，载气流速500 mL/min，屏蔽气流速

1 000 mL/min,测量方式标准曲线法,读数方式峰面积,延迟时间1 s,读数时间15 s,加液时间8 s,进样体积2 mL。

(2)标准曲线的制作。以盐酸溶液(5∶95)为载流,硼氢化钠碱溶液(8 g/L)为还原剂,连续用标准系列的零管进样,待读数稳定之后,将标硒标准系列溶液按质量浓度由低到高的顺序分别导入仪器,测定其荧光强度,以质量浓度为横坐标,荧光强度为纵坐标,制作标准曲线。

(3)试样测定。在与测定标准系列溶液相同的实验条件下,将空白溶液和试样溶液分别导入仪器,测其荧光值强度,与标准系列比较定量。

六、结果计算

试样中硒的含量按下式计算:

$$X = \frac{(\rho - \rho_0) \times V}{m \times 1\,000}$$

式中:X——试样中硒的含量,mg/kg 或 mg/L;

ρ——测定样液中硒的质量浓度,μg/L;

ρ_0——空白液中硒的质量浓度,μg/L;

V——试样消化液的定容体积,mL;

m——试样称样量或移取体积,g 或 mL。

当硒含量≥1.00 mg/kg 或 1.00 mg/L 时,计算结果保留3位有效数字;当硒含量<1.00 mg/kg 或 1.00 mg/L 时,计算结果保留2位有效数字。

在重复性条件下获得的两次独立测定结果的绝对差值不得超过算术平均值的10%。

七、注意事项

实验所用玻璃器皿要用硝酸(1∶1)浸泡24 h,然后用去离子水冲洗干净,除去玻璃表面吸附的金属离子。

八、思考题

湿法消解样品的优缺点有哪些?

实验五　香蕉中钾含量的测定

一、实验目的

(1)掌握火焰原子吸收光谱法测定钾含量的原理和方法。

(2)学习原子吸收分光光度计的原理及使用。

二、实验原理

试样经消解处理后,注入原子吸收光谱仪中,火焰原子化后钾吸收766.5 nm共振线,在一定浓度范围内,其吸收值与钾含量成正比,与标准系列比较定量。

三、仪器与试剂

1.仪器

原子吸收分光光度计、钾空心阴极灯、分析天平、可调式电热板等。

2.试剂

除非另有说明,本方法所用试剂均为优级纯。硝酸、高氯酸、氯化铯、氯化钾标准品(纯度大于99.99%)。

3.试剂配制

(1)混合酸[高氯酸:硝酸(1:9)]:取100 mL高氯酸,缓慢加入900 mL硝酸中,混匀。

(2)硝酸溶液(1:99):取10 mL硝酸,缓慢加入990 mL水中,混匀。

(3)氯化铯溶液(50 g/L):将5.0 g氯化铯溶于水,用水稀释至100 mL。

(4)钾标准储备液(1 000 mg/L):将氯化钾于烘箱中110~120 ℃干燥2 h。精确称取1.906 8 g氯化钾溶于水中,并移入1 000 mL容量瓶中,稀释至刻度,混匀,贮存于聚乙烯瓶内,4 ℃保存。

(5)钾标准工作液(100 mg/L):准确吸取10.0 mL钾标准储备溶液于100 mL容量瓶中,用水稀释至刻度,贮存于聚乙烯瓶中,4 ℃保存。

(6)钾标准系列工作液:准确吸取0 mL、0.1 mL、0.5 mL、1.0 mL、2.0 mL、4.0 mL钾标准工作液于100 mL容量瓶中,加氯化铯溶液4 mL,用水定容至刻度,混匀。此标准系列工作液中钾质量浓度分别为0 mg/L、0.100 mg/L、0.500 mg/L、1.00 mg/L、2.00 mg/L、4.00 mg/L,亦可依据实际样品溶液中钾浓度,适当调整标准溶液浓度范围。

四、实验材料及前处理

香蕉,由驻马店市场购买。样品取可食部分匀浆均匀。

五、操作步骤

1.样品湿法消解

称取0.5~5.0 g(精确至0.001 g)试样于玻璃或聚四氟乙烯消解器皿中,含乙醇或二氧化碳的样品先在电热板上低温加热除去乙醇或二氧化碳,加入10 mL混合酸,加盖放置1 h或过夜,置于可调式控温电热板或电热炉上消解,若变棕黑色,冷却后再加混合酸,直至冒白烟,消化液呈无色透明或略带黄色,冷却,用水定容至25 mL或50 mL,混匀备用。同时做空白试验。

2.测定

(1)测试条件。火焰原子吸收光谱法参考条件见表1-9。

表1-9 火焰原子吸收光谱法参考条件

元素	波长/nm	狭缝/nm	灯电流/mA	燃气流量/(L/min)	测定方式
钾	766.5	0.5	8	1.2	吸收

(2)标准曲线的制作。分别将钾标准系列工作液注入原子吸收光谱仪中，测定吸光度值，以标准工作液的浓度为横坐标，吸光度值为纵坐标，绘制标准曲线。

(3)试样测定。根据试样溶液中被测元素的含量，需要时将试样溶液用水稀释至适当浓度，并在空白溶液和试样最终测定液中加入一定量的氯化铯溶液，使氯化铯浓度达到0.2%。于测定标准曲线工作液相同的实验条件下，将空白溶液和测定液注入原子吸收光谱仪中，测定钾的吸光值，根据标准曲线得到待测液中钾的浓度。

六、结果计算

试样中钾的含量按下式计算：

$$X = \frac{(\rho - \rho_0) \times V \times f \times 100}{m \times 1\,000}$$

式中：X——试样中钾的含量，mg/100 g 或 mg/100 mL；

ρ——测定样液中钾的质量浓度，mg/L；

ρ_0——空白液中钾的质量浓度，mg/L；

V——样液体积，mL；

f——样液稀释倍数；

100、1 000——换算系数；

m——试样称样量或移取体积，g 或 mL。

计算结果保留三位有效数字。

在重复性条件下获得的两次独立测定结果的绝对差值不得超过算术平均值的10%。

七、注意事项

实验所用玻璃器皿要用硝酸(1∶1)浸泡 24 h，然后用去离子水冲洗干净，除去玻璃表面吸附的金属离子。

八、思考题

是否有其他测定方法？有什么优缺点？

实验六　卤肉中钠含量的测定

一、实验目的

(1)掌握火焰原子吸收光谱法测定钠含量的原理和方法。

(2)学习原子吸收分光光度计的原理及使用。

二、实验原理

试样经消解处理后，注入原子吸收光谱仪中，火焰原子化后钠吸收 589.0 nm 共振线，在一定浓度范围内，其吸收值与钠含量成正比，与标准系列比较定量。

三、仪器与试剂

1. 仪器

原子吸收分光光度计、钠空心阴极灯、分析天平、可调式电热板等。

2. 试剂

除非另有说明，本方法所用试剂均为优级纯。硝酸、高氯酸、氯化铯、氯化钠标准品（纯度大于99.99%）。

3. 试剂配制

(1)混合酸[高氯酸∶硝酸(1∶9)]：取100 mL高氯酸，缓慢加入900 mL硝酸中，混匀。

(2)硝酸溶液(1∶99)：取10 mL硝酸，缓慢加入990 mL水中，混匀。

(3)氯化铯溶液(50 g/L)：将5.0 g氯化铯溶于水，用水稀释至100 mL。

(4)钠标准储备液(1 000 mg/L)：将氯化钠于烘箱中110～120 ℃干燥2 h。精确称取2.542 1 g氯化钠溶于水中，并移入1 000 mL容量瓶中，稀释至刻度，混匀，贮存于聚乙烯瓶内，4 ℃保存。

(5)钠标准工作液(100 mg/L)：准确吸取10.0 mL钠标准储备溶液于100 mL容量瓶中，用水稀释至刻度，贮存于聚乙烯瓶中，4 ℃保存。

(6)钠标准系列工作液：准确吸取0 mL、0.1 mL、0.5 mL、1.0 mL、2.0 mL、4.0 mL钠标准工作液于100 mL容量瓶中，加氯化铯溶液4 mL，用水定容至刻度，混匀。此标准系列工作液中钠质量浓度分别为0 mg/L、0.100 mg/L、0.500 mg/L、1.00 mg/L、2.00 mg/L、4.00 mg/L，亦可依据实际样品溶液中钠浓度，适当调整标准溶液浓度范围。

四、实验材料及前处理

卤肉，由河南尚品食品有限公司提供。样品取可食部分匀浆均匀。

五、操作步骤

1. 样品湿法消解

称取0.5～5.0 g(精确至0.001 g)试样于玻璃或聚四氟乙烯消解器皿中，含乙醇或二氧化碳的样品先在电热板上低温加热除去乙醇或二氧化碳，加入10 mL混合酸，加盖放置1 h或过夜，置于可调式控温电热板或电热炉上消解，若变棕黑色，冷却后再加混合酸，直至冒白烟，消化液呈无色透明或略带黄色，冷却，用水定容至25 mL或50 mL，混匀备用。同时做空白试验。

2. 测定

(1)测试条件。火焰原子吸收光谱法参考条件见表1-10。

表1-10 火焰原子吸收光谱法参考条件

元素	波长/nm	狭缝/nm	灯电流/mA	燃气流量/(L/min)	测定方式
钠	589.0	0.5	8	1.1	吸收

（2）标准曲线的制作。分别将钠标准系列工作液注入原子吸收光谱仪中，测定吸光度值，以标准工作液的浓度为横坐标，吸光度值为纵坐标，绘制标准曲线。

（3）试样测定。根据试样溶液中被测元素的含量，需要时将试样溶液用水稀释至适当浓度，并在空白溶液和试样最终测定液中加入一定量的氯化铯溶液，使氯化铯浓度达到0.2%。于测定标准曲线工作液相同的实验条件下，将空白溶液和测定液注入原子吸收光谱仪中，测定钠的吸光值，根据标准曲线得到待测液中钠的浓度。

六、结果计算

试样中钠的含量按下式计算：

$$X = \frac{(\rho - \rho_0) \times V \times f \times 100}{m \times 1\,000}$$

式中：X——试样中钠的含量，mg/100 g 或 mg/100 mL；

ρ——测定样液中钠的质量浓度，mg/L；

ρ_0——空白液中钠的质量浓度，mg/L；

V——样液体积，mL；

f——样液稀释倍数；

100、1 000——换算系数；

m——试样称样量或移取体积，g 或 mL。

计算结果保留三位有效数字。

在重复性条件下获得的两次独立测定结果的绝对差值不得超过算术平均值的10%。

七、注意事项

实验所用玻璃器皿要用硝酸（1∶1）浸泡24 h，然后用去离子水冲洗干净，除去玻璃表面吸附的金属离子。

八、思考题

原子吸收光谱仪器定量的依据是什么？

实验七　燕麦中镁含量的测定

一、实验目的

（1）掌握火焰原子吸收光谱法测定镁含量的原理和方法。

（2）学习原子吸收分光光度计的原理及使用。

二、实验原理

试样消解处理后，经火焰原子化，在285.2 nm处测定吸光度。在一定浓度范围内镁的吸光度值与镁含量成正比，与标准系列比较定量。

三、仪器与试剂

1. 仪器

原子吸收分光光度计、镁空心阴极灯、分析天平、可调式电热板等。

2. 试剂

除非另有说明,本方法所用试剂均为优级纯。硝酸;高氯酸;盐酸;金属镁(Mg,CAS号:7439-95-4)或氧化镁(MgO,CAS号:1309-48-4),纯度>99.99%。

3. 试剂配制

(1)硝酸溶液(5∶95):量取50 mL硝酸,倒入950 mL水中,混匀。

(2)硝酸溶液(1∶1):量取250 mL硝酸,倒入250 mL水中,混匀。

(3)盐酸溶液(1∶1):量取50 mL盐酸,倒入50 mL水中,混匀。

(4)镁标准储备液(1 000 mg/L):准确称取0.1 g(精确至0.000 1 g)金属镁或0.165 8 g(精确至0.000 1 g)于800 ℃±50 ℃灼烧至恒重的氧化镁,溶于2.5 mL盐酸溶液(1∶1)及少量水中,移入100 mL容量瓶,加水至刻度,混匀。

(5)镁标准中间液(10.0 mg/L):准确吸取镁标准储备液(1 000 mg/L)1.00 mL,用硝酸溶液(5∶95)定容到100 mL容量瓶中,混匀。

(6)镁标准系列溶液:吸取镁标准中间液0 mL、2.00 mL、4.00 mL、6.00 mL、8.00 mL和10.0 mL于100 mL容量瓶中用硝酸溶液(5∶95)定容至刻度。此镁标准系列溶液的质量浓度分别为0 mg/L、0.200 mg/L、0.400 mg/L、0.600 mg/L、0.800 mg/L和1.00 mg/L。

四、实验材料及前处理

燕麦,由驻马店当地市场购买。样品除杂后,粉碎,储于塑料瓶中。

五、操作步骤

1. 干法灰化

称取固体试样0.5~5.0 g(精确至0.001 g)或准确移取液体试样0.500~10.0 mL于坩埚中,将坩埚在电热板上缓慢加热,微火碳化至不再冒烟。碳化后的试样放入马弗炉中,于550 ℃灰化4 h。若灰化后的试样中有黑色颗粒,应将坩埚冷却至室温后加少许硝酸溶液(5∶95)润湿残渣,在电热板小火蒸干后置马弗炉550 ℃继续灰化,直至试样成白灰状。在马弗炉中冷却后取出,冷却至室温,用2.5 mL硝酸溶液(1∶1)溶解,并用少量水洗涤坩埚2~3次,合并洗涤液于容量瓶中并定容至25 mL,混匀备用。同时做试剂空白试验。

2. 测定

(1)测试条件。火焰原子吸收光谱法参考条件见表1-11。

表1-11　火焰原子吸收光谱法参考条件

元素	波长/nm	狭缝/nm	灯电流/mA	燃烧头高度/mm	空气流量/(L/min)	乙炔流量/(L/min)
镁	285.2	0.2	5～15	3	9	2

(2)标准曲线的制作。将镁标准系列溶液按质量浓度由低到高的顺序分别导入火焰原子化器后测其吸光度值，以质量浓度为横坐标，吸光度值为纵坐标，制作标准曲线。

(3)试样测定。在与测定标准溶液相同的实验条件下，将空白溶液和样品溶液分别导入原子化器，测定吸光度值，与标准系列比较定量。

六、结果计算

试样中镁的含量按下式计算：

$$X = \frac{(\rho - \rho_0) \times V}{m}$$

式中：X——试样中镁的含量，mg/kg 或 mg/L；

ρ——测定样液中镁的质量浓度，mg/L；

ρ_0——空白液中镁的质量浓度，mg/L；

V——试样消化液的定容体积，mL；

m——试样称样量或移取体积，g 或 mL。

当镁含量≥10.0 mg/kg 或 10.0 mg/L 时，计算结果保留三位有效数字；当镁含量<10.0 mg/kg 或 10.0 mg/L 时，计算结果保留两位有效数字。

在重复性条件下获得的两次独立测定结果的绝对差值不得超过算术平均值的10%。

七、注意事项

实验所用玻璃器皿要用硝酸(1∶1)浸泡 24 h，然后用去离子水冲洗干净，除去玻璃表面吸附的金属离子。

八、思考题

镁元素测定的原理是什么？

第四节　综合实践

综合实践一　确山黑猪肉中营养成分分析

一、实践目的

掌握主要营养素水分、灰分及脂类、蛋白质的分析方法。

二、实践原理

(1)食品中的水分在受热后气化而从食品中蒸发出去,称量受热前后的质量可以计算出水分含量。肉制品采用105 ℃烘箱法。

(2)食品中的灰分是指食品经高温灼烧,有机成分挥发逸散后残留下来的无机物,主要是氧化物或无机盐类。肉制品采用直接灰化法。将一定量的样品经炭化后置于高温炉内灼烧、转化,称量残留物的质量至恒重,计算出样品中总灰分的含量。

(3)食品的种类不同,其脂肪的含量及其存在形式也不同,常用测定方法分为重量法和容量法。肉制品一般采用索氏提取法。

(4)食品中的蛋白质可以被酶、酸或碱水解,其最终产物为氨基酸。测定蛋白质的方法分为两大类,常用方法是凯氏定氮法。

三、仪器与试剂

1. 仪器

恒温干燥箱、马弗炉、分析天平、石英坩埚、干燥器、电热板、水浴锅、索氏提取器、半微量凯氏定氮器。

2. 试剂

硫酸、氢氧化钠、硼酸、盐酸、硒片、石油醚等。

四、实践材料及前处理

确山黑猪肉,将肉样切成2 cm×2 cm×2 cm多份。

五、操作步骤

1. 水分的测定

(1)样品处理。准确称取一定量的样品,置于干燥并称重至恒重的有盖称量瓶中,移入95~105 ℃烘箱中,开盖烘2~4 h后取出,加盖置干燥器内冷却至0.5 h后称重。再烘1 h左右,冷却0.5 h后称重。重复操作,直到前后两次称量差不超过2 mg。

(2)含水量的测定。将处理后的样品放入预先干燥至恒重的玻璃或铝制称量皿中,在95~105 ℃干燥箱中干燥2~4 h后取出,再置于干燥器内冷却至0.5 h后称重,再移至同温度烘箱中干燥1 h左右,然后冷却、称量,并重复干燥至恒重。

(3)结果计算

$$X=\frac{(m_1-m_2)}{(m_1-m_3)}\times 100$$

式中:X——肉样中水分的含量,%;

m_1——称量瓶和肉样的质量,g;

m_2——称量瓶和肉样干燥后的质量,g;

m_3——称量瓶的质量,g。

2. 灰分的测定

(1)瓷坩埚的准备。将瓷坩埚用1∶4盐酸溶液煮1~2 h,洗净晾干后用记号笔记号，置于500～600 ℃高温炉中灼烧0.5～1 h，移至炉口冷却至200 ℃以下，取出坩埚置于干燥器中冷却至室温，称重；再放入高温炉烧0.5 h，取出冷却称量直至恒重。

（2）样品测量。称量肉3～5 g。

（3）样品预处理。肉粉碎成均匀的试样，取适量试样于已知坩埚中再进行炭化。

（4）炭化。将坩埚置于电炉上，半盖坩埚盖，小心加热使试样在通气状态下逐渐炭化，直至无黑烟产生。

（5）灰化。将炭化后的样品移入马弗炉（500～600 ℃）中，盖斜倚在坩埚上，灼烧2～5 h，至样品变成白色或白色无炭粒为止。待温度降至200 ℃左右，取出坩埚，放入干燥器中冷却至室温，准确称量。再灼烧、冷却、称量，直至恒重。

（6）结果计算

$$X=\frac{(m_1-m_2)}{(m_3-m_2)}\times 100\%$$

式中：X——肉样中灰分的含量，%；

m_1——坩埚和灰分的质量，g；

m_2——坩埚的质量，g；

m_3——坩埚和肉样的质量，g。

3. 粗蛋白的测定（凯氏定氮法）

样品用浓硫酸消化，使蛋白质分解，其中碳和氢被氧化成二氧化碳和水逸出，样品中的有机氮则转化为氨与硫酸结合生成硫酸铵。然后加碱蒸馏，使氨气蒸出，用硼酸吸收后，再以标准盐酸或硫酸溶液滴定。根据标准酸消耗量，可计算出样品中氮含量，再根据蛋白质中氮的含量（通常在16%左右），进而换算出蛋白质的含量。

（1）样品消化：准确称取肉样品0.8～1.2 g，移入干燥的500 mL凯氏烧瓶中，然后加入硫酸铜0.2 g、硫酸钾3 g及20 mL硫酸，轻轻摇匀后，用电炉小火加热，加入玻璃珠数珠以防爆。待内容物全部炭化，泡沫停止产生后，加大火力，保持瓶内液体微沸，至液体变成蓝绿色透明后，再继续加热沸腾10 min后冷却。

（2）蒸馏与吸收：在消化完全的样品溶液中加入浓氢氧化钠使呈碱性，加热蒸馏，即可释放出氨气。加热蒸馏所释放的氨，用硼酸溶液进行吸收。

（3）样品滴定：待吸收完全后，用盐酸标准溶液滴定。

（4）数据记录。

（5）结果计算

$$X=[(V-V_0)c\times 0.014\times A]/W\times 100\%$$

式中：X——肉样中蛋白质的含量，%；

V——消耗盐酸的体积，mL；

V_0——空白试验时消耗的盐酸的体积，mL；

c——标准盐酸溶液的浓度，mol/L；

0.014——与1 mL盐酸标准溶液（1 mol/L）相当的以克表示的氮的含量；

A——样品中含氮量与蛋白质的转换系数6.25；

W——样品质量，g。

4. 粗脂肪的测定

（1）索式提取器的清洗。各部位充分洗涤并用蒸馏水洗净烘干。接收瓶在 105 ℃烘箱内干燥至恒重。

（2）样品的处理。准确称取预先干燥的样品 2 ~ 5 g，装入滤纸筒内，用脱脂棉塞严。

（3）抽提。将滤纸筒放入索式提取器的抽提筒内。连接内装少量沸石并已干燥至恒重的接收瓶，加入乙醚或石油醚至瓶内容积的 2/3 处，通入冷凝水，于水浴上加热，调节温度使抽提剂每 6 ~ 8 min 回流一次，抽提 6 ~ 12 h。

（4）提取完毕。取下接收瓶，回收乙醚或石油醚。待接收瓶内乙醚或石油醚仅剩下 1 ~ 2 mL 时，在水浴上赶尽残留的溶剂，于 105 ℃烘箱内干燥 2 h 后，置于干燥器中冷却至室温，称量。反复干燥至恒重。

（5）结果计算

$$X = \frac{(m_2 - m_1)}{m} \times 100\%$$

式中：X——肉样中粗脂肪的含量，%；

m——风干肉样质量，g；

m_1——已恒重的抽提瓶质量，g；

m_2——已恒重的盛有脂肪的抽提瓶质量，g。

六、注意事项

肉的取样方法参照国家标准 GB 5009.4—2016。

七、思考题

（1）如何判断样品是否灰化完全？

（2）蒸馏时为什么要加入氢氧化钠溶液？加入量对测定结果有何影响？

（3）使用乙醚作脂肪抽提剂时，应注意哪些事项？为什么？

综合实践二　泌阳花菇中营养成分分析

一、实践目的

掌握水分、灰分、脂类、蛋白质等营养成分的分析方法。

二、实践原理

利用食品中水分的物理性质，在 101.3 kPa（一个大气压），温度 101 ~ 105 ℃下采用挥发方法测定样品中干燥减失的质量，包括吸湿水、部分结晶水和该条件下能挥发的物质，再通过干燥前后的称量数值计算出水分的含量。

将样品炭化后置于 500 ~ 600 ℃的马弗炉内灼烧，食品中的水分及挥发性物质以气态放出，有机物质中的碳、氢、氮等元素与有机物质本身的氧及空气中的氧生成二氧化碳、氮的氧化物及水分而散失，无机物质以硫酸盐、磷酸盐、碳酸盐、氯化物等无机盐和金属氧化物的形式残留下来,这些残留物即为灰分,称量残留物的质量即可计算出样品中总灰分的含量。

食品中的蛋白质在催化加热条件下被分解,产生的氨与硫酸结合生成硫酸铵。碱化蒸馏使氨游离,用硼酸吸收后以硫酸或盐酸标准滴定溶液滴定,根据酸的消耗量计算氮含量,再乘以换算系数,即为蛋白质的含量。

糖在浓硫酸作用下,可经脱水反应生成糠醛或羟甲基糠醛,生成的糠醛或羟甲基糠醛可与蒽酮反应生成蓝绿色糠醛衍生物,在一定范围内,颜色的深浅与糖的含量成正比,故可用于糖的定量测定。

三、仪器与试剂

1. 试剂

盐酸、氢氧化钠、海砂、三氯化铁、硫酸铜、硫酸钾、浓硫酸、乙醇、硼酸、甲基红-次甲基蓝混合指示剂、葡萄糖、蒽酮。

2. 仪器

电热恒温干燥箱、干燥器、马弗炉、天平、石英坩埚或瓷坩埚、凯氏烧瓶、可调式电炉、粉碎机、蒸汽蒸馏装置、自动凯氏定氮仪、分光光度计、分析天平、离心机、恒温水浴。

四、实验材料

泌阳花菇若干。

五、操作步骤

1. 水分的测定

取洁净铝制或玻璃制的扁形称量瓶,置于 101 ~ 105 ℃干燥箱中,瓶盖斜支于瓶边,加热1.0 h,取出盖好,置干燥器内冷却0.5 h,称量,并重复干燥至前后两次质量差不超过2 mg,即为恒重。将混合均匀的试样迅速磨细至颗粒小于2 mm,不易研磨的样品应尽可能切碎,称取2 ~ 10 g 试样(精确至0.000 1 g),放入此称量瓶中,试样厚度不超过5 mm,如为疏松试样,厚度不超过10 mm,加盖,精密称量后,置101 ~ 105 ℃干燥箱中,瓶盖斜支于瓶边,干燥2 ~ 4 h后,盖好取出,放入干燥器内冷却0.5 h后称量。然后再放入101 ~ 105 ℃干燥箱中干燥1 h左右,取出,放入干燥器内冷却0.5 h后再称量。并重复以上操作至前后两次质量差不超过2 mg,即为恒重。

试样中的水分的含量按下式进行计算:

$$X=\frac{m_1-m_2}{m_1-m_3}\times 100$$

式中:X——试样中水分的含量,g/100 g;

m_1——称量瓶(加海砂、玻棒)和试样的质量,g;

m_2——称量瓶(加海砂、玻棒)和试样干燥后的质量,g;

m_3——称量瓶(加海砂、玻棒)的质量,g。

水分质量分数≥1 g/100 g 时,计算结果保留三位有效数字;水分质量分数<1 g/100 g时,结果保留两位有效数字。

2. 总灰分含量的测定

(1)坩埚的灼烧。取洁净干燥的石英坩埚或瓷坩埚置马弗炉中,用蘸有三氯化铁蓝黑墨水溶液的毛笔在坩埚上编号,然后将编号坩埚放入 550 ℃ 马弗炉内灼烧 30 ~ 60 min,冷却至 200 ℃以下,取出坩埚移至干燥器内冷却至室温,称量坩埚的质量,再重复灼烧,冷却、称量至恒重(前后两次质量差不超过 0.000 2 g)。

(2)样品处理。通常花菇样品称样量 3 ~ 5 g。先粉碎成均一的试样,再准确称取适量的试样于已知质量的坩埚中炭化。

(3)样品炭化。将上述预处理的试样,放在电炉上,错开坩埚盖,加热至完全炭化无烟为止。

(4)样品的灰化。把坩埚放在马弗炉内,错开坩埚盖,关闭炉门,再(550 ℃±25 ℃)灼烧 3 ~4 h 至无炭粒即完全灰化。冷却至 200 ℃以下取出坩埚,并移至干燥器内冷却至室温,称量。再灼烧 30 min 冷却,称量,重复灼烧直至前后两次称量不超过 0.5 mg 为恒重。最后一次灼烧的质量如果增加,取前一次的质量计算。将实验数据记录于表 1-12中。

表 1-12 数据记录表

序号	空坩埚质量 m_1/g	样品和坩埚质量 m_2/g	坩埚和灰分质量 m_3/g			
			1	2	3	恒重值

样品总灰分含量按下式进行计算:

$$X=\frac{m_3-m_1}{m_2-m_1}\times100$$

式中:X——每 100 g 样品中灰分含量, g/100 g;

m_1——空坩埚质量, g;

m_2——样品和坩埚质量, g;

m_3——坩埚和灰分质量, g;

试样中灰分质量分数≥10 g/100 g 时,保留三位有效数字;试样中灰分质量分数 <10 g/100 g时,保留两位有效数字。

3. 蛋白质含量的测定

(1)试样的制备。花菇样品:取有代表性的样品至少 200 g,用粉碎机粉碎。上述试样应放入密闭玻璃容器中,于 4 ℃冰箱内储存备用,尽快测定。

(2)称样、处理。称取 0.5 ~5 g 试样(使试样中含氮 30 ~40 mg),精确至 0.001 g,放入凯氏烧瓶中(避免黏附在瓶壁上)。

(3)消化。向凯氏烧瓶中依次加入硫酸铜 0.4 g、硫酸钾 10 g、硫酸 20 mL 及数粒玻璃珠。将凯氏烧瓶斜放(45°)在电炉上,缓慢加热。待起泡停止,内容物均匀后,升高温度,保持液面微沸。当溶液呈蓝绿色透明时,继续加热 0.5 ~1 h。取下凯氏烧瓶冷却至约 40 ℃,缓慢加入适量水,摇匀。冷却至室温。

(4)蒸馏。向接收瓶内加入 50 mL 4 % 硼酸溶液及 4 滴甲基红-次甲基蓝混合指示液。将接收瓶置于蒸馏装置的冷凝管下口,使冷凝管下口浸入硼酸溶液中。将盛有消化液的凯氏烧瓶连接在氮素球下,塑料管下端浸入消化液中。沿漏斗向凯氏烧瓶中缓慢加入 70 mL 40% 氢氧化钠溶液(使漏斗底部始终留有少量碱液,封口)。加碱后烧瓶内的液体应为碱性(黑褐色)。通入蒸汽,蒸馏 20 min(始终保持液面沸腾)。至少收集 80 mL 蒸馏液。降低接收瓶的位置,使冷凝管口离开液面,继续蒸馏 3 min。用少量水冲洗冷凝管管口,洗液并入接收瓶内,取下接收瓶。

(5)滴定。用 0.1 mol/L 盐酸标准滴定溶液滴定收集液至刚刚出现紫红色为终点。同一试样做两次平行实验,同时做空白试验。

常量蒸馏按下式计算:

$$X=\frac{(V-V_0)\times 0.014\times c}{m}\times F\times 100$$

微量蒸馏按下式计算:

$$X=\frac{(V-V_0)\times 0.014\times c}{m\times\frac{10}{100}}\times F\times 100$$

式中:X——食品中蛋白质含量(质量分数),%;

V——滴定试样时消耗 0.1 mol/L 盐酸标准滴定溶液的体积,mL;

V_0——空白试验时消耗 0.1 mol/L 盐酸标准滴定溶液的体积,mL;

c——盐酸标准滴定溶液的摩尔浓度,mol/L;

0.014——1 mL 1 mol/L 盐酸标准滴定溶液相当于氮的质量, g;

m——试样的质量, g;

F——氮换算为蛋白质的系数。

4. 可溶性糖含量的测定

(1)样品中可溶性糖的提取。称取剪碎混匀的新鲜样品 0.5 ~1.0 g(或干样粉末5 ~100 mg),放入大试管中,加入 15 mL 蒸馏水,在沸水浴中煮沸 20 min,取出冷却,过滤入 100 mL 容量瓶中,用蒸馏水冲洗残渣数次,定容至刻度。

(2)标准曲线制作。取 6 支大试管,从 0 ~5 分别编号,按表 1-13 加入各试剂。

表 1-13 蒽酮法测可溶性糖制作标准曲线的试剂量

试剂	管号					
	0	1	2	3	4	5
100 μg/mL 葡萄糖溶液/mL	0	0.2	0.4	0.6	0.8	1.0
蒸馏水/mL	1.0	0.8	0.6	0.4	0.2	0
蒽酮试剂/mL	5.0	5.0	5.0	5.0	5.0	5.0
葡萄糖量/μg	0	20	40	60	80	100

将各管快速摇动混匀后，在沸水浴中煮 10 min，取出冷却，在 620 nm 波长下，用空白调零测定光密度，以光密度为纵坐标，葡萄糖含量（μg）为横坐标绘制标准曲线。

（3）样品测定。取待测样品提取液 1.0 mL，加蒽酮试剂 5 mL，同以上操作显色测定光密度。重复 3 次。

$$X=\frac{C\times V_T\times n}{V_1\times W\times 10^6}\times 100$$

式中：X——可溶性糖含量，%；

C——从标准曲线查得葡萄糖量，μg；

V_T——样品提取液总体积，mL；

V_1——显色时取样品液量，mL；

n——稀释倍数；

W——样品质量，g。

六、注意事项

在重复性条件下获得的两次独立测定结果的绝对差值不得超过算术平均值的 10%。

七、思考题

花菇中还有哪些营养成分可以测定？采用什么方法测定？

Food 第二章　食品加工实验

第一节　粮油食品的加工

粮油是对谷类、豆类等粮食和油料及其加工成品和半成品的统称，是人类主要食物的统称。随着生产水平和生活质量的提高，粮油产品种类日益丰富，加工方式也在不断进步。本节选择几种有代表性的粮油产品进行介绍，旨在让学生初步体验粮油食品生产过程，知晓相关产品的生产关键步骤，并能针对加工中的具体问题提出解决措施，以此提高学生的实验设计能力、动手能力和实验技能，熟悉常用设备的性能和使用方法。

实验一　面包的制作

一、实验目的

(1)能简述面包的起源、分类、发展及基本工艺流程。

(2)会制作几款常见的面包。

(3)能总结出面包制作关键步骤的原理，并能针对面包制作中出现的具体问题提出解决措施。

二、实验原理

面包又被称为人造果实，是以黑麦、小麦等粮食作物为基本原料，先磨成粉，再加入水、盐、酵母等和面并制成面团坯料，然后再以烘、烤、蒸、煎等方式加热制成的食品，品种繁多，各具风味。

面包的制作基本有中种法、夜种法和直接法三种。

(1)中种法是分两次搅拌的方法，即先搅拌中种面团，使其经过一段时间发酵，再与其他部分混合搅拌形成制作面包的面团。

(2)夜种法是中种法的一种，指在第一天晚上搅拌好中种面包，第二天早晨使用。

(3)直接法是直接进行一次搅拌的方法。

市场大部分采取“直接法”。

三、实验材料与设备

1. 原料

黄油、面粉、鸡蛋、糖、盐等。

2. 设备

烘箱、打蛋器、不锈钢盆、电子秤等。

四、操作步骤

(1)牛奶、白糖、盐、鲜酵母、蛋清放入面包机桶中。再放入高筋面粉、中筋面粉。

(2)启动面包机,揉面 15 min,至面团可以拉出粗膜。放入切成小块已经软化的黄油。继续揉面 20 min,直到面团可以拉出透明的薄膜。

(3)使用面包的发酵功能,面团发酵到原面团体积的 3 倍大。

(4)取出面团分割成 18 等份的剂子,每个剂子重 33 g 左右。把分割好的剂子分别滚圆,加盖饧发 10 min。

(5)取一个剂子,擀成长舌形。翻面后由上向下卷成卷。

(6)所有的剂子都擀卷好,加盖饧发 10 min。再把面卷分别搓成约 15 cm 长的条。

(7)2 个条为一组交叉后,其中一条一端折下来。先把中间的 2 个条交叉。两侧相邻的两个条分别交叉。重复。直到全部编完,成为 4 股辫子。

(8)辫子的两头分别向中间折。再对折后用手把接触点捏紧。翻过来放入烤盘中,其他依次做好,加盖饧发 30 min。

(9)饧发好的面包表面刷一层蛋黄液。放入已经预热的烤箱,上火 160 ℃下火 150 ℃先烤 10 min。

(10)再用循环风挡烤制 15 min,面包表面上色时加盖锡纸。烤好的面包立即出炉放置到烤架上晾凉。

五、结果分析

拍照记录实验结果,并进行感官互评。

六、注意事项

(1)烤箱操作需要严格按照说明进行。

(2)焙烤操作中需要戴隔热手套,防止烫伤。

七、思考题

面包制作过程中可能会遇到成品塌陷的情况,请分析塌陷的原因并提出解决措施。

实验二 饼干的制作

一、实验目的

(1)能简述饼干的起源、分类、发展及基本工艺流程。

(2)会制作几款常见的饼干。

(3)能总结出饼干制作关键步骤的原理,并能针对饼干制作中出现的具体问题提出解决措施。

二、实验原理

饼干是以谷类粉(和/或豆类、薯类粉)等为主要原料,添加或不添加糖、油脂及其他原料,经调粉(或调浆)、成型、烘烤(或煎烤)等工艺制成的食品,以及熟制前或熟制后在产品之间(或表面,或内部)添加奶油、蛋白、可可、巧克力等的食品。

三、实验材料与设备

(1)原料:黄油、面粉、鸡蛋、糖、盐等。

(2)设备:烘箱、打蛋器、不锈钢盆、电子秤等。

四、操作步骤

1.薰衣草饼干的制作

材料:黄油 140 g、糖粉 80 g、鸡蛋 1 个、泡打粉 1 小匙、低筋面粉 200 g、薰衣草 3.5 g(1.5 大匙)。

(1)先用开水把薰衣草泡 2 min。

(2)将黄油软化,打至松发,大概颜色发白就可以了,加入糖粉,搅拌。

(3)一个鸡蛋,打散后加入。

(4)加入泡过的薰衣草。

(5)将粉类全部混合后,筛入。筛一点搅拌一点直到全部搅拌均匀。将混合好的面放到冰箱里冷藏 1 h。

(6)烤箱预热 175 ℃,面团取出,造型。

(7)烤箱温度 175 ℃,烤大约 15 min。

2.曲奇饼干的制作

材料:牛奶 50 mL、白砂糖 100 g、低筋面粉 220 g、杏仁粉 50 g、食用盐 3 g、无盐黄油 150 g。

(1)准备好所有需要的食材,放置一旁备用。

(2)放入高筋面粉、中筋面粉。

(3)准备好的牛奶需要加热一下,加热之后倒入适量的白砂糖搅拌均匀,将牛奶冷却之后备用。

(4)黄油室温中软化即可,不需要隔水融化至黄油溶液,黄油微微软化,用手指戳一下,能够戳动即可。将黄油打发至发白,分 3 次加入牛奶白糖溶液,将黄油打发至呈现花纹立体的状态。

(5)将打发好的黄油加入过筛之后的面粉、杏仁粉和食用盐,搅拌均匀。喜欢曲奇饼干有颗粒感的,可以不需要过筛,想要吃起来口感比较绵密细腻的可以过筛之后再制作。

(6)搅拌均匀之后的面糊糊放入裱花袋中,将裱花袋中的空气挤出去,这样制作出来的曲奇饼干不会空心。

(7)用力在吸油纸上挤出曲奇的状态,挤的时候需要用力一些,这样制作出来的曲奇饼干吃起来口感更加紧实。

(8)烤箱需要提前预热,一般 180 ℃的烤温需要预热 10 min,预热好之后的烤箱将烤温转为 220 ℃,将准备好的曲奇放入烤箱中,烤制 20 min,将曲奇饼干烤制没有水分这样吃起来才能够更加香酥可口。

五、实验结果

拍照记录实验结果,并进行感官互评。

六、注意事项

(1)烤箱操作需要严格按照说明进行。
(2)焙烤操作中需要戴隔热手套,防止烫伤。
(3)饼干厚度不一样,烘烤时间有差别,建议中途拿出来,换个方向继续再烤。

七、思考题

酥性饼干在制作过程中可能会出现不够酥脆的问题,请分析原因并提出解决措施。

实验三 蛋糕的制作

一、实验目的

(1)能简述蛋糕的分类、发展及基本工艺流程。
(2)会制作几款常见的蛋糕。
(3)能对戚风蛋糕制作中出现的具体问题提出解决措施。

二、实验原理

蛋糕是用鸡蛋、白糖、小麦粉为主要原料,以牛奶、果汁、奶粉、香粉、色拉油、水、起酥油、泡打粉为辅料,经过搅拌、调制、烘烤后制成一种像海绵的点心。蛋糕的材料主要包括面粉、甜味剂(通常是蔗糖)、黏合剂、起酥油(一般是牛油或人造牛油,低脂肪含量的蛋糕会以浓缩果汁代替)、液体(牛奶、水或果汁)、香精和发酵剂。

三、实验材料与设备

(1)原料:鸡蛋 5 个、牛奶 70 g、低筋粉 90 g、植物油 40 g、盐半勺、糖粉 70 g、柠檬汁 15 mL。
(2)设备:烘箱、打蛋器、不锈钢盆、电子秤等。

四、操作步骤

1. 材料准备

将所有要用器具(打蛋白霜盆、拌蛋黄糊盆、一个碗、橡皮刮刀、蛋白分离器、打蛋器头、模具)清洗,打蛋盆无水无油,选择所用鸡蛋 50 g 左右,中等个头。用分离器将蛋黄与蛋白分别放入不同容器中。注:蛋白中不能有一点蛋黄。

2. 制作蛋白霜

开动打蛋器低挡打至鱼眼泡，挤入几滴柠檬汁（使蛋白打发更容易，且不易消泡），加入1/3糖，当蛋白开始变浓稠，呈较粗泡沫时，再加入1/3糖，继续搅打，到蛋白比较浓稠，出现纹路的时候，加入剩下的1/3糖。打蛋器由慢速至快速逐步提升，当提起打蛋器，蛋白能拉出尖角，但是尾巴是弯曲的，表示已经到了湿性发泡的程度，还要再继续搅打。当轻轻提起打蛋器，蛋白能拉出一个短小而直立的尖角，蛋白就达到了干性发泡的状态了。

3. 制作蛋黄糊

蛋黄加入5 g砂糖搅拌至溶解，再加入牛奶和油搅拌至乳化状态。过筛后的面粉再一次性过筛直接加入，搅拌至粉末消失即可。搅拌过程是用橡皮刮刀轻轻翻拌均匀。手法动作轻，速度快，蛋黄糊搅拌充分，至顺滑，蛋黄糊呈绸带状缓缓落下。蛋黄糊若没有搅拌均匀，油脂没有充分乳化，有颗粒感，会造成回缩；搅拌面糊时间过长，用力过大，导致面粉出筋，凉后易导致回缩。

4. 混合蛋白霜和蛋黄糊

混合之前将面包机150 ℃预热10 min，调至烘烤程序即可（烤箱不能太热，否则还没到膨胀的高度就已经烤熟了）。取出打发的蛋白霜，盛出1/3蛋白到蛋黄糊中，用橡皮刮刀轻轻翻拌均匀翻拌、划拌结合的方式使它们充分结合。颜色均匀后，拌入剩下全部蛋白糊。

5. 烤制

将蛋糕糊缓缓倒入面包桶中，用力往台面上震两下模具，把大气泡震出。立马放烤箱，过长时间放置室外，会导致面糊消泡，蛋糕体出炉后也会回缩。

上火150 ℃下火140 ℃烤制50 min。在温度调节准确的情况下，面糊放置离下管太近，底部烘烤过度，造成底部凹陷。出炉前10 min，将竹签插入蛋糕体，提起竹签，竹签前端无蛋糕屑，可判断为烘烤完全。没有完全烤熟就中止烘烤，有湿润感的“布丁”层，凉后结块造成回缩；烘焙过程中短时间内不可过多调温，也不能开炉门时间过长，次数过多，温度变化过快同样会导致蛋糕体回缩。烘烤的时间也不可过长，水分流失多会导致蛋糕体回缩。

6. 脱模

烤制完后不要立马打开，等5 min后取出面包桶，防止回缩。将烤熟的戚风模具立刻用倒扣的方式拿出来，稍微用力摔一下，让它倒扣在烤网上自然冷却。待冷却到常温后脱模。若脱模太早，蛋糕体未完全凉透，蛋糕体内部组织结构不稳定，脱模时引起塌腰。

五、实验结果

拍照记录实验结果，并进行感官互评。

六、注意事项

(1)烤箱操作需要严格按照说明进行。

(2)焙烤操作中需要戴隔热手套，防止烫伤。

(3)烤箱不一样，烘烤时间有差别，建议中途观察，妥善处理。

七、思考题

戚风蛋糕成品可能会出现塌陷、回缩、“小蛮腰”的情况，分析原因并提出解决措施。

实验四　月饼的制作

一、实验目的

(1)了解月饼文化。

(2)熟悉月饼分类，掌握多种月饼的制作工艺。

二、实验原理

1. 传统月饼

传统月饼就是中国本土传统意义下的月饼，按产地可分为广式月饼、京式月饼、津式月饼、苏式月饼、滇式月饼五大类。广式月饼起源于广东及周边地区，重糖轻油，皮薄馅多；京式月饼和津式月饼起源于京津及周边地区，以素为特点；苏式月饼最早起源于苏州一带，糖油皆重，饼皮酥松；滇式月饼主要流行于云南、贵州及周边地区，采用火腿做馅料，饼皮酥松，咸甜可口。

2. 非传统月饼

非传统月饼是新出来的月饼品类，与传统月饼相区别。较之传统月饼，非传统月饼的油脂及糖分较低，注重月饼食材的营养及月饼制作工艺的创新。非传统月饼的出现，颠覆了人们对于月饼的看法。非传统月饼在外形上热衷新意，追求新颖独特，同时在口感上不断创新，相对传统月饼一成不变的味道，非传统月饼在口感上更加香醇，也更加美味，同时也更符合现代人对美食与时俱进的追求。吃腻了传统口味的月饼，当代人特别是年轻群体对非传统月饼的口感、工艺等给予了极高的评价。

三、实验材料与设备

1. 原料

(1)五仁月饼(75 g月饼10个)

1)饼皮：中筋面粉100 g，奶粉5 g，转化糖浆75 g，枧水1 g，纯花生油25 g。

2)五仁馅料：核桃仁40 g，葵花子仁60 g，腰果40 g，西瓜子仁60 g，白芝麻40 g，糖冬瓜40 g，橘饼20 g，细砂糖80 g，水80 g，高度白酒10 g，精炼植物油30 mL，熟糯米粉115 g(糕粉)。

3)蛋黄水：蛋黄1个，蛋清一大勺打匀。

4)工具：烤箱、筛、台秤、不锈钢盆、模具、保鲜膜、刷子等。

(2)蛋黄酥(50个)

1)油皮所需材料：中筋面粉600 g，糖粉100 g，奶油230 g，温水270 g。

2)油酥：奶油300 g，低筋面粉500 g。

3)其他：红豆沙1 200 g，咸蛋黄50个，黑芝麻少许，盐少许，米酒少许，鸡蛋5个，牛奶 70 g，低筋粉 90 g，植物油 40 g，盐半勺，糖粉 70 g，柠檬汁 15 mL。

2. 设备

烘箱、打蛋器、不锈钢盆、电子秤等。

四、操作步骤

1. 五仁月饼(75 g 月饼 10 个)

(1)将干果仁和芝麻分别烤熟，核桃腰果烤熟后切丁(160 ℃中层经常翻动，随时观察，以冷凉后发黄、出香、酥脆为度)。

(2)橘饼和糖冬瓜切丁。

(3)混匀馅料，倒入细砂糖、白酒、植物油、水，搅拌均匀，最后加入糕粉，量根据软硬度调节。

(4)五仁馅盖上保鲜膜静置半个小时，如果不出现渗油，分离现象说明成功。

(5)把转化糖浆倒入碗里，加入枧水、花生油搅拌均匀，筛入面粉和奶粉用手揉成面团，静置醒面 1 ~2 h。

(6)将饼皮和五仁馅按 1 : 4(皮 15 g，馅 60 g)包馅。

(7)模具压饼后喷少量水，放入预热好的烤箱 200 ℃中层，烤 5 min，待定型后，取出来表面刷一层蛋黄水(不刷侧面)，再入烤箱烤 15 min 左右，至表面金黄。

(8)取出冷却后，密封保存，放置 2 天回油。

2. 蛋黄酥

(1)将咸蛋黄放在烤盘中，撒少许盐，放在烤盘上进炉烘烤(约 5 min)，取出后喷上少许米酒去腥，而后放置备用。

(2)将中筋面粉、糖粉、奶油放入锅中，放入 2/3 的温水先拌，再将剩下 1/3 的水加入搅拌，使其完全拌匀。

(3)放置一旁摊开，约 15 min 后卷成长条状分割成 50 份，即成油皮。

(4)将奶油和低筋面粉混合拌匀，卷成长条状分割成 50 份，每个约 20 g，油酥作成。

(5)将油酥包入油皮内即成酥皮。

(6)红豆沙分成 50 等份，将咸蛋黄包入红豆沙内即成馅料。

(7)酥皮擀开，再由上往下卷起来，而后转 90 ℃后再擀开，再由上往下卷起来。

(8)包入馅料，然后放置在烤盘上，来回刷两次蛋黄，撒上芝麻点缀，之后送入烤炉内烘烤即成。

五、实验结果

用图片记录实验过程，并对产品进行感官评价。

六、注意事项

(1)烤箱操作需要严格按照说明进行。

(2)焙烤操作中需要戴隔热手套，防止烫伤。

(3)烤箱不一样，烘烤时间有差别，建议中途观察，妥善处理。

(4)注意协调烤箱上下火温度。

七、思考题

月饼成品可能会出现表面干裂的情况，请分析原因并提出解决措施。

实验五　豆腐的制作

一、实验目的

(1)掌握豆腐脑、腐竹、老豆腐的制作原理和制作方法。

(2)能对豆腐脑、腐竹、老豆腐在制作过程中容易出现的问题提出解决措施。

二、实验原理

腐竹是由热变性蛋白质分子以活性反应基因，借副价键聚结成的蛋白质膜，其他成分在薄膜形成过程中被包埋在蛋白质网状结构之中，不是构成薄膜的必要成分。豆浆是一种以大豆蛋白质为主体的溶胶体，大豆蛋白质以蛋白质分子集合体——胶粒的形式分散于豆浆之中。大豆脂肪以脂肪球的形式悬浮在豆浆里。豆浆煮沸后，蛋白质受热变性，蛋白质胶粒进一步聚集，并且疏水性相对升高，因此熟豆浆中的蛋白质胶粒有向浆表面运动的倾向。当煮熟的豆浆保持在较高的温度条件下，一方面浆表面的水分不断蒸发，表面蛋白质浓度相对增高，另一方面蛋白质胶粒获得较高的内能，运动加剧，这样使得蛋白胶粒间的接触、碰撞机会增加，副价键形成容易，聚合度加大，以致形成薄膜，随时间的推移，薄膜越结越厚，到一定程度揭起烘干即成腐竹。

豆浆加热，大豆蛋白适度变性，在凝固剂的作用下发生胶凝作用，形成豆腐脑，豆腐脑经过破脑、压制可制得豆腐，破脑和压制程度决定了豆腐的质地。

三、实验材料与设备

1. 原料

黄豆、凝固剂等。

2. 设备

水浴箱、不锈钢浅盘、豆腐盒、豆浆机、电磁炉、不锈钢盆等。

四、操作步骤

1. 腐竹的制作

(1)工艺流程：选豆→去皮→泡豆→磨浆→甩浆→煮浆→滤浆→提取腐竹→烘干→包装

(2)操作要点

1)选豆、去皮。选择颗粒饱满的黄豆为宜，筛去灰尘杂质。

2)泡豆、去皮。将选好的黄豆泡清水去皮，去皮是为了保证色泽黄白，提高蛋白利用率和出品率，气温决定泡豆时间：春秋泡 4 ~ 5 h，冬季泡 7 ~ 8 h 为宜。水和豆的比例为 1 : 2.5，手捏泡豆豉涨发硬，不松软为合适。

3)磨浆、甩浆。用石磨或钢磨磨浆均可,从磨浆到过滤用水为1∶10(1 kg 豆子,10 kg 水),磨成的浆汁采用甩干机过滤3次,以手捏豆渣松散、无浆水为标准。

4)煮浆、滤浆。浆甩干后,由管道流入容器内,用蒸汽吹浆,加热到100~110 ℃即可。浆汁煮熟后由管道流入筛床,再进行1次熟浆过滤,除去杂质,提高质量。

5)提取腐竹。熟浆过滤后流入腐竹锅内,加热到60~70 ℃,10~15 min就可起一层油质薄膜(油皮),利用特制小刀将薄膜从中间轻轻划开,分成两片,分别提取。提取时用手旋转成柱形,挂在竹竿上即成腐竹。

6)烘干、包装。把挂在竹竿上的腐竹送到烘干房,顺序排列起来。烘干房温度达50~60 ℃,经过4~7 h,待腐竹表面呈黄白色、明亮透光即成。

2. 豆腐脑的制作

(1)工艺流程:选豆→制豆浆→过滤→点浆→蹲脑→调味

(2)操作要点

1)制豆浆。干黄豆夏天浸泡3~4 h,冬天浸泡7~8 h,豆子泡好后放入豆浆机内,按照机器说明书操作,很快就可以制成豆浆了(黄豆去皮可改善感官)。

2)过滤。4层纱布过滤,滤出豆渣。

3)点浆。将适量石膏或内酯用少量水调开(凝固剂可买现成的,包装上会有用量说明,一般石膏粉用量为豆浆量的3‰~5‰,内酯用量为1‰~2‰),放入装豆腐脑的容器内,将煮好的豆浆趁热(做内酯豆腐脑需85 ℃左右,石膏豆腐脑要达到95 ℃左右)冲入,如果觉得豆浆与凝固剂混合不充分,冲完后马上用勺搅动几下(注意不能搅太多太快,一般不需搅动)。

4)蹲脑。浆点好后,将容器盖好,静置5~10 min,即成鲜嫩可口的豆腐脑。

5)调味。内酯豆腐脑会有稍许酸味,石膏做的豆腐脑有点苦涩味,可以根据习惯调味。如果喜欢吃甜的,也可在制浆时加入糖。

3. 压制豆腐的制作

(1)工艺流程:选豆→制豆浆→过滤→点浆→蹲脑→破脑→成型

(2)操作要点

1)选豆。取黄豆5 kg,去壳筛净,洗净后放进水缸内浸泡,冬天浸泡4~5 h,夏天浸泡2.5~3 h。浸泡时间一定要掌握好,不能过长,否则失去浆头,做不成豆腐。将生红石膏250 g(每千克黄豆用石膏20~30 g)放进火中焙烧,这是一个关键工序,石膏的焙烧程度一定要掌握好(以用锤子轻轻敲碎石膏,看到其刚烧过心即可)。石膏烧得太生,不好用;烧得太熟了不仅做不成豆腐,豆浆还有臭鸡屎味。

2)磨豆、滤浆。黄豆浸好后,捞出,按每千克黄豆6千克水比例磨浆,用袋子(豆腐布缝制成)将磨出的浆液装好,捏紧袋口,用力将豆浆挤压出来。豆浆榨完后,可能开袋口,再加水3千克,拌匀,继续榨一次浆。一般10千克黄豆出渣15千克、豆浆60千克左右。榨浆时,不要让豆腐渣混进豆浆内。

3)煮浆、点浆。把榨出的生浆倒入锅内煮沸,不必盖锅盖,边煮边撇去面上的泡沫。火要大,但不能太猛,防止豆浆沸后溢出。豆浆煮到温度达90~110 ℃时即可。温度不够或时间太长,都影响豆浆质量,把烧好的石膏碾成粉末,用清水一碗(约0.5千克)调成石膏浆,冲入刚从锅内舀出的豆浆里,用勺子轻轻搅匀,数分钟后,豆浆凝结成豆腐花。

4)制水豆腐。豆腐花凝结约15 min内,用勺子轻轻舀进已铺好包布的木托盆(或其他容器)里,盛满后,用包布将豆腐花包起,盖上板,压10~20 min,即成水豆腐。

5)制豆腐干。将豆腐花舀进木托盆里,用布包好,盖上木板,堆上石头,压尽水分,即成豆腐干。

五、实验结果

用图片记录实验过程和结果,能够区分几种不同豆制品的加工原理和工艺特点,出现问题分析原因并提出解决方案。

六、注意事项

(1)豆浆过滤要仔细,豆渣的存在不利于豆腐制作。

(2)豆水比例要适宜。

(3)凝固剂加入之后,豆浆搅动力度不宜过大。

七、思考题

豆腐一般有北豆腐、南豆腐和内酯豆腐3种类型,请分析3种豆腐的凝固机制有何不同。

第二节 果蔬制品的加工

果蔬加工是指以新鲜果蔬为原料,依照不同的理化特性,采用不同的加工工艺,制成各种制品的过程,主要的制品有果蔬罐头、果蔬汁、果酒、腌制品、糖制品、果蔬速冻制品等。本节针对果蔬加工中的关键工艺如干燥、烫漂进行详细介绍,并选择几种常见果蔬制品如罐头、泡菜让学生体验加工过程,旨在阐释果蔬制品的加工关键步骤及原理,锻炼学生实际操作能力,达到学以致用的目的。

实验一 糖水橘子罐头的制作

一、实验目的

(1)理解食品罐藏原理和罐头食品概念。

(2)熟悉全去瓤衣糖水橘子罐头的生产工艺流程和操作要点。

(3)了解酸性罐头的国家标准。

(4)熟悉糖水橘子罐头理化检测的检测要求。

二、实验材料与设备

1.材料

新鲜橘子、蔗糖、柠檬酸。

2. 试剂

浓盐酸、氢氧化钠、基准邻苯二甲酸氢钠、酚酞指示剂、草酸、抗坏血酸、碘化钾、碘酸钾、淀粉。

3. 设备

罐头、打浆机、手持折光仪、离心机、恒温培养箱等。

三、工艺流程

选料→清洗→烫煮→剥皮、去络、分瓣→酸碱处理→漂洗→称量→装罐、注糖水→封罐、杀菌、冷却→成品→检测

四、操作步骤

(1)选料。选择完全成熟,容易剥皮,果实硬度较高,未受机械损伤,无虫害,无霉烂,直径在4 cm的中型果作为糖水制品。

(2)清洗。原料选择后,用清水洗净果实表面的泥沙、污物。

(3)烫煮。将选好的橘子放入90 ℃水中烫煮30 s,以使外皮及橘络易于剥离而不影响橘肉为佳。注意水温不能过高,时间也不能长,否则易造成果食烫熟,严重影响质量。

(4)剥皮、去络、分瓣。剥去果皮,不伤橘囊,逐瓣分开,撕净橘瓣上的橘络,不伤囊包,不出汁水,然后分瓣处理。

(5)酸碱处理。浸酸使瓤衣与汁胞之间的果胶物溶解,并使之膨胀分离,大约浸至囊一起皱并与汁胞呈分离状态时,就可结束;强碱使囊衣溶解剥落,如果所浸的碱液浓度过大或时间过长,则也能使汁胞破裂和囊片破碎。

1)酸处理。0.1%的盐酸溶液(1 mL浓盐酸稀释到1 000 mL)于常温下搅拌处理30 min,至嚼橘瓣无硬渣感,水发白时即放出酸水,流动水冲洗3次,然后进行碱处理。

2)碱处理。将固态碱先配均匀,配成浓度0.20%的碱溶液(2 g氢氧化钠溶于1 000 mL水)于常温下搅拌处理10 min,达到粗囊去净,内层囊衣完整后即放碱液,注满清水进行充分清洗。

(6)清洗。碱处理后应马上进行清洗,防止过度浸损囊衣。应用流动水清洗至橘瓣无碱液残留,手感无滑腻感为宜。

(7)装罐、注糖水。称取适量橘瓣,装于一定质量的(质量要先称量)玻璃罐内,注入18%的热糖水(90 g蔗糖加410 g水加热溶解,并用柠檬酸调pH值为3.5),注满。

(8)排气、封罐、杀菌、冷却。加注热糖液后排气约10 min至罐中心温度达到80 ℃后趁热封罐,然后在100 ℃沸水中煮沸15 mim,然后按80 ℃—60 ℃—40 ℃冷却,冷却时间不超过10 min。

(9)贴标储存。把经过处理的成品贴上标签,标签内容包括编号、时间、组名等;最后将成品置于阴凉处进行倒灌储存。

五、成品质量指标

1. 感官指标

(1)色泽:橘片表面具有与原果肉近似光泽,色泽较一致,糖水较透明。

(2)滋味及风味:具有品种糖水橘子罐头应有的风味,酸甜适口,无异味。

(3)组织形态:橘片食之无硬渣感觉,形态饱满完整,大小大致均匀。破碎率(以质量计)不超过固形物的3%。破碎片指破碎部分超过橘片侧面积1/3的橘片。

(4)均匀度:指同一罐中最大最厚的三片橘片的质量之和与最小最薄的三片橘片质量之和的比率。均匀:比率不超过1.4倍;较均匀:不超过1.7倍;尚均匀:不超过2倍。

(5)杂质:不允许存在。

2. 理化指标

(1)净重:约300 g(玻璃瓶)(毛重减去容器重)。

(2)固形物:果肉不低于净重的55%(控干水分后的物重与净重之比)。

(3)糖水浓度:开罐时(按折光率)为14% ~18%,优级品和一级品为14% ~18%,合格品为12% ~16%。

(4)重金属含量:每千克制品含锡(以Sn计)不超过200 mg,铜(以Cu计)不超过10 mg,铅(以Pb计)不超过2 mg。

3. 微生物指标

无致病菌及微生物作用所引起的腐败征象。

六、实验数据记录与处理

1. 感官检验

(1)色泽:橘片表面具有与原果肉近似光泽,色泽较一致,糖水较透明。

(2)滋味及风味:具有品种糖水橘子罐头应有的风味,酸甜适口,无异味。

(3)组织形态:橘片食之无硬渣感觉,大部分果肉形态饱满完整,有小部分果肉不结实,有碎果肉。

(4)杂质:不存在。

2. 糖度测定

由糖度计直接测得橘子罐头的糖度为15.4%。

3. 橘子罐头成分

橘子罐头成分见表2-1。

表2-1 橘子罐头成分

罐头序号	果肉含量/g	糖水量/g	总质量/g	果肉含量/%	平均值
1	151	160	311	48.6	
2	132	133	265	49.8	52.4
3	165	116	281	58.7	

4. 总酸测定

实验消耗标准NaOH溶液体积的记录见表2-2。

表 2-2 实验消耗标准 NaOH 溶液体积的记录

序号	起始刻度	终点刻度	用量/mL
1	0.00	5.90	5.90
2	5.90	11.80	5.90
3	11.80	17.70	5.90

总酸测定实验结果见表 2-3。

表 2-3 总酸测定实验结果计算

序号	澄清果汁/mL	NaOH 溶液消耗量/mL	总酸度/%	总酸度平均值/%
1	10.00	5.90	0.366	0.366
2	10.00	5.90	0.366	
3	10.00	5.90	0.366	

注:NaOH 溶液浓度 $c=0.097$ mol/L;$K=0.064$。

(1)总酸度(%)$=\frac{c\times VK}{m}\times\frac{V_0}{V_1}\times 100=\frac{c\times VK}{m}\times 100=\frac{0.097\times V\times 0.064}{m}\times 100$

(2)分析柑橘类果实及其制品时,用柠檬酸表示,$K=0.064$。

(3)由于所取的样液未经过稀释,V_0与 V_1的值相等,即 $\frac{V_0}{V_1}=1$。

5. 维生素 C 测定

实验消耗 2,6-二氯靛酚溶液体积的记录见表 2-4。

表 2-4 实验消耗 2,6-二氯靛酚溶液体积的记录

序号	起始刻度	终点刻度	用量/mL
1	0.00	1.90	1.90
2	0.00	1.78	1.78
3	0.00	1.80	1.80

维生素 C 测定实验结果见表 2-5。

表 2-5 维生素 C 测定实验结果计算

序号	澄清果汁/mL	2,6-二氯靛酚消耗量/mL	维生素 C 含量/(mg/mL)	维生素 C 平均值
1	10.00	1.90	10.5	10.1
2	10.00	1.78	9.86	
3	10.00	1.80	9.98	

注:$X=\frac{(V-V_0)T}{m}\times 100=\frac{V\times 0.5542}{m}\times 100$

T 值$=0.5542$ mg/mL;空白 $V_0=0.00$ mL。

6. 微生物情况

经培养并定期观察，55 ℃温度条件下在酸性肉汤培养基中培养的2支试管中均没有混浊现象出现，即没有菌落产生。30 ℃温度条件下在酸性肉汤和麦芽浸膏汤培养基中培养的四支试管中均没有混浊现象出现，即没有菌落产生。以上两种温度下的培养结果表明罐头质量良好，微生物指标已完全符合商业无菌（GB/T 4789.26—2003）标准。

实验二　泡菜的制作

一、实验目的

（1）了解泡菜制作的原理、方法，尝试制作泡菜。

（2）在泡菜制作过程中，深入理解乳酸菌的作用机制。

二、实验原理

乳酸菌是从葡萄糖或乳糖的发酵过程中能产生乳酸的细菌的统称，是异养厌氧型，属于原核生物。常见的乳酸菌包括乳酸链球菌和乳酸杆菌，后者可用于制作酸奶。乳酸菌在无氧条件下进行无氧呼吸，将葡萄糖分解成乳酸，从而使泡菜呈现酸味。

泡菜发酵过程的时间、温度、食盐的用量等都需要适合，温度过高、食盐用量不足10%、腌制时间过短，容易造成细菌大量繁殖，亚硝酸盐含量增加。

泡菜的发酵过程可以分为发酵前期、发酵中期、发酵后期。

发酵前期：蔬菜刚入坛时，表面带入的微生物，主要是以不抗酸的大肠杆菌和酵母菌等较为活跃，它们进行异型乳酸发酵和微弱的酒精发酵，产生较多的乳酸、酒精、醋酸和二氧化碳等，二氧化碳以气泡从水槽内放出，逐渐使坛内形成厌氧状态。此时乳酸菌和乳酸的量比较少，为泡菜初熟阶段，菜质咸而不酸，有生味。

发酵中期：由于前期乳酸的积累，pH下降，厌氧状态形成，乳酸杆菌开始活跃，此时乳酸积累量可以达到0.6%~0.8%，pH降至3.5~3.8。大肠杆菌、酵母菌、霉菌等的活动受到抑制。这一期为完全成熟阶段，泡菜有酸味且清香品质最好。

发酵后期：乳酸积累量达1.2%以上时，乳酸杆菌的活性受到抑制，发酵速度逐渐变缓甚至停止。

泡菜制作实验流程：

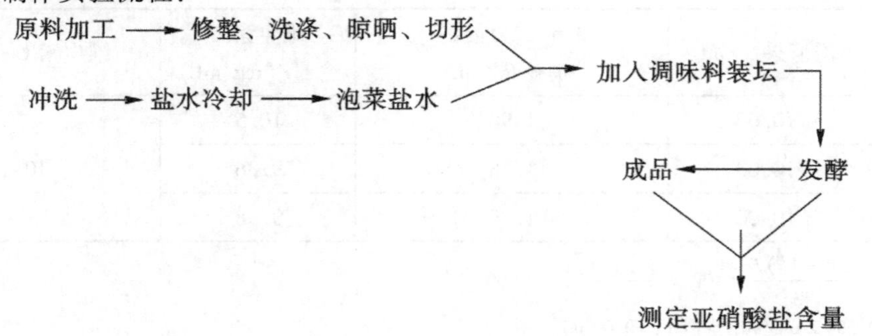

三、实验材料与设备

1. 材料

大白菜、生姜、蒜、辣椒、茴香、食盐、蔗糖、料酒、凉开水、白酒等。

2. 设备

泡菜坛或者其他容器(自带)、塑料薄膜、细绳、菜刀、砧板等。

四、操作步骤

1. 前期准备

(1)全班每两人为一组,共同进行实验,事先要求学生自带泡菜容器(可以是塑料罐、玻璃罐)。

(2)采购大白菜、生姜、蒜、辣椒等实验材料。

(3)实验桌上各材料的摆放。

2. 实验操作

(1)坛的清洗。将泡菜坛洗净,并用热水洗坛内壁两次。

(2)配制盐水。泡菜盐水按清水和盐为 4 : 1 质量比配制,煮沸、冷却备用。

(3)菜的切洗。洗净大白菜菜叶,用凉开水冲洗后切成 3 ~4 cm 长的小块,放入容器内。

(4)装坛,加佐料。大白菜装至半坛时放入蒜瓣、生姜、香辛料等佐料(根据个人口味确定加入佐料的数量),并继续装至八成满。如果希望发酵快些,将蔬菜在开水中浸 1 min 后入坛,再加上一些白酒。

(5)盐水浸泡。倒入配制好的盐水,使盐水浸没全部菜料。

(6)密封发酵。盖上泡菜坛盖子,并用水密封发酵(自带容器的铺上塑料薄膜,用细绳系好,确保无氧环境,加盖),阴凉处自然条件下放置一至两周。

五、注意事项

(1)泡菜腌制过程中要注意无氧环境的保持,防止未密封而造成杂菌污染。

(2)操作时不能加入生水,防止杂菌污染。

(3)容器中不能有油渍,否则易造成泡菜腐烂。

(4)坛子内壁必须洗干净,然后把生水擦干,或干脆用开水烫一下也行。

六、思考题

(1)我们常见的泡菜坛的坛口是突起的,且坛口周围有一圈凹形托盘,你觉得这样的设计有什么好处?

(2)泡菜腌制过程加适量白酒有何作用?

(3)某人利用乳酸菌制作泡菜因操作不当泡菜腐烂,可能是由什么原因造成的?

(4)泡菜制作中通常加入适量蔗糖,当蔗糖浓度过高时,你觉得会发生什么情况?

(5)泡菜坛内有时会长出一层白膜,你觉得是什么原因导致的?

(6)泡菜中的辣椒、蒜、姜、葱除了调味之外,还有什么作用?

实验三 果蔬干制与复水实验

一、实验目的

(1)加深对食品干制原理的理解。

(2)熟悉果蔬食品在实验室干制加工的方法。

(3)了解基本的护色处理方法及对干制品质量的影响。

二、实验材料与设备

1. 材料

苹果、包菜、0.2%维生素C等。

2. 设备

不锈钢刀、盆、砧板、竹筛、天平等。

三、工艺流程及操作步骤

1. 基本工艺流程

原料选择→清洗→去皮→切分→护色、热烫→沥干→干燥→包装→检测

2. 操作步骤

(1)实验材料预处理

1)苹果去皮,横切成6~7 mm厚的原片,均分成两份,分别用:0.2%维生素C浸泡10 min;清水浸泡10 min。

2)包菜剥片,切成方形,均分成两份,分别用100 ℃、清水热烫;切分后不热烫。

(2)浸泡液的配制。制备0.2%亚硫酸氢钠和0.2%碳酸氢钠溶液,浸泡液的用量为被浸泡的物料量的1.2~1.5倍,以能浸没全部物料为准。

(3)装筛。将预处理后的物料沥干水分,均匀放在竹筛上,于60~70 ℃的烘箱中干燥。

(4)干燥。干燥过程中前3 h每隔半小时测一次物料重量,往后每隔一个小时测一次,直至前后两次测量物料重量无明显变化时,认为达到干燥要求,将物料装入保鲜袋,贴标签,放入塑料箱内。

四、实验数据记录与处理

(1)整理后原料重G_1(干制前的质量)、干制品质量G_2,据此计算成品率、干燥比,将数据记录于表2-6中。

(2)干制前物料的长度、直径、厚度等可表示物料大小的数据,相关数据记录于表2-6中。

表 2-6 实验过程记录

	干制前质量/g	干制品质量/g	成品率	干燥比
苹果(0.2%维生素 C)				
苹果(清水)				
包菜(热烫)				
包菜(未热烫)				

(3)干制曲线图。制作苹果在两种处理方式下质量与干燥时间关系曲线图;制作包菜在两种处理方式下质量与干燥时间关系曲线图。

五、干制品的检验

1. 成品检验记录

将实验数据记录于表 2-7、表 2-8 中。

表 2-7 护色处理对苹果干制品品质的影响

处理方法	0.2%维生素 C 浸泡	清水浸泡
外观		
风味		

表 2-8 护色处理对包菜干制品品质的影响

处理方法	热烫	未热烫
外观		
风味		

2. 干制品的复水

分别称取 10 g 各种蔬菜干制品置于烧杯中,加入 500 mL 50 ~ 60 ℃的热水,烧杯置于 60 ℃的水浴中,每隔 20 min 捞出并在竹筛或漏勺中沥至无水下滴,再用干净毛巾吸干表面水分后称重,直至达到恒重为止,记录每次质量,见表 2-9、表 2-10。根据重量变化,作出复水曲线。

表 2-9 苹果干制品复水期间的质量变化

时间/min		0	20	40	60	80	100	120
质量/g	对照(清水)							
	0.2%维生素 C 浸泡							

表2-10 包菜干制品复水期间的质量变化

时间/min		0	20	40	60	80	100	120
质量/g	对照（未热烫）							
	热烫处理							

六、思考题

根据干制品复水曲线分析曲线走向原因。

第三节 肉、蛋、奶产品的加工

肉、蛋、奶是国民日常生活不可或缺的食品，其加工是以研究肉、蛋、奶以及贮藏加工过程中的变化为基础，生产出更符合人类营养、现代食品卫生要求的方便制品。以达到延长畜产品的保存期限，提高肉蛋奶的营养价值，增加肉蛋奶的商品价值。

实验一 猪肉干的加工

一、实验目的

（1）了解猪肉干的加工原理、加工过程。

（2）掌握猪肉干的加工方法。

二、实验原理

猪肉干是用猪瘦肉煮熟后，加入配料复煮、烘焙而成的一种肉制品。按形状分为片状、条状、粒状；按配料分为五香肉干、辣味肉干和咖喱肉干等。

三、实验设备

砧板、刀具、天平、台秤、小缸、烤箱等。

四、实验材料及前处理

新鲜瘦肉、白糖、五香粉、辣椒粉、食盐、酱油、混合香料、菜油等。剔去原料肉的脂肪和筋腱，洗净沥干。

五、操作步骤

（1）猪肉的选择与处理。

（2）水煮。将肉块放入锅中，用清水煮开后撇去肉汤上的浮沫，煮制20～30 min，然后捞出切成1.5 cm^3肉丁或切成肉片（尺寸按需要定）。

（3）配料。猪肉100 kg，食盐3.5 kg，酱油4.0 kg，混合香料0.2 kg，白糖2.0 kg，白酒

0.5 kg,胡椒粉0.2 kg,味精0.1 kg,辣椒粉1.5 kg,花椒粉0.8 kg,菜油5.0 kg。

(4)复煮。又叫红烧,取原汤一部分,加入配料,用大火烧开。当汤有香味时,改用小火,并将肉丁或肉片放入锅内,不停翻动直至汤汁将干时,将肉取出。

(5)烘烤。50～55 ℃烘烤8～10 h。

(6)包装和贮藏。

六、注意事项

烘烤时经常翻动,烤到肉发硬发干,味道发香时即成。

七、思考题

加工后的肉干水分有何变化?出品率达到多少?

实验二 发酵香肠的加工

一、实验目的

熟悉和了解发酵香肠制作的工艺流程和操作要点。

二、实验原理

发酵香肠亦称生香肠,是指将绞碎的肉(常指猪肉或牛肉)和动物脂肪同糖、盐、发酵剂和香辛料等混合后灌进肠衣,经过微生物发酵而制成的具有稳定的微生物特性和典型的发酵香味的肉制品。

三、实验设备

搅拌机、斩拌机、砧板、刀具、天平、台秤、充填器、细针、线绳等。

四、实验材料及前处理

新鲜猪肉、肠衣、白糖、五香粉、辣椒粉、食盐等。猪肉、牛肉和羊肉需去掉筋腱。

五、操作步骤

(1)原料肉预处理。使用猪肉,其pH值应为5.6～5.8,有利于发酵的进行。使用PSE肉(白肌肉)生产发酵香肠,其用量应少于20%。发酵香肠肉糜中的瘦肉含量为50%～70%,产品干燥后脂肪的含量有时会达到50%。

(2)绞肉。可以单独使用绞肉机绞肉,也可经过粗绞之后再用斩拌机细斩。肉糜粒度的大小取决于产品的类型,一般肉馅中脂肪粒度控制在2 mm左右。

(3)配料。将各种物料按比例混入肉糜中。可以在斩拌过程中将物料混入,先将精肉斩拌至合适粒度,然后再加入脂肪斩拌至合适粒度,最后将其余辅料包括食盐、腌制剂、发酵剂等加入,混合均匀。若没用斩拌机,则需要在混料机中配料。为了防止混料搅拌过程中大量空气混入,最好使用真空搅拌机。生产中采用的发酵剂多为冻干菌,使用时通常将发酵剂放在室温下复活 18 ~24 h。

(4)腌制。传统生产过程是将肉馅放在 4 ~10 ℃的条件下腌制 2 ~3 天。腌制过程中,食盐、糖等辅料在浓度差的作用下均匀渗入肉中,同时在亚硝酸盐的作用下形成稳定的腌制肉色。现代生产工艺过程一般没有独立的腌制工艺,肉糜一般在混合均匀后直接充填,然后进入发酵室发酵。在相对较长时间的发酵过程中,同时产生腌制作用。

(5)充填。即将斩拌混合均匀的肉糜灌入肠衣。灌制时要求充填均匀,肠坯松紧适度。利用真空灌肠机可避免气体混入肉糜中,有利于产品的保质期、质构均匀性及降低破肠率。

(6)发酵。充填好的半成品进入发酵室发酵,也可以直接进入烟熏室,在烟熏室中完成发酵和烟熏过程。发酵过程可以采用自然发酵或接种发酵。工业化生产过程一般采用接种恒温发酵。对于干发酵香肠,发酵温度控制在 21 ~24 ℃,相对湿度控制在 75% ~90%,发酵 1 ~3 天。对于半干发酵香肠,发酵温度控制在 30 ~ 37 ℃,相对湿度控制在 75% ~90%,发酵 8 ~20 h。

(7)干燥与熏制。干燥的程度影响到产品的物理化学性质、食用品质和保质期。干燥过程会发生许多生化变化,使产品成熟,最主要的生化变化是形成风味物质。对于干发酵香肠,发酵结束后进入干燥间进一步脱水。干燥时间依据产品的形状(直径)大小而定,干发酵香肠的成熟时间一般为 10 天到 3 个月。

(8)包装。为了便于运输和贮藏,保持产品的颜色和避免脂肪氧化,成熟之后的香肠通常需要进行包装。目前,真空包装是最常用的包装方式。

六、注意事项

(1)绞肉前原料肉的温度一般控制在 0 ~4 ℃,脂肪的温度一般控制在-8 ℃。

(2)灌制过程肉糜的温度一般控制在 4 ℃以下。

(3)干燥室的温度一般控制在 7 ~13 ℃,相对湿度一般控制在 70% ~72%。

七、思考题

加工过程中的发酵和成熟对其品质有何影响?

实验三 腊肉的加工

一、实验目的

(1)了解腊肉的加工原理、加工过程。

(2)掌握腊肉的加工方法。

二、实验原理

腊肉一般用猪肋条肉经剔骨、切割成条状后用食盐及其他调料腌制,经长期风干、发酵或经人工烘烤而成,食用时需加热处理。以产地分为广东腊肉、四川腊肉、湖南腊肉等。

三、实验设备

砧板、刀具、天平、台秤、小缸、烤炉等。

四、实验材料及前处理

猪肋条肉、食盐、白糖、亚硝酸盐、抗坏血酸钠、复合磷酸盐、调味料和香辛料等。

五、操作步骤

(1)原料的选择与处理。选择皮薄肉嫩、肥膘在 1.5 cm 以上的新鲜猪肋条肉为原料。修刮净皮上的毛及污垢,按规格切成 35 ~ 40 cm,每条重 180 ~ 200 g 的薄肉条,并在肉的上端用尖刀穿一小孔,系 15 cm 长的麻绳,以便悬挂。

(2)腌制。先把白糖、硝酸盐、食盐称好后倒入缸内,然后添加白酒、无色酱油,使固体腌料和液体调料混合拌匀,完全溶化后,把切好的肉条放进腌肉缸中,随即翻动,使每根肉条与腌制液接触,腌制 10 ~ 12 h,待配料完全吸收后,取出挂晾。

(3)烘烤。40 ~ 50 ℃,烤 2 ~ 3 天。待表面干燥并有出油现象时,即可出烤箱。

(4)晾挂。烘烤后的辣条,送入通风干燥的地方晾挂冷却,待降至适温即可真空包装。

六、注意事项

(1)烘烤时要上下调换位置,以防烘坏。

(2)把切条后的肋肉浸泡在 30 ℃左右的清水中漂洗 1 ~ 2 min,以除去肉条表面的浮油、污物,然后取出沥干水分。

七、思考题

加工后的腊肉在色、香、味、形上各有何特点?

实验四　酱卤肉的加工

一、实验目的

(1)掌握酱卤肉制品原料、辅料的选择要求。

(2)熟悉酱卤肉的生产工艺流程、技术要点。

二、实验原理

酱卤肉是指将肉在水中加入食盐或酱油等调味料和香辛料一起煮制而成的熟肉类制品。一般酱卤肉类食品在加工时,先用清水预煮 15 ~ 25 min,然后用酱汁或卤汁煮至成熟。其主要特点是色泽鲜艳、味美、肉嫩,具有独特的风味。

三、实验设备

台秤、不锈钢器皿、盐水注射器、滚揉机、道具、煮锅等。

四、实验材料及前处理

白条鸡或牛肉,辅料。鸡要洗去鸡身上的污物;牛肉需除去脂肪、淋巴及上面覆盖的薄膜。

五、操作步骤

1. 烧鸡的制作

(1)白条鸡选择。选择两年鸡龄,1~1.5 kg,健康无病的白条鸡。

(2)清洗。洗去鸡身上的污物。

(3)腌制。按配方将香辛料捣碎后,用纱布包好入锅,加入一定量的水煮沸 1 h,然后在料液中加食盐,使其浓度达 130 °Bé,然后把漂洗好的鸡放入卤水中腌制。

(4)造型。将鸡胸骨拍断,然后将两条大腿骨打断,将两腿交叉插入腹腔内,将两翅也交叉插入口腔内,使鸡体成为两头尖的半圆形。

(5)烫皮。用沸水往鸡身上淋热水,4 勺即可。

(6)上色。按蜂蜜∶水=4∶6 的比例配制好糖液后,用刷子将糖液在沥干的鸡全身均匀刷 3~4 次,刷糖液时,每刷一次要等晾干后,再刷第二次。

(7)油炸。沥干后的鸡体放入加热到 150~180 ℃ 的植物油中,翻炸约 1 min,待鸡体呈柿黄色时取出。

(8)煮制。将各种辅料用纱布包好,平铺在锅底,然后将鸡整齐码好,倒入老汤(如无老汤则配料加倍)并加适量清水,使水面高出鸡体,上面用竹篦压好,以防加热时鸡体浮出水面。先用旺火将汤烧开,按每百只鸡加 15~18 g 亚硝酸钠,使鸡色泽鲜艳,表里一致,然后用文火徐徐焖熟。

(9)质量标准。色泽鲜艳,呈均一的柿黄色,鸡体完整,鸡皮不破裂,肉质烂熟,口咬齐茬,有浓郁的五香气味。鸡的出品率要求在 60%~66%。

2. 五香牛肉的制作

(1)原料肉的选择与处理。将原料肉冷水浸泡,清除淤血,洗干净后进行剔骨,按部位分切成 0.5 kg 左右的肉块。然后把肉块倒入清水中洗涤干净,同时要把肉块上面覆盖的薄膜去除干净。

(2)预煮。将选好的原料肉按不同的部位、嫩度放入锅内大火煮 1 h,目的是去除腥膻味,可在水中加入几块胡萝卜。煮好后把肉捞出,再放在清水中洗涤干净,洗至无血水为止。

(3)配料、调酱。用一定量的水和黄酱拌合,把酱渣捞出,煮沸 1 h,并将浮在汤面酱沫撇净,盛入容器内备用。

(4)酱制。将预煮好的原料肉按不同部位分别放在锅内。通常将结缔组织较多肉质坚韧的部位放在底部,较嫩的、结缔组织较少的放在上层,然后倒入调好的汤液进行酱制。要求水与肉块平齐,待煮沸之后再加入各种调味料。锅底和四周应预先垫以竹竿,使肉块不贴锅壁,避免烧焦。用旺火煮制 4 h 左右后,每隔 1 h 左右倒锅一次,再加入适量老汤和食盐。使每块肉均匀浸入汤中,再用小火煮制约 1 h,等到浮油上升,汤汁减少时,将火力减小,最后封火煨焖。煨焖的火候掌握在汤汁沸动但不能冲开上浮油层的程度。全部煮制时间为8～9 h。煮好后取出淋上浮油,使肉色光亮滑润。

(5)出锅。出锅时注意保持完整,用特制的铁铲将肉逐一托出,并将锅内余汤洒在肉上,即为成品。

六、注意事项

(1)烧鸡腌制时间35～40 min,中间翻动1～2次。

(2)牛肉应该选用不肥不瘦的新鲜的优质牛肉,肉质不宜过嫩,否则煮后容易松散,不能保持形状。

七、思考题

酱制品和卤制品有什么区别?

实验五　蛋制品的加工

一、实验目的

掌握皮蛋、咸蛋的加工工艺,并进一步了解其加工特点和工艺要求。

二、实验原理

(1)禽蛋的蛋白质和料液中的NaOH发生反应而凝固,同时由于蛋白质中的氨基与糖中的羰基在碱性环境中产生美拉德反应使蛋白质形成棕褐色,蛋白质所产生的硫化氢和蛋黄中的金属离子结合使蛋黄产生各种颜色。另外,茶叶也对颜色的变化起作用。

(2)将鸭蛋或鸡蛋用食盐腌制而成。在腌制过程中,食盐通过蛋壳的气孔、蛋壳膜、蛋白膜、蛋黄膜逐渐向蛋白及蛋黄渗透、扩散,从而使咸蛋获得一定的防腐能力,改善产品的风味。

三、实验材料与设备

1. 材料

鲜鸡蛋或鸭蛋、纯碱、生石灰、食盐、红茶末、氯化锌、十三香调味品、白酒等。

2. 设备

照蛋器、腌制容器等。

四、操作步骤

1. 皮蛋加工

(1)料液配制(NaOH含量4%～5%)。将纯碱、红茶末放入缸中,再将沸水倒入缸中,充分搅拌使其全部溶解;然后分次投放生石灰(注意石灰不能一次投入太多,以防沸水溅出伤人),待自溶后搅拌;取少量上层溶液溶解氯化锌,然后倒入料液中;加入食盐,搅拌均匀,充分冷却,捞出渣屑,待用。

(2)原料蛋的选择与检验。原料蛋应是经感观鉴定、敲蛋及光照检查过的,大小基本一致、蛋壳完整、颜色一致的鲜蛋。将挑好的蛋洗净,晾干后备用。

(3)装缸与灌料。在蛋放入前,先在底部铺一层洁净的麦秸草,以免最下层的蛋直接与硬缸底部相碰和受多层鸭蛋的压力而压破,把挑选合格的鲜鸭蛋轻轻放入腌制用的容器内,一层一层平放,切忌直立。蛋装好后,缸面放一些竹片压住,以防灌料液时蛋上浮。然后将晾至室温的料液充分搅拌,缓慢注入缸中,直至鸭蛋全部被料液淹没为止,上盖缸盖。

(4)成熟。一般30~40天即成熟。

(5)出缸。经浸泡成熟的皮蛋,需及时出缸。

2. 咸蛋加工

(1)原料鸡蛋(鸭蛋)选择。新鲜的鸡蛋或鸭蛋。

(2)袋腌

1)取原料蛋数枚,经分级冲洗消毒后晾干。

2)用高浓度的白酒浸泡(杀菌,缩短成熟期,风味独特)。

3)分别在烧杯中配制两份腌制剂,一份添加食盐(每组10 g);一份添加食盐和十三香调味品(每组食盐称取10 g,五香粉1%)。

4)将原料蛋分别加两份腌制剂,然后用保鲜膜包裹后分别放入自封袋中腌制,之后每小组用塑料袋包装密封,置于洁净的纸箱中腌制。

(3)腌制2周后进行质量鉴定。

五、注意事项

(1)裂壳蛋、沙壳蛋、油壳蛋不能作为皮蛋加工的原料。

(2)咸蛋成熟后不可接触生水。

六、思考题

食盐在蛋制品加工中的作用有哪些?

实验六 酸奶的加工

一、实验目的

(1)了解酸奶加工的基本原理。

(2)掌握酸奶简易制作方法。

二、实验原理

酸奶是经乳酸发酵的乳制品,它以鲜奶为原料,经灭菌后,接种乳酸菌类发酵而成。由于乳酸菌利用了乳中的乳糖生成乳酸,升高了奶的酸度,当酸度达到蛋白质等电点时,酪蛋白因酸而凝固即成酸奶。

三、实验材料与设备

1. 材料

生牛乳、菌种、白糖。

2. 设备

酸奶发酵机、发酵瓶等。

四、操作步骤

(1)料奶的质量。要求优质合格新牛奶或新鲜优质脱脂鲜奶。

(2)加糖。新鲜优质鲜奶加5% ~10%白糖。

(3)装瓶。在250 mL的发酵瓶中装入牛乳200 mL。装好后封口。

(4)消毒。将装有牛乳的发酵瓶置于95 ℃水浴中消毒5 min即可。

(5)冷却。将已消毒过的牛奶冷却至40 ℃。

(6)接种。以3% ~5%(8 mL)接种量将市售乳接种入冷却至40 ℃的牛奶中,并充分混匀。

(7)前发酵(培养)。把接种的发酵瓶置于40 ~45 ℃温箱中培养4 h(准确培养时间视凝乳情况而定)。

(8)后发酵(冷藏)。酸乳在形成凝块后应在4 ~7 ℃的低温下保持24 h以上(称后熟阶段),以获得酸乳的特有风味和较好的口感。

(9)品味。酸乳质量评定以品尝为标准,通常有凝块状态、表层光洁度、酸度及香味等数项指标,品尝时若有异味就可判定为酸乳污染了杂菌。

五、注意事项

(1)贮藏温度不宜过高或过低,避免乳清分离。

(2)发酵时间不能过长,避免微生物污染。

六、思考题

酸奶不发酵或发酵不完全的原因有哪些?

实验七 冰激凌的加工

一、实验目的

(1)掌握冰激凌加工的工艺流程。

(2)了解所用原辅材的性能与作用。

二、实验原理

冰激凌是以饮用水、乳品、蛋品、甜味料、食用油脂等为主要原料,加入适量的香味料、稳定剂、着色剂、乳化剂等食品添加剂,经混合、灭菌、均质、老化、凝冻等工艺,再经成形、硬化等工艺制成。

三、实验材料与设备

1. 材料

奶油、奶粉、鸡蛋、白糖、新鲜水果。

2. 设备

配料缸、均质机、凝冻机、打蛋机、杀菌锅等。

四、操作步骤

1. 配料

(1)水果原浆的制备。选择新鲜成熟的水果，剥皮后浸泡在4%柠檬酸溶液中护色，然后打浆，放入锅中煮熟，冷却制成水果原浆。

(2)白糖用沸水溶解，奶油熔化，乳粉用温水溶解。将溶解后的冰激凌各种原辅材料混合并过滤，然后充分搅拌。

2. 杀菌

将冰激凌混合料加热杀菌，温度为80～83 ℃，保温30 s。

3. 均质

将杀菌后的混合料送入胶体磨进行均质处理，均质条件一般为10～20 MPa，65～70 ℃。

4. 老化

均质后的混合料迅速冷却到2～4 ℃，并保持4～24 h，使蛋白质和稳定剂充分水化，降低游离水的含量，增加料液黏度，提高膨胀率，使脂肪的乳化稳定。

5. 凝冻

混合料在强力搅拌下进行冻结，空气呈极微细的气泡分散在混合料中。凝冻温度-4～-6 ℃，每隔半小时从冰箱中取出，充分搅打，使混合料的体积增大，使冰激凌的膨胀率达到90%～100%。

6. 硬化

凝冻后冰激凌料中20%～40%的水分结成冰晶，呈半流体状态。在-25～-40 ℃条件下进行速冻，冰激凌中所含水分的90%～95%都形成结晶，硬化时间以容器中心温度达-18 ℃以下为准。成为具有一定硬度、细腻、润滑的成品。

五、注意事项

老化时注意避免杂菌污染，老化缸事先要经过严格的杀菌消毒，确保产品的卫生质量。

六、思考题

影响冰激凌膨胀率的因素有哪些？

实验八 干酪的加工

一、实验目的

掌握干酪的加工工艺流程。

二、实验原理

干酪(cheese),又名奶酪,或译称芝士,是一种发酵的牛奶制品。其营养丰富,味道鲜美,俗称奶黄金。通常以奶类为原料,加入凝乳酶,造成其中的酪蛋白凝结,使乳品酸化,再将固体分离压制为成品。

三、实验材料与设备

1. 材料

新鲜牛奶、食盐、发酵剂、凝乳酶。

2. 设备

电磁炉、蒸锅等。

四、操作步骤

(1)原料乳标准化及预处理。原料乳标准化包括脂肪标准化、酪蛋白脂肪比例标准化两个方面,一般要求二者比值为0.7。标准化方法主要通过离心等方法除去部分乳脂肪、加入脱脂牛乳、稀奶油等,然后进行巴氏杀菌。

(2)添加1% ~2%的发酵剂和预酸化。将牛乳冷却至30 ~32 ℃,按原乳量的1% ~2%边搅拌边加入发酵剂,充分搅拌3 ~5 min。经20 ~30 min预酸化后,取样测定酸度。

(3)凝乳酶(2%)。在28 ~32 ℃保温30 min后加入原料乳,充分搅拌均匀后加盖,在32 ℃条件静置40 min左右。

(4)凝块切割。将凝块用干酪刀纵横切成1 cm^3大小的方块。

(5)搅拌、加温及排除乳清。将切割后的凝块缓慢搅拌并加热32 ~36 ℃,以便加速乳清排出,当凝乳粒收缩为原来的一半时,排出乳清。

(6)成型压榨和加盐(1% ~3%)。将干酪颗粒堆积在干酪槽的一端,用带孔的压板压紧,继续排除乳清,将食盐撒在干酪粒中,混合均匀,然后将干酪粒用纱布包好装入压榨模具中,用力压紧24 h后取出,称之为生干酪。

(7)干酪的成熟。将干酪放入发酵间进行成熟,在温度5 ~15 ℃、相对湿度80% ~90%的条件保持3 ~6个月。

五、注意事项

(1)用离心除菌机进行净乳,不仅可除去乳中的杂质,还可除去乳中90%的细菌。

(2)正确判断恰当的切割时机,动作要轻、稳。

六、思考题

干酪常见的缺陷包括哪些方面？如何防止？

第四节　酿造食品的制作

在日常生活当中,我们会品尝到各种酿造食品,如白酒、啤酒、葡萄酒、酱油、食醋、黄酒等,酿造食品是指人们利用有益微生物加工制造的一类食品,往往具有独特的风味和营养价值。通过下列实验,让学习者能够掌握酿造食品生产的基本原理,发酵过程的控制,菌种选择,产品质量标准等;能够掌握酿造食品如白酒、葡萄酒、啤酒、果酒、酱油、食醋等的发酵工艺及生产过程。

实验一　清香型白酒的酿造

一、实验目的

通过实际操作,掌握清香型白酒酿造原料粉碎和润糁的方法,掌握蒸料、拌曲的方法等各个酿酒工艺,进一步加深对清香型白酒酿造过程的认识。通过对清香型白酒发酵各个过程的实践,加深理解大曲中各种微生物白酒发酵过程中发生的各种变化并掌握清香型白酒酿造的基本方法。

二、实验原理

以粮谷为主要原料,以清香型大曲或麸曲等为糖化发酵剂,经蒸煮、糖化、发酵、蒸馏而制成的蒸馏酒。

三、实验材料与设备

1. 材料

高粱、清香型大曲或麸曲。

2. 设备

蒸锅、发酵池、蒸馏器、甑桶、冷凝器等。

四、操作步骤

原料清选:高粱籽粒饱满,皮薄壳少,无杂质,无霉变。新粮应先贮存3个月后投产使用。

(1)高粱。破碎成4~8瓣即可,整粒高粱不超过0.3%。另外根据气候变化调节粉碎度,冬季稍细,夏季稍粗,以利于发酵升温。

(2)大曲。所用的大曲有清茬曲、红心曲、后火曲三种,并按比例混合使用,一般清茬曲、红心曲各占30%,后火曲占40%。

(3)润糁。润糁的目的是让原料预先吸收部分水分,利于蒸煮糊化。润糁水温控制在75～80 ℃(夏季),80～90 ℃(冬季);加水量为原料量的55%～62%,堆积时间18～20 h。期间翻堆2～3次,如糁皮过干可补加适量的水。要求操作迅速,快翻快拌,润透且无疙瘩和异味,手搓成面而无生心。

(4)蒸料。原料清蒸:蒸料前,先在甑篦上撒一层谷糠,装一层糁,打开蒸汽阀,待蒸汽逸出糁面,然后装甑上料,要求见汽撒料,撒得薄,装匀上平。

(5)出甑打量水、摊晾。蒸糁后,出甑摊成长方形,泼入原料量30%～40%的冷水(18～20 ℃),使原料颗粒分散,进一步吸水。翻拌均匀,通风凉渣。将醅晾到入缸温度,冬季降到比入缸温度高2～3 ℃,其他季节摊到与入缸温度相平,即可下曲。

(6)下曲。下曲温度过低,发酵缓慢;过高,发酵升温过快,醅子容易生酸。春季20～22 ℃,夏季20～25 ℃,秋季23～25 ℃,冬季25～28 ℃。加曲量一般为原料量的9%～11%,可根据季节、发酵周期等加以调节。加曲量的大小和出酒率、酒的品质有关,应严格控制。

(7)大渣入缸发酵。发酵温度和管理:前酵期,顶温以28～30 ℃为宜,春秋季不超过32 ℃,冬季26～27 ℃。中挺期,达顶温后维持3天左右。后酵期,进入产香发酵期,温度开始回落,温度下降以每天0.5 ℃为宜,到出缸时为23～24 ℃。一般发酵期为21～28天,个别也有长达30余天的。整个发酵周期的长短与所用大曲的性能、原料粉碎度有关,应根据实际发酵情况进行确定。

(8)出缸蒸酒。发酵结束后,将大渣酒醅挖出后拌入适量填充料疏松。接酒温度:接酒温度不宜太高或太低,以30 ℃左右为宜。蒸馏时间:蒸粮从流酒开始算一般60～70 min,蒸完酒后,用大火来蒸,加大蒸汽。蒸出的大渣酒,入库酒度控制在67%。

(9)二渣发酵。大米渣酒醅蒸酒后,加入投料量3%～4%的水,出甑摊凉,加入投料量10%的曲粉,拌匀,晾到入缸温度后入缸发酵。发酵结束后拌入小米壳,上甑蒸得二渣酒。

(10)贮存勾兑。蒸馏得到的大渣酒、二渣酒、合格酒和优质酒等,要分别贮存。

五、注意事项

(1)润糁程度。到时间后用手搓,成粉而内无生心、硬心则好。

(2)蒸粮程度。红糁蒸煮后,要求达到“熟而不粘,内无生心,有高粱香味,无异杂味”。

(3)加曲量。影响出酒率和质量。过多,增加成本和粮耗,还会使酒醅发酵升温加快,引起酸败。过少,发酵不力,发酵困难、迟缓,顶温不足,影响出酒率。

(4)汽量的掌握。蒸馏时开汽的原则为“缓汽蒸馏,大汽追尾”。

六、思考题

(1)请简述原料粉碎和润糁时的注意事项。

(2)请简述蒸料的目的。

(3)在整个清渣法发酵中,常常强调“养大渣,挤二渣”,请分析原因。

(4)请思考蒸馏过程中甑锅和冷凝器中发生了什么物质变化并对蒸馏过程进行分析?蒸馏时需要掌握去头去尾工作吗?为什么?

实验二 浓香型白酒的酿造

一、实验目的

通过实际操作,掌握浓香型白酒酿造原料粉碎和润糁的方法等,熟悉酿酒的基本过程,进一步加深对浓香型白酒酿造过程的认识。通过对浓香型白酒发酵各个过程的实践,加深理解大曲中各种微生物白酒发酵过程中发生的各种变化并掌握浓香型白酒酿造的基本方法。

二、实验原理

以高粱、大米、糯米、小麦、玉米为主要原料,以大麦和豌豆或小麦制成的中、高温大曲为糖化发酵剂(有的用麸曲和产酯酵母为糖化发酵剂),经泥窖固态发酵,续糟配料,清蒸混烧,量质摘酒,分级贮存,精心勾调得到浓香型白酒。

三、实验材料及设备

1. 材料

高粱、大米、糯米、小麦、玉米、大麦和豌豆或小麦制成的中、高温大曲为糖化发酵剂(有的用麸曲和产酯酵母为糖化发酵剂)。

2. 设备

蒸锅、发酵池、蒸馏器、甑桶、冷凝器等。

四、操作步骤

1. 原料处理

原料主要是高粱,以糯高粱为优,稻壳是优良的填充剂和疏松剂。由于浓香型酒采用续渣法工艺,原料要经过多次发酵,仅要求每粒高粱破碎成 4 ~ 6 瓣即可,一般能通过 40 目的筛孔,其中粗粉占 50% 左右。采用高温曲或中温曲作为糖化发酵剂。

2. 出窖

每个窖池中一般有六甑物料,最上面一甑回糟(面糟),下面五甑粮糟。也有老五甑操作法,窖内存放四甑物料。起糟时出现黄水,应停止出窖。

3. 配料、拌和

粮醅比可采用 1∶4 ~ 1∶6,加入较多的母糟,使酸度控制在 1.2 ~ 1.7,淀粉浓度在 16% ~ 22%,为下轮的糖化发酵创造更适合的条件;同时增加母糟的发酵轮次。拌料时稻壳用量常为投料量的 20% ~ 22%。也可添加其他粮谷同时发酵。

4. 蒸酒蒸粮

采用混蒸混烧,原料的蒸煮和酒的蒸馏在甑内同时进行。面糟:蒸得的黄水丢糟酒,稀释到 20% 左右,泼回窖内重新发酵。粮糟:要求均匀进汽、缓火蒸馏、低温流酒;蒸馏时要控制流酒温度,一般应在 25 ℃左右,不超过 30 ℃。蒸红糟:指母糟蒸酒后,只加大曲,不加原料,再次入窖发酵,成为下一轮的面糟,称为蒸红糟。

5. 打量水、摊凉、撒曲

粮糟蒸馏后，需立即加入85 ℃以上的热水，这一操作称为“打量水”，量水温度要高，才能使蒸粮过程中未吸足水分的淀粉颗粒进一步吸水，达到54%左右的适宜入窖水分。摊凉过程要求迅速、细致，避免杂菌污染和淀粉老化。摊凉后粮糟应加入原料量18% ~ 20%的大曲粉，根据季节调整用量。撒曲后翻拌均匀后再入窖发酵。

6. 入窖

粮糟入窖前，先在窖底撒上1.0 ~ 1.5 kg大曲粉，以促进生香。粮糟入窖完毕，撒上一层稻壳，再入面糟，扒平踩紧，即可封窖发酵。

7. 封窖发酵

封窖：粮糟、面糟入窖踩紧后，可在面糟表面覆盖4 ~ 6 cm的封窖泥。

8. 贮存勾兑

蒸馏得到的浓香型白酒，要分别贮存。

五、注意事项

(1)原料以糯高粱为好，要求高粱籽粒饱满、成熟、干净、淀粉含量高。

(2)要求曲块质硬，内部干燥并富有浓郁的曲香味，不带任何霉臭味和酸臭味，曲块断面整齐，边皮很薄，内呈灰白色或浅褐色，不带其他颜色。

六、思考题

(1)浓香型白酒生产工艺类型有哪些？

(2)简述浓香型白酒生产工艺的创新。

实验三　葡萄酒的酿造

一、实验目的

(1)学习葡萄酒的酿造原理。

(2)掌握干红葡萄酒的酿制工艺。

二、实验原理

葡萄酒发酵的机制就是在特定温度下，葡萄汁中的糖分在酵母的作用下转化为二氧化碳和酒精，同时产生少量香味成分。

三、实验材料与设备

1. 材料

新鲜葡萄、活性酵母、果胶酶、偏重亚硫酸钾、白砂糖。

2. 设备

分析天平、烧杯、量筒、玻璃棒、温度计、发酵瓶、纱布袋、漏斗、玻璃瓶等。

四、操作步骤

(1)清洗容器,将发酵器等充分洗干净并控干。

(2)分选和清洗葡萄:剔除生的、有破损的、发霉的果实。清洗过后自然晾干,去除葡萄皮上的农药和其他有害物质。

(3)手工去梗,将葡萄微微捏破,葡萄肉连同葡萄皮挤到主发酵器中,直接放入发酵瓶中。

(4)装瓶:装量不超过容量的70%,同时加入适量的偏重亚硫酸钾搅匀,并加入适量果胶酶,搅匀。

(5)酵母复水活化:称取适量酵母溶解于冷水中,并加入适量白砂糖混匀,放置于水浴锅30 ℃静置活化,活化结束后直接加入到醪液中发酵。

(6)酒精发酵:酵母菌活化结束后加入发酵罐搅匀,当有酒帽形式时,加入适量白砂糖,每天测量一次比重、温度,并定期挥帽。

(7)二次发酵:当酒精发酵完成后,利用虹吸原理,将葡萄酒汁倒入二次发酵器,将沉淀用细纱布过滤,过滤后的酒液也混入二次发酵器中,主要进行苹果酸-乳酸发酵,不再产生酒精。

(8)酒精发酵结束后使用纱布袋与漏斗过滤皮渣,酒液用干净的瓶子装瓶。

(9)陈酿:在装入干净瓶子的同时加入适量偏重亚硫酸钾摇匀,在适宜的温度下保存陈酿。

五、实验结果

整理干红葡萄酒发酵实验过程中,每天测量发酵温度和比重,并作出发酵曲线图。

六、注意事项

(1)各类容器一定要洗干净,酿制过程中不能碰到油污、铁器、铜器等。

(2)白砂糖不要多放,会影响发酵过程。

(3)发酵时,发酵器的盖子不能完全盖紧,防止爆炸。

七、思考题

讨论发酵是否正常?分析发酵不正常的可能原因。

实验四 啤酒的酿造

一、实验目的

(1)掌握精酿啤酒的酿造工艺,学习精酿啤酒酿造设备的使用方法。

(2)熟悉麦汁制造全过程及其控制;掌握麦汁制造过程的工艺控制;绘出麦汁制造过程的工艺曲线。

(3)熟悉啤酒酿造全过程及其中间控制;了解啤酒发酵过程中各参数的变化规律。

二、实验原理

啤酒是利用啤酒酵母将麦芽汁中的糖等可发酵性物质通过一系列的生物化学反应，产生乙醇、二氧化碳及其他代谢副产物，获得具有独特风味的低度饮料酒。

三、实验材料及前处理

1. 实验材料

麦芽、酵母菌、酒花、水。

2. 前处理

糖化罐清洗、过滤罐清洗、煮沸罐清洗、接种罐清洗、发酵罐清洗。

四、操作步骤

(1)原料配比(麦汁浓度 12°P,IBU10)。原料配比见表 2-11。

表 2-11 原料配比

序号	原料	用量	备注
1	大麦芽	90 kg	润水粉碎
2	特种麦芽	5 kg	干粉成末
3	水	330 L	料水比 1 : 3.5
4	酒花	苦型酒花,200 g	开锅就投,煮沸 60 min
		香型酒花,300 g	煮沸结束前 10 min 投
5	干酵母	500 g,使用前 30 min 需 20 ℃水活化	
说明	原料如有变质,则严谨使用		

(2)糖化工艺。50 ℃,20 min;63 ℃,60 min;72 ℃,10 min;78 ℃,5 min。

(3)麦汁过滤。温度升至 78 ℃后,过滤槽铺底水,倒醪至过滤槽先开耕刀摊平糟层并静置 15 min,然后回流约 15 min 至麦汁清亮,然后再开始过滤,过滤速度不宜太快,保持过滤速度均匀缓慢进行,在 2 h 内过滤完毕即可,头道麦汁滤的同时,清洗糖化锅将需补齐的洗槽水(约 260 L)加热至 74 ℃备用,洗槽后的混合麦汁量在 520 ~ 530 L。滤液汇入煮沸锅内,并同时加热 90 ℃以上。

(4)麦汁煮沸。麦汁过滤结束后,开大蒸汽阀门,开始煮沸,煮沸时间 60 min,麦汁始终处于沸腾状态,控制最终麦汁浓度,最终麦汁量 500 L,最终麦汁浓度(12±0.2)°P。煮沸过程中,谨慎控制汽源,避免热麦汁溢出,防止烫伤。酒花添加的时间在麦汁煮沸开锅 5 min 和煮沸结束前 10 min,分别添加苦型酒花和香型酒花。

(5)旋沉。煮沸结束后,关闭蒸汽阀门,煮沸麦汁泵入旋沉槽,静止时间:30 min。

(6)冷却。将旋沉后的麦汁通过薄板换热器冷却,进行降温并充氧,降至麦汁接种温度(10±0.5)℃。

(7)发酵。麦汁冷却充氧后进入发酵罐,期间接种酵母 500 g,进罐后保持 10 ℃发酵，糖度降到5.0°P时，封罐升压至(0.13±0.01)MPa；自然升温到14 ℃，封罐保持4～5天时，取样品尝，若无明显双乙酰味，可降温；若有明显双乙酰味，可推迟1～3天降温。首先降温至5 ℃，保持1天，回收酵母；然后开始降温至2 ℃；保持2 ℃ 7天后，即可饮用。

(8)特别注意。降温规定，5 ℃以前，以0.5～0.7 ℃/h的速率降温；5 ℃以后，以0.1～0.3 ℃/h的速率降温至2 ℃。

(9)酵母处理。降至5 ℃时，酵母可回收使用。使用前，将最先排出的约1 L酵母排入地沟，酵母的使用代数不超过5代；若酵母确定不使用，降至2 ℃时应排掉。

(10)温度控制精度±0.2 ℃。

(11)其他操作按正常进行。

五、实验结果

绘出麦汁制造过程的工艺曲线。

六、注意事项

(1)前处理清洗时使用火碱水与过氧化氢，注意防止水落在身上，穿好实验服。

(2)粉碎后的麦芽不宜太久暴露在空气当中，以免造成麦芽被空气氧化，而影响糖化和麦芽汁的质量。

七、思考题

(1)为何要进行糖化？糖化时的主要酶有哪些？其主要作用是什么？

(2)为何要加酒花？

实验五　果酒的酿造

一、实验目的

(1)熟悉苹果酒的酿造工艺流程。

(2)了解苹果原料的预处理及苹果汁防氧化方法。

(3)熟悉苹果榨汁的方法、亚硫酸的使用。

(4)掌握果酒活性干酵母的活化方法及酵母菌接种操作。

二、实验原理

果酒酿造是利用酵母菌将果汁中的糖分经酒精发酵转变为酒精等产物，再在陈酿、澄清过程中经醋化、氧化及沉淀等作用，使之变成酒质清晰、色泽美观、醇和芳香的产品。果酒酿造要经历酒精发酵和陈酿等两个阶段。苹果酒是一种低度含酒精果汁饮料，融合啤酒和果汁的优点，口感清醇，营养丰富。

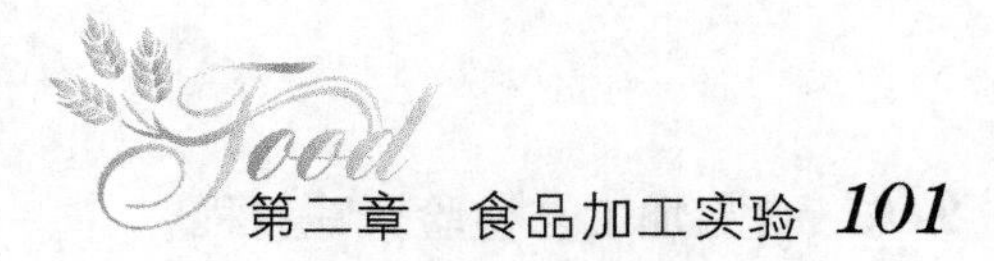

三、实验材料与设备

1. 材料

苹果、白砂糖。

2. 设备

电磁炉、冰箱、工作台、玻璃棒、纱布等。

四、操作步骤

(1)原料的选择以及仪器器皿的准备。选取成熟度高的脆性苹果,要求无病虫害、霉烂、生青等现象,用饮用水清洗并沥干水分;将所需的器皿清洗干净,置于沸水中蒸煮备用。

(2)菌种的活化。将活性干酵母溶于温水中进行活化,置于35~40 ℃锅中保温活化20~30 min,并不断搅拌。

(3)发酵前苹果的前处理。去除苹果的杂质,然后用自来水清洗,去核,切片,榨汁。应控制出汁率为60%~70%,出汁率过高,酿出的苹果酒口感粗糙。

(4)刚榨出的果汁浑浊,需及时添加果胶酶和二氧化硫充分混合均匀后,静置24~48 h,在未产生发酵现象之前进行分离,利用虹吸法吸取清汁。

(5)调整糖度和酸度。一般含糖量为5%~23%,发酵前需要对苹果汁添加白砂糖进行调整。酸度有利于酵母的繁殖和抑制腐败菌的生长,增加果酒香气。

(6)接种及发酵。将活化好的酵母菌接入分离后的苹果汁中接种,混匀。封闭瓶盖,发酵温度16~20 ℃。主发酵15~20天。主发酵终止判断:残糖含量降至5~8 g/L时结束。

(7)苹果酒后发酵及陈酿。静置澄清一天左右,进行初次倒瓶,酒液尽量满瓶,封闭瓶盖进行陈酿。发酵温度为12~28 ℃。时间一个月左右,残糖含量降至4 g/L时结束后酵。

(8)冷冻、澄清、过滤。果酒中的果胶物质、蛋白质与多酚物质共存,产生浑浊的胶体,导致苹果酒容易浑浊和沉淀,可以选择皂土作为澄清剂,澄清剂用量6 g/L、温度4 ℃、时间6 h。

(9)调配。苹果酒在酒度15度左右才容易保藏,需加入适量纯粮白酒进行调配。

(10)装瓶。常用玻璃瓶装,空瓶用低浓度碱液在50 ℃以上温度浸泡后,沥干后可进行巴氏杀菌,进行热装瓶或冷装瓶。

五、实验结果记录

记录每天苹果酒发酵的实验现象。

六、注意事项

(1)苹果榨汁前若与空气接触,会变色,同时应避免与铁制容器或设备接触,否则会使果汁变黑,产生铁腥味。

(2)主发酵结束后,使之澄清,澄清的目的:使悬浮的胶体蛋白质凝固而生成絮状沉淀,慢慢地下沉,使酒变澄清。

七、思考题

(1)发酵果酒酿造过程中温度如何控制?

(2)果酒后发酵的目的是什么?

实验六　酱油的酿造

一、实验目的

通过酱油的酿造,掌握酱油酿造的主要工艺参数和关键控制点。

二、实验原理

酱油是烹饪中的一种亚洲特色的、常用的调味料,是以蛋白质原料(大豆为主要原料,还有豆饼、豆粕等)和淀粉质原料(如麸皮、面粉、小麦等)为主料,加入水、食盐,利用曲霉及其他微生物的共同发酵作用(分泌的各种酶)酿制而成的液体调味品。

三、实验材料与设备

1. 材料

黄豆、面粉、米曲霉或黑曲霉斜面菌种或酱油曲精。

2. 设备

试管、烧杯、三角瓶、陶瓷盘、发酵容器、分装器、量筒、温度计、天平、水浴锅、波美计、高压锅、培养箱等。

四、操作步骤

1. 原料处理及制曲

(1)原料配比:大豆:面粉=2:1。

(2)原料处理:大豆淘洗后浸泡,蒸熟(放入高压灭菌锅中121 ℃灭菌30 min,或常压蒸煮)。

(3)接种培养:出锅大豆冷却至40 ℃,拌入生面粉(面粉中拌有0.3%种曲),充分拌匀。将原料装入曲盘中,料厚2~3 cm。成曲质量标准,外观块状、疏松,内部白色菌状丝茂盛,并生少量嫩黄绿色孢子,无灰黑色或褐色夹心。

2. 发酵

(1)配制18~20 °Bé盐水:加热至55~60 ℃备用。

(2)制酱醪:将成曲中加入18~20 °Bé热盐水,用量为成曲总料量的2~2.5倍拌匀后装入容器中;将制好的酱醅于40 ℃恒温箱中发酵4~5天,然后升温到42~45 ℃继续发酵8~10天。整个发酵周期为12~15天。成熟酱醅质量标准如下:红褐色有光泽,醅层颜色一致;柔软、松散;有酱香、味鲜美,酸度适中。

3. 压榨滤油

往成熟的酱醪中加入相同数量的二油水,搅拌均匀。然后装入布袋,扎紧袋门,放入榨箱。开始时让其自流,回收混浊液,待酱油澄清后正式取油。然后逐步加石块,渐渐增压,榨取头油。头渣倒入缸(或其他容器)内加入三油水,如法榨出二油,加盐调至 20 °Bé,供下次压榨头油时用。二渣加入清水搅匀,榨取三油,并加盐调成 17 °Bé,供下次压榨二油之用。经过 3 次套榨后,残渣用作饲料。压榨出的头油浓度为 23 °Bé 左右。每 100 kg 头油加焦糖酱色 5 ~7 kg 后,放入缸(或其他容器)中自然沉淀。

4. 配制成品

压榨酱油按等级标准配兑,加热灭菌(70 ~80 ℃,维持 30 min),添加防腐剂、焦糖酱色5% ~7%,沉淀,取澄清的酱油检测,即为成品。

五、结果计算

分析产品的感官指标、理化指标和微生物指标。

六、注意事项

(1)蒸好料冷却时间过长,易黏结成块状,同时在不洁环境中易感染有害菌,不利于制曲。

(2)发酵过程中,采取加盖面盐的方法,用食盐将酱醅与空气隔绝。既可防止空气中杂菌的侵入,又可避免表层过度氧化,对酱醅表面还具有保温、保水的作用。

七、思考题

(1)发酵过程中的制曲条件对产品的质量有何影响?

(2)盐水在酱油发酵中起什么作用?

实验七 食醋的酿造

一、实验目的

(1)通过小曲醋的酿造了解食醋生产的基本原理。

(2)掌握小曲醋的酿造技术。

二、实验原理

食醋的酿造过程以及风味的形成是由于各种微生物所产生的酶引起的生物化学作用,食醋酿造主要包括淀粉分解、酒精发酵和醋酸发酵三个过程。小曲是含霉菌和酵母菌等多种微生物的混合糖化发酵剂,小曲中的霉菌一般包括根霉、毛霉、黄曲霉、米曲霉和黑曲霉等,而主要是根霉,它能产生丰富的淀粉酶,最终能较完全地转化淀粉为可发酵性糖,这是其他霉菌所无法相比的,根霉细胞中还含有一定的酒化酶系,这一特点也是其他霉菌所没有的。

三、实验材料

糯米、酒药、麦曲、麸皮、稻壳。

四、操作步骤

1. 用料数量

一般工作投料量，以镇江香醋酿造工艺流程为参考。

糯米 500 kg，酒药 2 kg，麦曲 30 kg，麸皮 850 kg，稻壳 470 kg。

2. 酒精发酵

(1) 精选原料。每次将 500 kg 糯米置于浸泡池中，加入清水浸泡，一般冬季 24 h，夏季 15 h，浸后要求米粒浸透而无白心，然后捞起入米箩内，以清水冲去白浆，淋到出现清水为止，再适当沥干。

将已沥干的糯米蒸至熟透，取出用凉水淋饭冷却。冬季冷至 30 ℃，夏季冷至 25 ℃，拌入 0.4% 酒药(2 kg)搅匀，置于缸内成“V”字形饭窝。拌药毕，用草盖将缸口盖好，以减少杂菌污染和保持品温。

(2) 低温糖化发酵。品温保持在 31 ~ 32 ℃。冬天用稻草裹扎，夏天将草盖掀开放热。经过 60 ~ 72 h 饭粒离缸底浮起，卤汁满塘。此时已有酒精及 CO_2 气泡产生，这时糖分为 30% ~ 35%，酒精含量 4% ~ 5%。

(3) 后发酵。拌药 4 d 后，添加水和麦曲。加水量为糯米的 140%，麦曲量为 6%(即 30 kg)，掌握品温在 26 ~ 28 ℃，此时称为“后发酵”。在此期间应注意及时开耙。一般在加水后 24 h 开头耙，以后 3 d，每天开耙 1 ~ 2 次，以降低温度，发酵时间自加入酒药算起，总共为 10 ~ 13 d。50 kg 糯米，冬天产酒醪 165 kg，酒精含量在 13% ~ 14%，酸度为 0.5 以下；夏季产酒醪 150 kg，酒精含量在 10% 以上，酸度在 0.8 以下。

3. 醋酸发酵

(1) 拌料接种。制醅方法采用固态分层发酵法。以前用大缸为发酵容器，现以发酵池代之，一池抵 15 缸。缸容量为 350 ~ 400 kg。取 165 kg 酒醪盛入大缸中，加 85 kg 麸皮拌成半固态状态，取发酵优良的成熟醋醅 2 ~ 3 kg，再加少许谷糠，用水充分搓拌均匀，放置缸内醅面中心处。每缸上盖 2.5 kg 左右谷糠，任其发酵，时间 3 ~ 5 天。

(2) 倒缸翻醅。次日将上面覆盖的谷糠揭开，并将上面发热的醅料与下部表层未发热的醅料及谷糠充分拌和，搬至另一缸中，称为“过杓”。一缸料醅分 10 层逐次过完。过杓品温在 43 ~ 46 ℃，一般经 24 h，再添加谷糠并向下翻一层。每次加谷糠约 4 kg，根据实际情况补加一些温水。这样经过 10 ~ 12 d，醋醅全部制成，原来半缸酒醪的缸已全部过杓完毕，变成空缸，此被称为“露底”。

(3) 露底。过杓完毕，醋酸发酵到达最高潮。此时需天天翻缸，即将甲缸内全部醋醅倒入另一缸，这也叫露底，露底需掌握温度变化，使面上温度不超过 45 ℃。每天一次，连续 7 天，此时发酵温度逐步下降，强度达到高峰，通过测定，一经发现酸度不再上升，立即转入密封陈酿阶段。

4. 陈酿

(1) 封缸。醋醅成熟后，立即在每缸中加盐 2 kg，然后并缸，10 缸并成 7 ~ 8 缸，使醋醅揿实，缸口用塑料布盖实，布面沿缸口用食盐覆盖压紧，不使其透气。以前用泥土、醋糟和 20% 盐水或盐卤混合物调制成泥浆密封缸面。

(2) 伏醅。醋醅封缸一周，再换缸一次，整个陈酿期为 20 ~ 30 d。陈酿时间愈长，风

味愈好。

(3)淋醋。取陈酿结束的醋醅,置于淋醋缸中,根据缸的容积大小决定投料数量,一般装醅量为80%,根据出醋率计算加水量,浸泡数小时后淋醋。醋汁由缸底管子流出地下缸,第一次淋出的醋汁品质最好。淋毕后,再加水浸泡数小时,淋出的二醋汁可作为第一次淋醋的水用。第二次淋毕,再加水泡之,第三次淋出的醋汁作为第二次淋醋的水用,循环浸泡,每缸淋醋三次。

(4)灭菌及配制成品。将头醋汁加入食糖进行配制,澄清后,加热煮沸,趁热装入贮存容器,密封存放。

每500 kg糯米可产一级香醋1 750 kg,平均出醋率为3.5 $kg_{醋}/kg_{米}$。

五、实验结果

分析小曲醋产品的感官指标、理化指标和微生物指标。

六、注意事项

注意发酵温度的控制。

七、思考题

(1)简述食醋酿造的工艺流程。

(2)讨论小曲醋酿造过程中的问题并提出解决办法。

第五节 综合实践

食品加工实验,通过让学生初步体验食品生产过程,以及生产管理和卫生管理,提高学生的实验设计能力、动手能力和实验技能,加深理解食品加工的意义,熟悉食品厂常用设备的性能和使用。

综合实践一 面包制作和品质评价

一、实践目的

(1)能说出面包的制作流程,会制作简单面包。

(2)能对面包进行质量评价。

(3)能通过保藏实验总结出适合面包的储存条件。

二、实践原理

面包的制作基本分为三种。

(1)中种法是分两次搅拌的方法,即先搅拌中种面团,使其经过一段时间发酵,再与其他部分混合搅拌形成制作面包的面团。

(2)夜种法是中种法的一种,指在第一天晚上搅拌好中种面包,第二天上午使用。

(3)直接法是直接进行一次搅拌的方法。

市场大部分采取“直接法”。直接法只经过一次发酵,节省时间和人力,方便操作。不过也存在一些缺点,比如:发酵时间难以掌握和控制,温度亦不容易控制,缺乏营养和风味。

面包的品质评价主要包括感官指标、理化指标两方面。感官指标包括形态、色泽、组织、滋味与口感、杂质,理化指标主要包括水分和酸度。

面包保藏实验借助质构仪,通过感官评价、酸碱滴定等方法研究面包随着贮藏时间的延长,其质构特性、酸度、水分含量的变化,以探究面包口感变差的原因。

三、实践材料及仪器

1. 原料

黄油、面粉、鸡蛋、糖、盐等。

2. 仪器

面包机、质构仪、烘箱、打蛋器、不锈钢盆、电子秤、感量 0.1 g 天平、25 mL 碱式滴定管、25 mL 单标移液管。

3. 试剂

(1)氢氧化钠标准溶液(0.1 mol/L):按《化学试剂标准滴定溶液的制备》(GB/T 601—2016)规定的方法配制与标定。

(2)酚酞指示液(1%):称取酚酞 1 g 溶于 60 mL 乙醇(95%)中,用水稀释至 100 mL。

(3)无二氧化碳蒸馏水:将蒸馏水煮沸 10 min 左右,加盖冷却。

四、操作步骤

(一)面包制作流程

组建配方→材料称重→搅拌→基本发酵→分割→面团称重→滚圆→中间发酵→整型→装模→成型后发酵→入炉烘烤→出炉→涮上光剂→冷却→成品

1. 面团的搅拌

面粉等干性物质得到完全的水化,加速面筋形成的过程。

面团的搅拌有以下几个阶段:

(1)除油脂及乳化剂外,其余材料全部调制在一起,待其和成面团时,加入油脂及乳化剂和匀。水化物质和水性物质充分混合形成粗糙且黏湿的面团,整个面团不成型,无弹性,面团粗糙。

(2)成团阶段,又称面团卷起阶段。面团中的面筋形成,面粉中的蛋白质充分吸水膨胀,这时面团已不再粘连,搅拌缸的缸壁,用手触摸面团时仍然会粘手,没有弹性,且延伸性也不好。

(3)面团充分形成阶段,也叫面筋扩展阶段。随着继续搅拌,面团逐渐变软,面团表面逐渐干燥而有弹性,且表面有光泽,有延伸性,但面团用手拉时易断。

(4)面团搅拌成熟阶段,又叫面筋完成阶段。这时面团很快变得柔软,不易粘手,有良好的延展性和弹性,表面干燥而有光泽,用手拉面团能拉成薄片且拉破的口边整齐(不

显锯齿状)。

2. 基础醒发

基础醒发是面包整个工艺中最重要的一环,面团在基础醒发的过程中,面筋得到充分的氧化(面团在搅拌时其实也是一个充氧的过程),面团的延伸性更好,面团的发酵是一个复杂的生化反应的过程,糖类物质被分解转化,所转化的葡萄糖和果糖与蛋白质会发生美拉德反应而产生麦香味。基础发酵对面包的作用很大,如对面包的保鲜期、口感、柔软度和形状等,都会产生很大的影响。基础醒发的理想温度为 27 ℃,相对湿度为75%,时间最少也要 30 min 以上。

3. 分割

通过称量把大面团分割成所需要重量的小面团。

4. 滚圆(搓圆)

分割后的面团不能立即成型,必须搓圆,通过搓圆使面团外表形成一层光滑表皮,利于保留新的气体,从而使面团膨胀。光滑的表皮还有利于以后在成型时面团的表面不会被粘连,使成品的面包表皮光滑,内部组织也会较均匀。搓圆时尽可能不用面粉,以免面包内部出现大空洞,搓圆时用力要均匀。

5. 中间醒发

通过搓圆后的面团到盛开之间的这段时间,一般在 15 ~ 20 min,具体要看当时气温和面团松弛的状态,看面团的状态显示是否适合所做面包的成型要求。中间醒发的目的是便于面团产生新的气体,恢复面团的柔软性和延伸性便于成型,中间醒发可以在室内进行也可以在暖房里进行,如在室内进行要注意不要表面结皮,如果在暖房里进行也要防止醒发箱湿度太大,从而使面团表面发黏,中间醒发的相对湿度为 70% ~75%,温度为27 ~29 ℃。

6. 成型

也叫整型,就是把经过中间醒发后的面团做成产品要求的形状。一般主食面包的整型比较简单,手工操作通过二次擀开卷起后放入模具压实就可以,有整型机就更为方便,花色面包的成型相对复杂。

7. 最后醒发

把成型好的面团放入暖房,使面团中的安琪酵母重新产生气体使面团体积增大,最后醒发的温度为 35 ~38 ℃,相对湿度为 80% ~85%。如果温度过高面团内外的温差较大,使面团醒发不均匀,会引起内部组织不好,过高的温度还会使面团表皮的水分蒸发过多、过快,造成表面结皮,成品表皮会很厚。温度如超过 40 ℃,还会使面包产生酸味,这是因为乳酸菌最佳的繁殖温度是 40 ~45 ℃,如果在这一温度下醒发,乳酸菌会迅速繁殖而使面包变酸;温度过低则醒发过慢,时间较长,还会使产品扁平。醒发时要注意,不要使面包醒发过度,醒发过度的面包内部组织粗糙、形状不饱满等,其实面包的烘烤体积并不是越大越好,一般醒发到成品体积的 80% ~90%,有些产品醒发到 70% 就可以了。安琪高活性干酵母活力高、发酵速度快,市场占有率最高。

8. 烤焙

烤焙是面包制作中的最后阶段,同时也是非常重要的阶段,成品是否熟透,色泽是否良好,对面团的性质以及炉温的控制是否到位,操作者应有全面的认识,更应具有不断开拓创新的精神，才能使产品趋近完善。

注：视品种的大小、形状不同，具体焙烤的温度及时间以实例讲解当中的为准。

9. 成品

(1)出炉后应马上刷上光剂，以防制品变得干燥影响其风味。

(2)等其冷却后要做相关的处理，如包装、冷藏储存等。

(二)面包发酵的温度、时间、湿度以及注意事项

面包整型或成型加工后，应立即放入烤模或烤盘内(装入烤模或烤盘时要注意把收口处压在底部，以防发酵、焙烤过程当中崩开)，然后马上入发酵箱饧发。

(1)发酵的温度应维持在 30 ~ 38 ℃，相对湿度为 80% ~85%。

(2)一次性发酵的时间一般在 2 ~ 3 h，发酵的程度应为 7 ~ 8 成，原有体积的 2 ~ 3 倍，以表面色泽洁白、无水珠且具有一定的弹性时为佳。

(3)注意事项：①加工好的面包生坯装模或装盘之前，必须做好相关的卫生处理，以保证所生产的制品既可口，又干净卫生；②入模或入烤盘之前要均匀地刷上一层油，以防脱模时粘连，影响成品的美观性；③要根据不同的品种相应延长或缩短发酵、焙烤的时间。

(三)面包品质评价

1. 感官要求

感官要求应符合表 2-12 规定。

表 2-12　感官要求

项目	软式面包	硬式面包	起酥面包	调理面包	其他面包	面包干制品
形态	完整、饱满，具有产品应有的形态	完整、饱满，具有产品应有的形态，表皮或有裂口	饱满、多层，具有产品应有的形态	面包坯完整，饱满，具有产品应有的形态	具有产品应有的形态	具有产品应有的形态
色泽	具有产品应有的色泽					
组织	细腻、有弹性、气孔均匀	内部组织柔软，有弹性	纹理较清晰，层次较分明	面包坯具有该产品应有的组织结构	具有该产品应有的组织结构	具有该产品应有的组织结构
滋味与口感	具有发酵和熟制后的面包香味，松软适口，无异味	具有发酵和熟制后的面包香味，耐咀嚼，无异味	表皮松酥或酥软，内质松软，无异味	具有产品应有的滋味与口感，无异味	具有产品应有的滋味与口感，无异味	具有产品应有的滋味与口感，无异味
杂质	正常视力范围内无可见的外来异物					

2. 理化要求

理化要求应符合表 2-13 规定。

表2-13 理化要求

项目	软式面包	硬式面包	起酥面包	调理面包	其他面包	面包干制品
水分/%	≤50	≤45	≤40	≤50	≤55	≤6
酸度/(°T)	≤6					—

(1)水分。按《食品安全国家标准 食品中水分的测定》(GB 5009.3—2016)规定的方法测定,调理面包的取样应取面包坯部分。冷冻储存的面包应按食用方法解冻后进行检验。

(2)酸度。称取面包本体中心部分25 g,精确到0.1 g,加入无二氧化碳蒸馏水60 mL,用玻璃棒捣碎,移入250 mL容量瓶中,定容至刻度,摇匀。静置10 min后再摇2 min,静置10 min,用纱布或滤纸过滤。取滤液25 mL移入200 mL三角瓶中,加入酚酞指示液2~8滴,用氢氧化钠标准溶液(0.1 mol/L)滴定至微红色30 s不褪色,记录消耗氢氧化钠标准溶液的体积。同时用蒸馏水做空白试验。

酸度T按下式计算:

$$T = \frac{c \times (V_1 - V_2)}{m} \times 1\ 000$$

式中:T——酸度,°T;

c——氢氧化钠标准溶液的实际浓度,mol/L;

V_1——滴定试液时消耗氢氧化钠标准溶液的体积,mL;

V_2——空白试验消耗氢氧化钠标准溶液的体积,mL;

m——样品的质量,g。

允许差:在重复性条件下获得的两次独立测定结果的绝对差值应不超过0.1 °T。

五、实践结果

(1)用图片记录面包加工流程。

(2)品质评价

1)感官要求:将样品置于清洁、干燥的白瓷盘中,在自然光下观察形态、色泽,然后用餐刀按四分法切开,观察组织、杂质,品尝滋味与口感,做出评价。

2)理化要求:计算水分与酸度。

六、注意事项

(1)质构仪按照操作要求使用。

(2)酸度测定用水需除去二氧化碳。

(3)感官评定按照相关要求进行。

七、思考题

除了质构和酸度之外,还有什么指标能反映面包的保藏情况?

综合实践二　不同农产品混合发酵酿造高度白酒的生产工艺

一、实践目的

(1)掌握利用多种农产品酿造清香型白酒的生产工艺。

(2)酿酒用小曲、大曲的使用。

二、实践原理

白酒一般是以多种农产品为主要原料,以大曲、小曲、麸曲、酒母等为糖化发酵剂,经蒸煮、糖化、发酵、蒸馏而制成的蒸馏酒,酒液清澈透明,质地纯净、无混沌,口味浓郁,醇和柔绵,刺激性较强,饭后余香,入口绵甜爽净,酒精含量较高,经储存老熟后,具有以酯类为主体的复合香味。

三、仪器

粉碎机、可移动式发酵箱、蒸汽发生器、甑锅、冷凝器、催陈机、洗瓶机、灌装机、酒精计等。

四、实践材料及前处理

1. 主料

高粱 40 kg、板栗 6.5 kg、大枣 0.5 kg、豌豆 0.5 kg、大米 2.5 kg。

豌豆、大枣、板栗,由确山县鲍棚康氧农民种植专业合作社提供。高粱和大米,在驻马店市农贸市场采购。

2. 辅料

酒曲,包括低温大曲 2.5 kg,小曲 0.25 kg,稻壳 8 kg,稻壳无霉变,无杂质。

大曲,根据低温大曲生产要求由实验中心自制。小曲,由安琪酵母股份有限公司提供的白酒曲。

主料、辅料的使用量按此比例扩大或缩小生产规模。

五、操作步骤

(1)原料粉碎。高粱、豌豆、大枣、大米分瓣后粉碎,板栗去壳后分瓣,分为 2 ~ 3 瓣即可。

(2)清蒸稻壳。将稻壳放置箱体中用清水浸泡 10 ~ 12 h,之后捞出入蒸锅加锅盖进行清蒸,待锅盖上冒出蒸汽后,开锅盖蒸 40 ~ 60 min,并冷却待用。

(3)润糁。将粉碎分瓣的原料置于箱体中用清水浸泡 10 ~ 12 h 待用;在箱体中加水没过原料表面 20 cm,保证润糁时原料有足够的吸水量,便于蒸糁时加速原料糊化,提高生产效率。

(4)蒸糁。将浸泡后的原料和清蒸后的 4 kg 稻壳混合均匀,之后放入甑锅中蒸1.5 ~ 2.0 h,清蒸后的原料和稻壳达到手捏变泥的状态即可。

(5)冷却拌曲。将清蒸后的原料和稻壳自然摊凉,冷却至 20 ~ 25 ℃,加入酒曲搅拌均匀,得混合物 A;摊凉的厚度为 4 ~ 6 cm,保证摊凉厚度轻薄,提高摊凉质量和速率。

拌曲前对小曲进行活化,活化时将小曲放入容器中,并加入小曲质量 4 倍的 25 ~ 30 ℃的水浸泡 30 ~ 40 min,提高小曲的活性。

(6)堆积。将混合物 A 于温度 20 ~ 25 ℃的环境下堆积 4 ~ 5 h。

(7)入箱发酵。将堆积后的混合物 A 装入箱体中并压实,密封发酵,发酵温度控制在 20 ~ 25 ℃,发酵时间为 90 d。

(8)拌稻壳。将发酵后的混合物 A 倒出箱体并拌入剩余的 4 kg 稻壳,得酒醅。

(9)蒸酒。将酒醅逐步填满加热的甑锅中,酒醅与甑锅甑口平齐后将甑盖盖好,之后开始蒸馏,蒸馏时间为 100 ~ 120 min,得酒头、正流酒和酒尾;在甑锅中添加酒醅时分多次将酒醅摇散并散落到甑锅中,使得酒醅松散,如此还保证酒醅轻盈地填充到甑锅中;每次添加酒醅后其醅面要平整,并将下次要添加的酒醅快速均匀地覆盖到上次覆盖的酒醅冒出蒸汽的醅面处,使得甑锅中的酒醅松软透气,便于蒸馏。

可得酒头 1 kg,并窖藏 1 年使得酒头中的有害物质挥发,生成酯类化合物,提高气味物质含量,作为后期调酒使用。

(10)勾调。将得到的酒头、正流酒和酒尾混合在一起,并用纯净水勾调至 53°,得 53°白酒。

(11)催陈。将所得 53°白酒进行催陈。催陈后的 53°白酒可以进行包装上市;为了获得更好的口感,可将催陈后的 53°白酒窖藏 3 个月。

六、实践结果

1. 出酒率

出酒率=50°酒的总和÷粮食总质量×100%

酒度就是酒精(乙醇)的体积与酒(乙醇+水)的体积比。将 53°酒换算为 50°酒后计算。

2. 所酿白酒的感官评价结果

对照清香型白酒《白酒质量要求 第 2 部分:清香型白酒》(GB/T 10781.2—2022)要求,进行评价。

3. 所酿白酒的生化指标结果

酒精度、总酸(以乙酸计)、总酯(以乙酸乙酯计)、乙酸乙酯的含量对照清香型白酒《白酒质量要求 第 2 部分:清香型白酒》(GB/T 10781.2—2022)要求,见表 2-14。甲醇含量对照《食品安全国家标准 蒸馏酒及其配制酒》(GB 2757—2012)。

表 2-14　根据本实验所得 53°白酒中生化指标

指标	单位	检测结果	清香型白酒 GB/T 10781.2-2006 要求	
			优级	一级
酒精度	%	53.2	21.0 ~ 69.0	21.0 ~ 69.0
总酸	g/L	0.46	≥0.40	≥0.30

续表 2-14

指标	单位	检测结果	清香型白酒 GB/T 10781.2-2006 要求	
			优级	一级
总酯	g/L	2.14	≥0.80	≥0.50
乙酸乙酯	g/L	1.00	≥0.40	≥0.20

七、注意事项

(1)严格控制操作过程的时间和温度限制、蒸酒过程中加酒醅的方法。

(2)小心蒸汽管道烫伤。

八、思考题

(1)简述大曲和小曲中微生物的种类及在酿酒过程中的作用。

(2)结合家乡农产品的种类,科学设计原料配方和发酵工艺,并利用课余时间进行小试和优化。

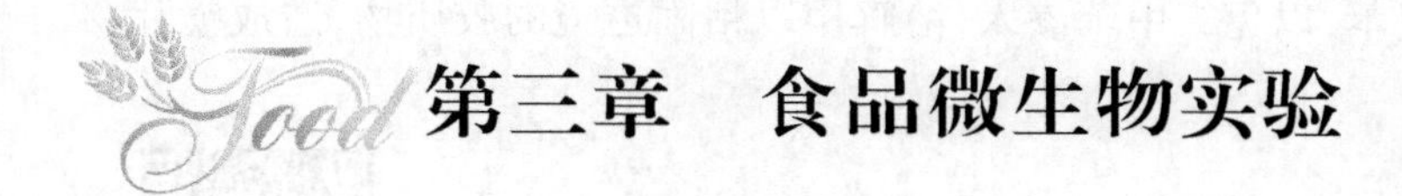

第三章　食品微生物实验

第一节　微生物学基础

实验一　细菌的形态观察

一、实验目的

(1)熟练掌握双目显微镜油镜的使用方法。
(2)了解细菌的基本形态。
(3)掌握细菌的描述方法。

二、试剂与仪器

(1)试剂:香柏油。
(2)仪器:双目生物显微镜、细菌装片。
(3)实验菌种:杆菌——枯草芽孢杆菌、巨大芽孢杆菌、大肠杆菌;球菌——酵母菌、葡萄球菌、四联球菌、八叠球菌。

三、细菌形态的描述

细菌基本形态是球状、杆状、螺旋状。
(1)球菌:球形或近似球形,按其排列方式又可分为单球菌、双球菌、四联球菌、八叠球菌和链球菌。
(2)杆菌:细胞形态较复杂,包括杆状或近似杆状,按其排列方式分为双歧杆菌、分枝杆菌。
(3)螺旋状菌:可分为弧菌(螺旋不满一环)和螺菌(螺旋满 2 ~ 6 环,小的坚硬的螺旋状细菌)。
此外,还有星状和方形细菌。

四、操作步骤

1. 双目生物显微镜组成与操作方法
(1)生物显微镜的移动方法。左手拖住镜座,右手握住镜臂,平行于水平面或稍上扬一定的角度(防止目镜掉落)。
(2)更换物镜的方法。转动转换器(不能直接转动物镜),更换物镜。

(3)油镜的清理。观察完毕后,转动粗调节器使载物台徐徐下降,并将油镜头扭向一侧,再取下标本片。油镜头使用后,应立即用擦镜纸蘸少许二甲苯擦拭镜头,并随即用干的擦镜纸擦去残存的二甲苯,以免二甲苯渗入,溶解用以粘固透镜的胶质物,造成镜片移位或脱落。

2. 细菌形态的观察

根据 UB100i 显微镜的使用方法(见二维码),依次观察。

OB100i 显微镜的使用方法

五、实验结果

根据观察结果,画出球菌、杆菌的简图。

六、注意事项

(1)使用粗准焦螺旋下降时,双眼要注视物镜与玻片之间的距离,快要接近时停止下降。

(2)在使用高倍镜观察时,不能转动粗准焦螺旋。

七、思考题

简述双目生物显微镜的日常维护与保养措施。

实验二 啤酒曲中菌群的分离接种

一、实验目的

(1)了解培养基配制的一般程序,掌握配制、分装培养基的方法。

(2)掌握高压蒸汽灭菌的原理及操作技术。

(3)学会平板划线、分离细菌的操作方法。

二、实验原理

为了避免其他微生物的污染,需要对培养基进行灭菌。除特殊情况外,培养基的灭菌均采用高压蒸汽灭菌法。此法是将待灭菌物品放在高压蒸汽灭菌锅内,利用高压时水的沸点上升,蒸汽温度升高,由此产生高温达到杀灭杂菌的目的。

用高压蒸汽对培养基进行灭菌时必须根据培养基的种类、容器的大小及数量采用不同的温度及时间。一般少量分装的基础培养基通常为 121 ℃、15 min 灭菌。如盛装培养基的容器较大,则应适当增加灭菌的温度和时间。含糖培养基一般采用 115 ℃、20 ~ 30 min 灭菌,以免糖类因高热而分解。由于高压蒸汽灭菌是通过提高蒸汽压力而使其温度升高以杀死微生物,所以加压前应尽量排净锅内的空气。

三、试剂与仪器

(1)试剂:营养琼脂。

(2)仪器:电子天平、电炉、记号笔、烧杯、量筒、玻璃棒、锥形瓶、滴管、高压蒸汽灭菌锅、培养皿、接种针、移液枪。

四、实验材料及前处理

啤酒曲 BF16,由安琪酵母股份有限公司提供,干燥、密封储存。

五、操作步骤

1. 培养基的制备

(1)计算。根据需要计算出所需营养琼脂的量。

(2)称量。先把电子天平调平,再将称量纸置于天平上称量所需的营养琼脂的量。

(3)溶解。加入一定量的蒸馏水,混匀,加热煮沸,变为透亮、黄色、无颗粒。

(4)加塞。培养基分装完毕后,在三角瓶口上加上橡胶塞,以过滤空气防止外界杂菌污染培养基或培养物,并保证容器内培养的需氧菌能够获得无菌空气。

(5)包扎。加塞后,再在橡皮塞外包一层防潮纸,以避免灭菌时橡皮塞被冷凝水沾湿,并防止接种前培养基水分散失或杂菌污染。然后用线绳捆扎并注明培养基名称、配制日期及组别。

(6)灭菌。将所需灭菌物品放入高压蒸汽灭菌锅内。按"立式压力蒸汽灭菌锅"的使用步骤操作。

(7)倒平板。灭菌后的营养琼脂温度降到 40 ℃左右(即不烫手),在无菌操作台上,于酒精灯火焰旁倒平板,每个平板倒营养琼脂 18 ~ 20 mL。

(8)保存。暂不使用的无菌培养基,可在冰箱内或冷暗处保存,但不宜保存时间过久。

2. 微生物的接种

(1)认识接种的工具。常用的微生物接种工具如图 3-1 所示。

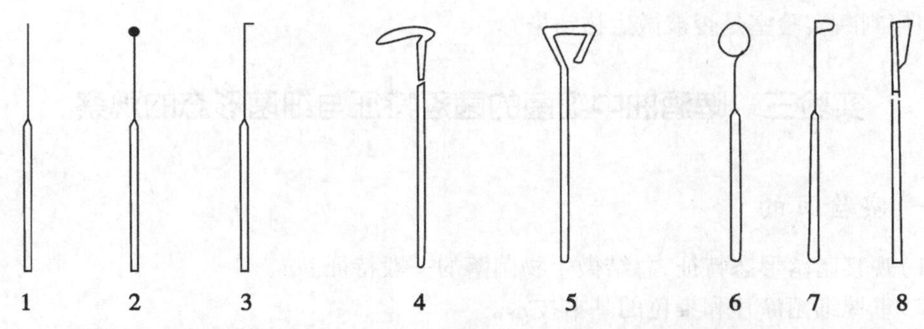

1—接种针;2—接种环;3—接种钩;4、5—玻璃涂棒;6—接种圈;7—接种锄;8—小解剖刀

图 3-1 常用的微生物接种工具

(2)划线操作

1)左手持平皿,用左手的拇指、食指和中指将平皿盖揭开呈 20°左右的角度。

2)右手持接种环,蘸取少许酸奶在培养基边缘空白区如图 3-2(a)划线,然后烧灼接种环,冷却后再如图 3-2(b)在空白区划线,然后再烧灼接种环,冷却后再如图 3-2(c)在空白区划线反复操作,直至混合物稀释到足够形成单菌落。

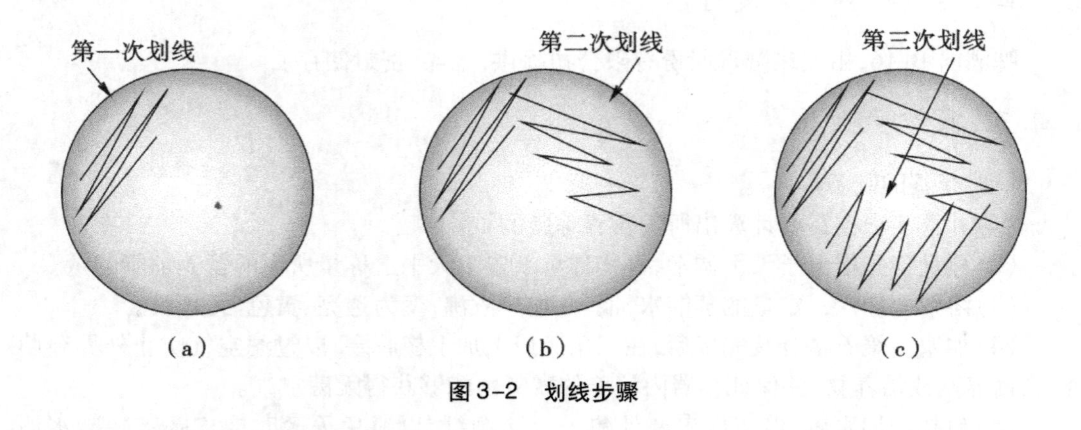

图3-2 划线步骤

(3)恒温培养。划完线后倒置于37 ℃恒温培养箱中培养24~48 h。

六、实验结果

将划线分离效果最好和最差的两个培养皿上的菌落分别画在圆圈中,并分析其中原因。

七、注意事项

(1)划线时力度不能过大,以免划破培养基。
(2)划线时第一区域与最后区域不能相连。

微生物相关仪器设备的使用

八、思考题

如何判断实验室是否被微生物污染?

实验三 啤酒曲中细菌的菌落特征与细菌形态的观察

一、实验目的

(1)观察菌落形态特征,总结微生物菌落的一般特征。
(2)掌握细菌涂片和染色的基本技术。
(3)了解革兰氏染色的机理。
(4)掌握革兰氏染色的方法。

二、实验原理

区分和识别各大类微生物,包括菌落形态(群体形态)和细胞形态(个体形态)等两方面观察。细胞的形态构造是群体形态的基础,群体形态则是无数细胞形态的集中反映,故每一大类微生物都有一定的菌落特征,即它们在形态、大小、色泽、透明度、致密度和边缘等特征上都有所差异，一般根据这些差异就能区分大部分菌落。

革兰氏染色的方法是先用结晶紫对菌体细胞进行初染色，再用碘液进行媒染，然后用95%乙醇对被染色的细胞进行脱色。不同细菌的脱色反应不同，有的细菌能保持结晶紫-碘复合物的颜色而不被脱色，有的细菌则能被脱色。最后用一种颜色不同于初染时染色液的染料——番红进行复染色，使被脱色的细胞染上不同于初染染色液的颜色。能保持结晶紫-碘复合物而不被脱色的细菌，菌体呈紫色，为革兰氏阳性细菌（G^+）；初染的颜色被酒精脱去，复染时着上番红颜色的细菌，菌体呈红色，为革兰氏阴性细菌（G^-）。两类细菌对革兰氏染色的反应不同，是基于它们细胞壁特殊化学组分及结构基础上的一种物理原因。

G^+菌：细胞壁厚，肽聚糖网状分子形成一种透性障碍，当乙醇脱色时，肽聚糖脱水而孔障缩小，故保留结晶紫-碘复合物在细胞膜上，呈紫色。

G^-菌：肽聚糖层薄，交联松散，乙醇脱色不能使其结构收缩，其脂含量高，乙醇将脂溶解，缝隙加大，结晶紫-碘复合物溶出细胞壁，沙黄复染后呈红色。

革兰氏阳性菌细胞壁厚20～80 nm，有15～50层肽聚糖片层，含20%～40%的磷壁酸。革兰氏阴性菌细胞壁厚约10 nm，仅2～3层肽聚糖，另外还有脂多糖、细菌外膜和脂蛋白。

三、试剂与仪器

（1）试剂：革兰氏染色液、香柏油。

（2）仪器：显微镜、载玻片、接种环、酒精灯、吸水纸、香柏油、染色废液盆、玻片搁架、冲瓶。

四、实验材料及前处理

菌种（本章实验二分离得到的）。啤酒曲BF16，由安琪酵母股份有限公司提供，干燥、密封储存。

五、操作步骤

1. 细菌菌落形态的观察

菌落形态包括菌落的大小、形状、高度、边缘、颜色、干湿情况、透明程度等。

（1）大小：大、中、小、针尖状。

（2）形状：点状、圆形、丝状、不规则、根状、纺锤形。

（3）高度：扁平、隆起、凸透镜状、枕状、突起。

（4）边缘：光滑、波形、裂片状、缺刻状、丝状、卷曲状。

（5）颜色：黄色、金黄色、灰色、乳白色、红色、粉红色、黑色。

（6）干湿情况：干燥、湿润、黏稠。

（7）透明程度：透明、半透明、不透明。

2. 制备涂片

（1）涂片：取一块洁净无油载玻片，在其中央滴加一小滴无菌生理盐水，用接种环以无菌操作法从培养皿中取少许细菌培养物，在载玻片上的水滴中研开后涂成薄的菌膜

(直径约1 cm)。如是液体标本,直接用接种环挑取1~2环菌液,涂布于玻片上,制成薄的菌膜。

(2)干燥:将涂布的标本在室温中自然干燥。如需加速干燥,可在酒精灯火焰上方的热气中加温干燥,但切勿在火焰上直接烘烤。

(3)固定:手执玻片一端,涂有菌膜的一面朝上,以其背面迅速通过火焰2~3次,略作加热,以玻片背面触及手背皮肤,以有热感但不觉烫为宜。

3. 革兰氏染色

(1)初染:在涂片菌膜处滴加草酸铵结晶紫染液,染色1~1.5 min,然后用细小的水流从标本上端冲净残余染液(注意勿使水流直接冲洗涂菌处),至流下的水无色为止。

(2)媒染:滴加卢革氏碘液覆盖菌膜,媒染1~1.5 min,然后用流水冲洗多余的碘液,用吸水纸吸干载玻片上的水分。

(3)脱色:倾斜玻片并衬以白色背景,流滴95%乙醇冲洗涂片,同时轻轻摇动载片使乙醇分布均匀,至流出的乙醇刚刚不出现紫色时即停止脱色(30 s左右),并立即用水冲净乙醇。

注:这一步是染色成败的关键,必须严格掌握酒精脱色的程度。脱色过度,则阳性菌会被误认为阴性菌;脱色不足阴性菌也可被误认为阳性菌。

(4)复染:滴加番红染液,染色1~2 min,水洗后用滤纸吸干水分。

4. 镜检

先用低倍镜,再用高倍镜观察。革兰氏阴性菌呈红色,革兰氏阳性菌呈紫色。以分散存在的细胞的革兰氏染色反应为准,过于密集的细胞常呈假阳性。

5. 细菌形态的观察

根据双目生物显微镜的使用步骤,观察分离的细菌形态。

六、实验结果

根据观察结果,画出细菌的简图。

七、注意事项

(1)干燥时,禁止直接烘烤,避免菌种高温致死。

(2)革兰氏染色时涂片不易过厚,以免脱色不完全。

(3)革兰氏染色应选用活跃生长期菌种染色。

八、思考题

日常实验过程中,如何判断未知菌的革兰氏染色没有出现假阳(阴)性?

实验四 啤酒曲中细菌的纯化和扩繁

一、实验目的

掌握细菌纯化的方法和扩繁的有关方法。

二、实验原理

一般是将混杂在一起的不同种微生物或同种微生物群体中的不同细胞通过在分区的平板表面上作多次划线稀释,形成较多的独立分布的单个细胞,经培养而繁殖成相互独立的多个单菌落,通常认为这种单菌落就是某微生物的"纯种"。

三、试剂与仪器

(1)菌种:本章实验二分离得到的。
(2)试剂:营养琼脂、蛋白胨、氯化钠、牛肉粉。
(3)仪器:高压蒸汽灭菌锅、培养箱、精密 pH 试纸、培养皿、电子天平、锥形瓶。

四、实验材料及前处理

啤酒曲 BF16,由安琪酵母股份有限公司提供,干燥、密封储存。

五、操作步骤

1. 营养琼脂培养基的配制
计算→称量→溶解→加塞→灭菌→倒平板→保存。
2. 肉汤的配制
计算→称量→溶解→调节 pH 值→分装→加塞→灭菌→保存。
3. 细菌的纯化
选取上次分离得到的优势菌落,用连续划线法接种到 3 个培养基上。恒温培养 24 ~ 48 h 后,取出培养皿,观察菌落形态,并染色观察。确定有无杂菌生长。若 3 个培养皿都无杂菌生长即为纯化成功。否则需要继续进行下去。
4. 细菌的扩繁
用接种环挑取纯化的菌落接种到肉汤中,恒温培养 24 ~ 48 h。
注意:操作过程的无菌要求,防止细菌扩散和外来细菌污染。

六、实验结果

纯化的细菌菌落形态图、革兰氏染色图。

七、注意事项

微生物在液体培养基中扩繁时,应在摇床中进行,一般为 150 ~ 180 r/min。

八、思考题

简述营养肉汤和营养琼脂培养基的区别之处。

实验五　啤酒曲中细菌的生化试验与鉴定

一、实验目的

掌握通过细菌的生化试验鉴定细菌的方法。

二、实验原理

微生物生化反应是微生物分类鉴定中的重要依据之一,细菌的生化试验就是检测细菌是否利用某种物质并进行代谢及合成产物,通过判断和确定细菌合成和分解代谢产物的特征来鉴定细菌的种类。

三、试剂与仪器

(1)试剂:氯化钠、磷酸氢二钾、氢氧化钾、柠檬酸钠、磷酸二氢铵、硫酸镁、氢氧化钠、浓盐酸、葡萄糖、乳糖、麦芽糖、甘露醇、蔗糖、蛋白胨、琼脂、牛肉膏粉、对二甲氨基苯甲醛戊醇/对二甲氨基苯甲醛、乙醇、石油醚、溴麝香草酚蓝或苯酚红、甲基红、α-萘酚。

(2)仪器:试管、接种环、分析天平、锥形瓶、橡胶塞、玻璃棒。

四、实验材料及前处理

啤酒曲 BF16,由安琪酵母股份有限公司提供,干燥、密封储存。

五、实验内容

1. IMViC 试验

I——吲哚试验;M——甲基红试验(M. R 试验);V——二乙酰试验(V. P 试验);C——柠檬酸试验(枸橼酸盐利用试验);i——无实际意义。

2. 吲哚试验

(1)原理:细菌分解蛋白胨中的色氨酸,生成吲哚(靛基质),经与试剂中的对二甲基氨基苯甲醛作用,生成玫瑰吲哚。

(2)试剂:蛋白胨水培养基,乙醚,吲哚试剂,蛋白胨水(靛基质试验用)。

需氧菌培养用的邓亨氏蛋白胨水溶液成分:蛋白胨(或胰蛋白胨)10 g,氯化钠 5 g,蒸馏水 1 000 mL。加热溶解,pH 调至 7.4~7.6,分装小试管,高压灭菌。

吲哚试剂两种配法:①将 5 g 对二甲基氨基苯甲醛溶解于 75 mL 戊醇中,然后缓慢加入浓盐酸 25 mL;②将 1 g 对二甲基氨基苯甲醛溶解于 95 mL 纯乙醇中,然后缓慢加入浓盐酸 20 mL,避光保存(两种配法都是以出现红色或粉红色为阳性)。

(3)实验步骤:试验菌用蛋白胨水培养基 37 ℃培养 24~48 h;在培养液中加入石油醚 2~3 mL,充分振荡,使吲哚试剂溶解,静置片刻(1~3 min),待石油醚浮于培养液上面时沿管壁慢慢加入吲哚试剂 10 滴(2 mL)。

(4)实验结果:呈玫瑰红或红色环状物的为阳性(+),不变色的为阴性(-)。

(5)注意事项:加入吲哚试剂后,不可再摇动,否则红色不明显。

3. 甲基红试验(M. R 试验)

(1)原理:某些细菌在糖代谢过程中生成丙酮酸,有些甚至进一步被分解成甲酸、乙酸、乳酸等,而不是生成 V. P 试验中的二乙酰,从而使培养基的 pH 下降至 4.5 或者以下(V. P 试验的培养物 pH 一般在 4.5 以上)。故加入甲基红成红色。本试验一般和 V. P 试验一起进行,前者为阳性,后者为阴性。

(2)试剂:葡萄糖蛋白胨培养基,甲基红(M. R)试剂。

葡萄糖蛋白胨培养基:葡萄糖 5 g,蛋白胨 5 g,磷酸氢二钾 5 g,蒸馏水 1 000 mL。加热溶解,pH 调至 7.2 ~7.4,分装小试管,高压灭菌。用于 M. R 和 V. P 试验。

甲基红指示剂:0.1 g 或 0.2 g 固体指示剂溶于 100 mL 60% 的乙醇。pH 变色范围 4.4 ~6.2,由红变黄。(注:固体指示剂放在适当的烧杯里面用 1 ~2 滴溶液润湿后用玻棒研磨,直到没有颗粒状物质后再加大溶剂量就比较好溶解了)。

(3)实验步骤

1)试验菌用葡萄糖蛋白胨培养基 37 ℃培养 24 ~48 h。

2)沿管壁加入甲基红(M. R)试剂 3 ~4 滴。

(4)实验结果:显示红色的为阳性,黄色的为阴性。

4. V. P 试验(二乙酰试验)

(1)原理:有些细菌能分解葡萄糖,在有碱存在时氧化生成二乙酰,后者和蛋白胨中的化合物起作用,产生粉红色氧化物。

(2)试剂:葡萄糖蛋白胨培养基;40% 氢氧化钾;6% α-萘酚溶液。

葡萄糖蛋白胨培养基:葡萄糖 5 g,蛋白胨 5 g,磷酸氢二钾 5 g,蒸馏水 1 000 mL。加热溶解,调 pH 至 7.2 ~7.4,分装小试管,高压灭菌。用于 M. R 和 V. P 试验。

6% α-萘酚溶液:称取 6 g α-萘酚于烧杯,再加 94 mL 乙醇。

(3)实验步骤

1)试验菌用葡萄糖蛋白胨培养基 37 ℃培养 24 ~48 h。

2)加入 40% KOH 10 ~20 滴,再加入等量 α-萘酚,用力振荡(拔去棉塞)再放入 37 ℃恒温培养箱 4 h 后再观察,仍无色产生为阴性。

(4)实验结果:试验时,强阳性的约 5 min 后,可产生粉红色反应,长时间无反应,置室温过夜,次日不变为阴性。

5. 枸橼酸盐利用试验

(1)原理:当细菌利用铵盐作为唯一氮源,并利用枸橼酸盐作为唯一碳源时,可在枸橼酸盐培养基上生长,生成碳酸钠,并同时利用铵盐生成氢,使培养基呈碱性。

(2)试剂:柠檬酸盐培养基斜面、指示剂:1% 溴麝香草酚蓝或 0.04% 苯酚红。

柠檬酸盐培养基:柠檬酸钠 1 g,磷酸氢二钾 1 g,磷酸二氢铵 1 g,氯化钠 5 g,硫酸镁 0.2 g,琼脂 20 g。

1% 溴麝香草酚蓝(酒精溶液)或 0.04% 苯酚红 10 mL,蒸馏水加至 1 000 mL。

将上述各成分加热溶解后,调 pH 6.8,然后加入指示剂,摇匀,用脱脂棉过滤。制成后为黄绿色,分装试管。高压灭菌后制成斜面。接种时先划线后穿刺。

(3)实验步骤

1)将试验菌培养在柠檬酸盐培养基斜面上 37 ℃培养 24 ~48 h。

2)观察有无细菌生长与培养基颜色变化。

(4)实验结果:含有溴麝香草酚蓝的斜面蓝色者为阳性,呈绿色的为阴性;含苯酚红的斜面如果呈红色为阳性,呈黄色为阴性。

6. 糖发酵试验(五糖发酵试验)

(1)原理:细菌含有分解不同糖类的酶,将糖转化成酸。因而分解各种糖类的能力不一样。指示剂为溴麝香草酚蓝遇酸由蓝变黄。

(2)试剂

1)邓亨氏蛋白胨水溶液:蛋白胨(或胰蛋白胨)10 g,氯化钠 5 g,琼脂 20 g,蒸馏水1 000 mL。

2)0.2%溴麝香草酚蓝溶液:溴麝香草酚蓝 0.2 g,0.1 mol/L 氢氧化钠 5 mL,蒸馏水 95 mL。

3)五糖微量反应管的制法:在邓亨氏蛋白胨水溶液中按 0.5% ~1% 的比例分别加入葡萄糖、乳糖、麦芽糖、甘露醇、蔗糖,加热溶解,pH 调至 7.4 ~7.6。每 1 000 mL 加入 12 mL 的 0.2%溴麝香草酚蓝作为指示剂。分装于试管,高压灭菌。

(3)实验步骤:在无菌操作台上,用接种针将被检细菌单菌落接种于五糖微量反应管,并封口标号,置于 37 ℃恒温培养 24 ~48 h。

(4)实验结果:产酸的符号为+;产气的符号为 O;产酸产气的符号为+;不分解糖类的符号为-。

(5)注意事项:液体培养基直接接种,固体培养基需穿刺。

六、实验结果

实验结果记录于表 3-1 中。

表 3-1 啤酒曲中细菌的鉴定结果

菌落形态						
大小	形状	高度	边缘	颜色	干湿情况	透明程度
细胞特征						
革兰氏染色	细菌的形态	细菌的大小				
生化试验结果						
吲哚试验	M. R 试验	V. P 试验	枸橼酸盐利用试验			
葡萄糖发酵试验	乳糖发酵试验	麦芽糖发酵试验	甘露醇发酵试验	蔗糖发酵试验		

根据该菌的菌落形态、细胞特征和生化试验结果，经查询《伯杰细菌鉴定手册》(第八版)，可知该菌为______。

七、注意事项

(1)实验前确定好实验所需用量，避免配错配多，产生浪费。
(2)注意设置对照组以便观察。
(3)实验的过程注意无菌操作。

八、思考题

为辅助鉴定微生物种类，还可以做哪些生化试验项目？

实验六　清香型大曲中四类微生物的分离与观察

一、实验目的

(1)掌握霉菌的革兰氏染色方法。
(2)掌握细菌、放线菌、酵母菌和霉菌的菌落特点。
(3)掌握细菌、放线菌、酵母菌和霉菌的微生物形态特点。

二、试剂与仪器

(1)试剂：革兰氏染液、草酸铵结晶紫染液、碘液、95%乙醇、番红复染液、水。
(2)仪器及其他用品：酒精灯、载玻片、显微镜、接种环、试管架、吸水纸、滴管、冲瓶、香柏油、染色废液缸、玻片搁架。

三、实验材料与处理

清香型大曲，由河南省发酵工程实验中心提供，干燥、密封保存。

四、操作步骤

1. 制备涂片

(1)取一块洁净无油载玻片，在其中央滴加一小滴无菌生理盐水，用接种环以无菌操作法从培养基中取少许菌种培养物，在载玻片上的水滴中研开后涂成薄的菌膜(直径约1 cm)。如是液体标本，直接用接种环挑取1～2环菌液，涂布于玻片上，制成薄的菌膜。
(2)干燥：将涂布的标本在室温中自然干燥。如需加速干燥，可在酒精灯火焰上方的热气中加温干燥，但切勿在火焰上直接烘烤。
(3)固定：手执玻片一端，涂有菌膜的面朝上，以其背面迅速通过火焰2～3次，略作加热，以玻片背面触及手背皮肤，以有热感但不觉烫为度。

2. 革兰氏染色

(1)初染：在涂片菌膜处滴加草酸铵结晶紫染液，染色1～1.5 min，然后用细小的水流从标本上端冲净残余染液(注意勿使水流直接冲洗涂菌处)，至流下的水无色为止。

(2)媒染:滴加卢革氏碘液覆盖菌膜,媒染1~1.5 min,然后用流水冲洗多余的碘液,用吸水纸吸干载玻片上的水分。

(3)脱色:倾斜玻片并衬以白色背景,流滴,95%乙醇冲洗涂片,同时轻轻摇动载片使乙醇分布均匀,至流出的乙醇刚刚不出现紫色时即停止脱色(30 s左右),并立即用水冲净乙醇。

注:这一步是染色成败的关键,必须严格掌握酒精脱色的程度。脱色过度,则阳性菌会被误认为阴性菌,脱色不足阴性菌也可被误认为阳性菌。

(4)复染:滴加番红染液,染色1~2 min,水洗后用滤纸吸干水分。

3. 镜检

先用低倍镜观察,再用高倍镜观察。革兰氏阴性菌呈红色,革兰氏阳性菌呈紫色。

以分散存在的细胞的革兰氏染色反应为准,过于密集的细胞常呈假阳性。

4. 细菌形态的观察

根据双目生物显微镜的使用步骤,观察分离的细菌形态。

五、实验结果

根据本次实验结果认真填写表3-2、表3-3。细菌、放线菌、酵母菌和霉菌的菌落特点参考图3-3、细胞形态特点参考图3-4。

表3-2 四种微生物的菌落形态对比

类别	大小	形状	高度	边缘	颜色	干湿情况	透明度
细菌							
酵母菌							
放线菌							
霉菌							

表3-3 四种微生物的细胞形态对比

类别	大小	形状描述
细菌		
酵母菌		
放线菌		
霉菌		

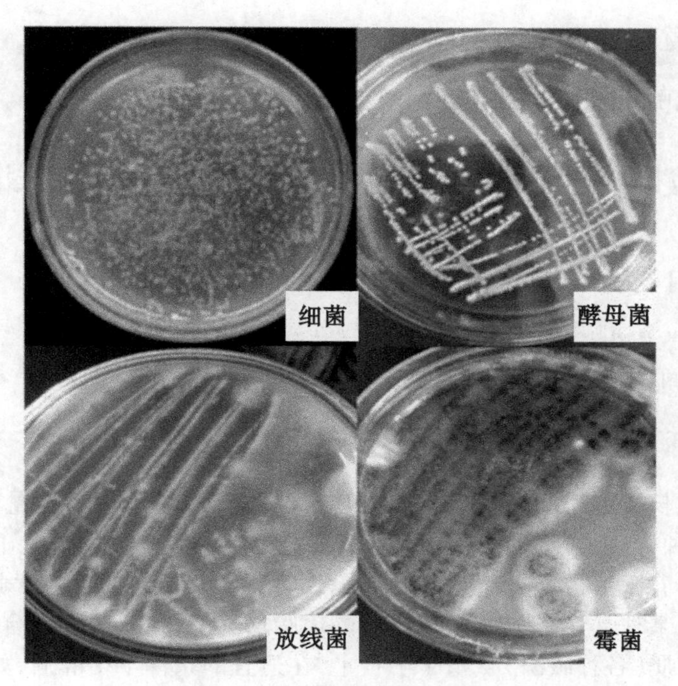

图 3-3　四种微生物的菌落形态

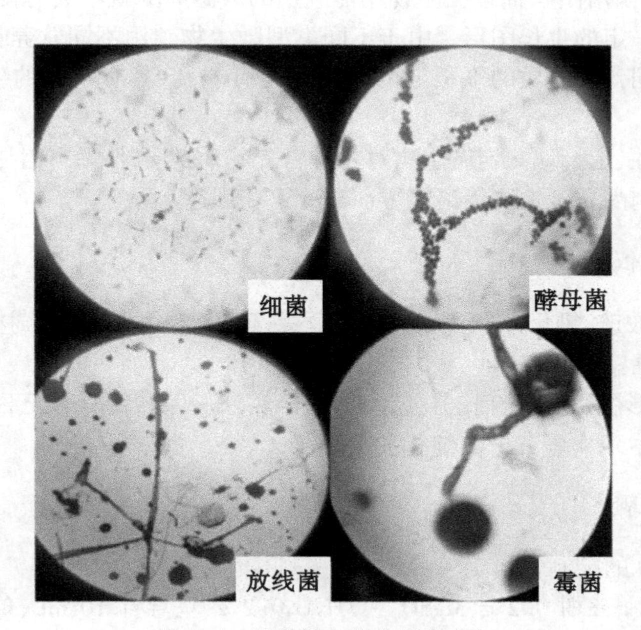

图 3-4　四种微生物的细胞形态

六、注意事项

放线菌和霉菌染色时，注意冲洗时水流的速度，以免将菌丝冲掉。

七、思考题

为提高放线菌和霉菌染色的成功率，你建议用什么方法？

实验七　啤酒曲中细菌的营养要求测定——生长谱法

一、实验目的

(1)学习并掌握生长谱法测定微生物营养需要的基本原理和方法。

(2)进一步巩固培养基的配制及灭菌。

二、实验原理

微生物的生长繁殖需要适宜的营养环境，碳源、氮源、无机盐、微量元素、生长因子等，缺少其中一种，微生物便不能正常生长、繁殖。在实验室条件下，人们通常用人工配制的培养基来培养微生物，这些培养基中含有微生物生长所需的各种营养成分。如果人工配制一种缺乏某种营养物质(例如碳源)的琼脂培养基，接入菌种混合后倒平板，再将所缺乏的营养物质(各种碳源)点植于平板上，在适宜的条件下培养后，如果接种的这种微生物能够利用某种碳源，就会在点植的该种碳源物质周围生长繁殖，呈现出许多小菌落组成圆形区域(菌落圈)，而该微生物不能利用的碳源周围就不会有微生物的生长。最终在平板上呈现一定的生长图形。由于不同类型微生物利用不同营养物质的能力不同，它们在点植有不同营养物质的平板上的图形就会有差别，具有不同的生长谱，故称此方法为生长谱法。

该法可以定性、定量地测定微生物对各种营养物质的要求，在微生物育种、营养缺陷型鉴定以及饮食制品质量检测等诸多方面具有重要用途。

三、试剂与仪器

(1)试剂：磷酸铵、氯化钾、七水硫酸镁、豆芽、琼脂、溴甲酚紫、葡萄糖、木糖、甘露醇、麦芽糖、蔗糖、乳糖。

(2)仪器：锥形瓶、滤纸、打孔器、超净工作台、高压灭菌锅、电子天平、无菌平皿等。

(3)菌种：由本章实验五分离纯化的菌株。

四、操作步骤

1. 合成培养基的配制

$(NH_4)_3PO_4$ 1 g、KCl 0.2 g、$MgSO_4 \cdot 7H_2O$ 0.2 g、豆芽汁 10 mL、琼脂 20 g、蒸馏水 1 000 mL。pH 7.0 加 12 mL 0.04% 的溴甲酚紫(pH 5.2～6.8，颜色由黄变紫，作为指示剂)。0.1 MPa、121 ℃灭菌 20 min，待用。

2. 豆芽汁的制备

将黄豆芽或绿豆芽 200 g 洗净，在 1 000 mL 蒸馏水中煮沸 30 min，纱布过滤的豆芽汁补足水分至 100 mL。

3. 糖溶液的配制

分别配制10%的葡萄糖、木糖、甘露醇、麦芽糖、蔗糖、乳糖液50 mL(三角烧瓶或试剂瓶装)。即称取各种糖5 g,加45 mL蒸馏水,灭菌。

4. 糖浸片的制备

(1)圆形滤纸片的制作。用圆形打孔器(d=0.6 cm)将重叠好的滤纸打成圆形片,将打好的圆形滤纸片用牛皮纸包好(可包多层),灭菌,待用。

(2) 糖浸片的制作。将灭菌好的圆形滤纸片置入不同糖的溶液中浸泡10 min后,小心取出分别置于无菌培养皿中,盖好后于28 ℃鼓风干燥箱中烘干备用,最后置于超净工作台上紫外照射20～30 min。

5. 乳酸菌悬液的制备

取培养24 h的乳酸菌斜面(或平板),用3～5 mL无菌生理盐水(每支试管斜面)洗脱,制成菌悬液。

6. 细菌的接种

取灭菌好的合成培养基熔化并冷却至50 ℃左右,将制备好的菌悬液倒入培养基中(菌悬液的加入量按培养基体积的0.1%加入,如400 mL培养基,加入4 mL菌悬液),充分混匀,倒平板。待培养基凝固后,在平皿底用记号笔将平皿均分为三个区域,同时标明要点植的各种糖的名称,如图3-5所示。

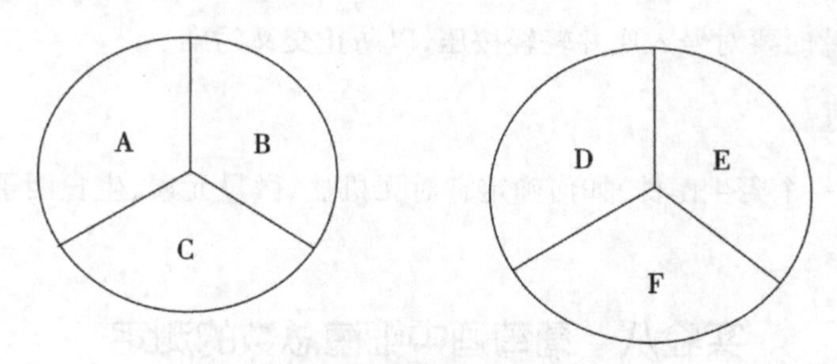

图3-5　各种糖的点植位置

注:A、B、C、D、E、F分别代表木糖、葡萄糖、甘露醇、麦芽糖、蔗糖、乳糖糖浸片。

7. 糖滤纸片的加入

在超净工作台上酒精灯火焰处用无菌镊子分别取蘸有不同糖类的滤纸片于相应的糖点植位置。

8. 观察

待平板吸收干燥后,倒置于37 ℃恒温培养箱倒置培养18～24 h,观察生长情况,记录各种糖周围有无生长圈,并测量生长圈的大小。

五、实验结果

以5种不同糖作为碳源,测定目标菌株对其利用情况,以滤纸片周围是否出现生长圈为判断标准,并在表3-4中记录结果。

表 3-4　不同碳源目标菌株的生长状况

菌落生长情况	培养皿	碳源类型					
		葡萄糖	麦芽糖	木糖	甘露醇	乳糖	蔗糖
菌落是否生长	培养皿 1						
	培养皿 2						
菌落颜色	培养皿 1						
	培养皿 2						
菌落大小/mm	培养皿 1						
	培养皿 2						

注:菌落生长用"+"表示,菌落不生长用"-"表示。

六、注意事项

(1)要严格无菌操作。

(2)加入菌悬液后要在培养基尚未凝固及时倒平板,否则将会出现平板尚未倒好培养基已凝固现象。

(3)放滤纸片时要对号入座并轻轻按压,以防止交叉污染。

七、思考题

你筛选出的一个野生菌株,如何确定它对无机盐、微量元素、生长因子等营养要素的需求?

实验八　葡萄酒中细菌总数的测定

一、实验目的

(1)学习并掌握细菌的分离和活菌计数的基本方法和原理。

(2)了解菌落总数测定对被检样品进行卫生学评价的意义。

二、实验原理

菌落总数是指食品经过处理,在一定条件下培养后,所得 1 g 或 1 mL 检样中所含细菌菌落总数。菌落总数主要作为判别食品被污染程度的标志,也可以应用这一方法观察细菌在食品中繁殖的动态,以便对被检样品进行卫生学评价时提供依据。

菌落总数并不表示样品中实际存在的所有细菌总数,菌落总数并不能区分其中细菌的种类,所以有时被称为杂菌数、需氧菌数等。

三、试剂与仪器

(1)试剂:自酿葡萄酒、营养琼脂培养基、无菌生理盐水。

(2)仪器:移液枪、无菌平皿、玻璃刮铲、试管、试管架和记号笔等。

四、实验材料及前处理

葡萄酒,由河南省西平县焦庄乡高庙村(黄淮学院帮扶点之一)提供,避光、冷藏。

五、操作步骤

1.检样稀释及培养

(1)营养琼脂培养基的配制。计算→称量→溶解→加塞→灭菌→倒平板→保存。

(2)编号。取配制好的营养琼脂培养基 6 个,分别用记号笔标明 10^{-4}、10^{-5}、10^{-6} 各 2 个。另取 6 支盛有 4.5 mL 无菌水的试管,排列于试管架上,依次标明 10^{-1}、10^{-2}、10^{-3}、10^{-4}、10^{-5}、10^{-6}。

(3)样品的稀释。固体和半固体样品的稀释:称取 25 g 样品放入盛有 225 mL 磷酸盐缓冲液或生理盐水的无菌均质杯内,5 000～10 000 r/min 均质 1～2 min,或放入盛有 225 mL 稀释液的无菌均质袋中,用拍击式均质器拍打 1～2 min,制成 1∶10 的样品匀液。

用移液枪精确地吸取 0.5 mL 葡萄酒放入 10^{-1} 的试管中,注意枪头尖端不要碰到液面,以免吹出时,管内液体外溢。然后仍用此枪头将管内悬液来回吸吹 3 次,使其混合均匀。另换一个枪头自 10^{-1} 试管吸 1 mL 放入 10^{-2} 试管中,吸吹 3 次,其余依次类推。

(4)取样。用移液枪分别精确地吸取 10^{-4}、10^{-5}、10^{-6} 的稀释葡萄酒200 μL于编好号的培养基中,再用无菌玻璃刮棒将菌液在平板上涂布均匀,平放于实验台上 20～30 min,使菌液渗透入培养基内,然后再倒置于 37 ℃ 的恒温箱中培养(48±2) h。同时分别取 200 μL稀释液接种到两个无菌平皿作空白对照。

注:根据对样品污染状况的估计,选择 2～3 个适宜稀释度的样品匀液(液体样品可包括原液)。

2.计数

(1)平板菌落数的选择。选取菌落数在 30～300 个的平板作为菌落总数测定的标准,且一个稀释度应使用两个平板的平均数。其中当一个平板有较大片状菌落生长时,片状菌落不到平板的一半,而其余一半中菌落分布又很均匀,即可计算半个平板后乘 2 以代表全皿菌落数。

(2)稀释度的选择

1)选择平均菌落数在 30～300 CFU 的稀释度,乘以稀释倍数报告之。

2)若有两个稀释度,其生长的菌落数均在 30～300 CFU,则视两者之比如何来决定,若其比值小于 2,应报告其平均数;若两者之比大于 2,则报告其中较小的数字。

3)若所有稀释度的平均菌落数均大于 300 CFU,则应按稀释度最高的平均菌落数乘以稀释倍数报告之。

4)若所有稀释度的平均菌落数均小于 30 CFU,则应按稀释度最低的平均菌落数乘以稀释倍数报告之。

5)若所有稀释度均无菌落生长,则以小于 1 乘以最低稀释倍数报告之。

6)若所有稀释度的平均菌落数均不在 30～300 CFU,其中一部分大于 300 CFU 或小于 30 CFU 时,则以最接近 30 CFU 或 300 CFU 的平均菌落数乘以稀释倍数报告之。

3. 菌落总数的计算

将菌落总数符合要求的培养皿上的菌落数填入表3-5。

表3-5 菌落总数

	10^{-4}	10^{-5}	10^{-6}	备注
1				
2				
平均值				

算出同一稀释度2个平皿上的菌落平均数,并按下列公式进行计算:

每毫升中总活菌数=同一稀释度三次重复的菌落平均数×稀释倍数×5

称重取样以CFU/g为单位报告,体积取样以CFU/mL为单位报告。

六、实验结果

(1)将实验测出的样品数据以报表方式报告结果。

(2)对样品菌落总数作出是否符合卫生要求的结论。

七、注意事项

严禁打开培养皿计数。

八、思考题

简述细菌、酵母菌、放线菌和霉菌的平板菌落计数方法的异同点。

实验九 葡萄酒中大肠菌群的检验

一、实验目的

(1)掌握食品中大肠菌群的检测方法。

(2)了解食品质量与细菌和大肠菌群数量的重要关系。

二、实验原理

大肠菌群系指一群能发酵乳糖,产酸产气,需氧和兼性厌氧的革兰氏阴性、无芽孢杆菌。由肠杆菌科中四个菌属内的一些细菌所组成,即大肠杆菌、枸橼酸杆菌属、产气克雷伯氏菌属和肠杆菌属。该菌主要来源于人畜粪便,故以此作为粪便污染指标来评价食品的卫生质量,具有广泛的卫生学意义。

三、试剂与仪器

(1)试剂:自酿葡萄酒、月桂基磺酸盐胰蛋白胨肉汤(LST)、煌绿乳糖胆盐肉汤

(BGLB)、氢氧化钠、盐酸。

(2)仪器:移液器、培养箱、电子天平、电炉、试管架、酒精灯。

四、实验材料及前处理

葡萄酒,由河南省西平县焦庄乡高庙村(黄淮学院帮扶点之一)提供,冷藏。

五、操作步骤

1. 编号

取 6 支盛有 4.5 mL 无菌生理盐水的试管,排列于试管架上,依次标明 10^{-1}、10^{-2}、10^{-3}、10^{-4}、10^{-5}、10^{-6}。

2. 样品稀释

以无菌吸管吸取 25 mL 样品置于盛有 225 mL 磷酸盐缓冲液或生理盐水的无菌锥形瓶(瓶内预置适当数量的无菌玻璃珠)中,充分混匀,制成 1∶10 的样品匀液。用移液枪精确地吸取 0.5 mL 葡萄酒放入 10^{-1} 的试管中,注意枪头尖端不要碰到液面,以免吹出时,管内液体外溢。然后仍用此枪头将管内悬液来回吸吹 3 次,使其混合均匀。另换一个枪头自 10^{-1} 试管吸 1 mL 放入 10^{-2} 试管中,吸吹 3 次,其余依次类推。试管排列于试管架上,依次标明 10^{-3}、10^{-4}、10^{-5}、10^{-6}。

3. 培养基配制

LST 肉汤的配制:称取 35.6 g 月桂基磺酸盐胰蛋白胨肉汤(LST),加热搅拌溶于 1 000 mL蒸馏水中,分装到有倒立发酵管的试管中,每管 10 mL,高压灭菌备用。

BGLB 肉汤的配制:称取 40 g 煌绿乳糖胆盐肉汤(BGLB),加热搅拌溶于 1 000 mL 蒸馏水中,分装到有倒立发酵管的试管中,每管 10 mL,高压灭菌备用。

4. 初发酵试验

选择待测样品 3 个适宜稀释度(如 10^{-1}、10^{-2}、10^{-3}),用 1 000 μL 移液枪取 1 mL 待测样品接种到 LST 发酵管中,每一稀释度接种 3 管,做好标记,置于(36±1)℃温箱内,培养(24±2)h,如所有发酵管都不产气,继续培养(24±2)h,观察倒管内是否产气,如未产气可报告为大肠菌群阴性;如有产气者,则进行复发酵试验。

5. 复发酵试验

将所有产气的 LST 发酵管分别转接在 BGLB 肉汤管中(用 1 000 μL 移液枪取 1 mL 产气的 LST 发酵管中的液体接种到 BGLB 发酵管中,做好标记),置(36±1)℃温箱内,培养(48±2)h,然后取出 BGLB 发酵管,观察产气情况(观察小管中是否有气泡产生,一般在管壁和顶端)。产气者,计为大肠菌群阳性管。

6. 报告

根据复发酵试验的阳性管数查大肠菌群最有可能数(MPN)检索表(表 3-6),得出 1 mL(g)食品中存在的大肠菌群数的近似值。

表 3-6　大肠菌群最可能数(MPN)检索表

阳性管数			MPN	95%可信限		阳性管数			MPN	95%可信限	
0.10	0.01	0.001		下限	上限	0.10	0.01	0.001		下限	上限
0	0	0	<3.0	—	9.5	2	2	0	21	4.5	42
0	0	1	3.0	0.15	9.6	2	2	1	28	8.7	94
0	1	0	3.0	0.15	11	2	2	2	35	8.7	94
0	1	1	6.1	1.2	18	2	3	0	29	8.7	94
0	2	0	6.2	1.2	18	2	3	1	36	8.7	94
0	3	0	9.4	3.6	38	3	0	0	23	4.6	94
1	0	0	3.6	0.17	18	3	0	1	38	8.7	110
1	0	1	7.2	1.3	18	3	0	2	64	17	180
1	0	2	11	3.6	38	3	1	0	43	9	180
1	1	0	7.4	1.3	20	3	1	1	75	17	200
1	1	1	11	3.6	38	3	1	2	120	37	420
1	2	0	11	3.6	42	3	1	3	160	40	420
1	2	1	15	4.5	42	3	2	0	93	18	420
1	3	0	16	4.5	42	3	2	1	150	37	420
2	0	0	9.2	1.4	38	3	2	2	210	40	430
2	0	1	14	3.6	42	3	2	3	290	90	1 000
2	0	2	20	4.5	42	3	3	0	240	42	1 000
2	1	0	15	3.7	42	3	3	1	460	90	2 000
2	1	1	20	4.5	42	3	3	2	1100	180	4 100
2	1	2	27	8.7	94	3	3	3	>1100	420	—

注 1:本表采用 3 个稀释度[0.1 g(mL)、0.01 g(mL)和 0.001 g(mL)],每个稀释度接种 3 管。

注 2:表内所列检样量如改用 1 g(mL)、0.1 g(mL)和 0.01 g(mL)时,表内数字应相应降低 10 倍:如改用 0.01 g(mL)、0.001 g(mL)、0.000 1 g(mL)时,则表内数字应相应增高 10 倍,其余类推。

(1)大肠菌群检验结果。大肠菌群检验数据填入表 3-7。

表3-7　实验结果

发酵 管数	接种量及管号								
	10^{-1}			10^{-2}			10^{-3}		
	1	2	3	1	2	3	1	2	3
初发酵反应结果									
复发酵反应结果									
最后结论+或-									

(2)自酿葡萄酒中大肠菌群最可能数为多少？

大肠菌群检验流程如图3-6所示。

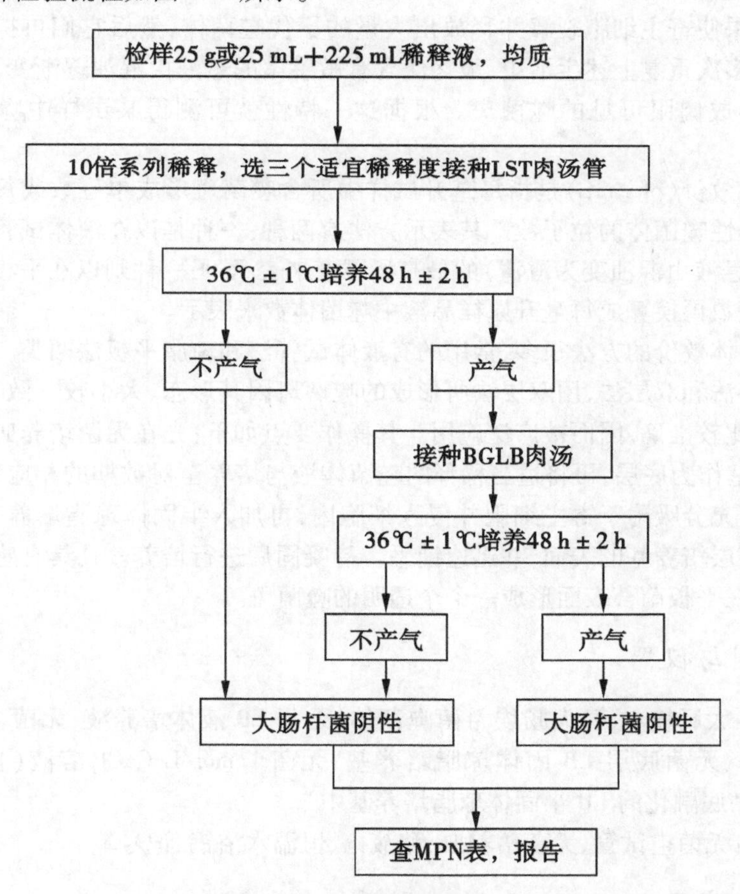

图3-6　大肠菌群检验流程

实验十　噬菌体效价的测定

一、实验目的

(1)了解噬菌体效价的含义及测定原理。

(2)掌握用双层琼脂平板法测定噬菌体效价的操作方法与技能。

二、实验原理

噬菌体是一类寄生于原核细胞内的病毒,其个体极其微小,用常规的微生物计数法无法测得其数量。噬菌体感染寄主细胞具有专一性,当烈性噬菌体侵入其寄主细胞后便不断增殖,结果使寄主细胞裂解并释放出大量的子代噬菌体,然后它们再扩散和侵染周围细胞,如此多次重复上述生活史,最终使含有敏感菌的悬液由混浊逐渐变清,或在双层琼脂平板上形成肉眼可见的噬菌斑。根据这一特性就可测得某试样中噬菌体粒子的含量。

噬菌体的效价(pfu/mL)是指每毫升试样中所含噬菌斑形成单位数或每毫升试样中所含具有感染性噬菌体的粒子数。其表示方法有两种:一种是以在液体试管中能引起溶菌现象(即菌悬液由混浊变为澄清)的最高稀释度来表示;另一种则以在平板菌苔表面而形成的噬菌斑数再换算成每毫升原样品液中噬菌体数来表示。

测定噬菌体效价的方法很多,常用的有液体试管法和琼脂平板法两类。琼脂平板法又可分为单层法和双层法,用双层法所形成的噬菌斑因其形态、大小较一致,而且其清晰度高,计数也比较准确,因而被广泛应用。其操作要点如下:先在无菌培养皿中浇上一层LB琼脂培养基作为底层,再将适当稀释的噬菌体液与培养至对数期的相应敏感菌混匀,使噬菌体粒子充分吸附于寄主细胞并侵入细胞内,再加入半固体琼脂培养基,迅速搅拌均匀并倒在底层培养基的表面,并迅速铺平。待凝固后进行培养。凡具有感染力的噬菌体粒子,即可在平板菌苔表面形成一个个透明的噬菌斑。

三、试剂与仪器

(1)试剂:大肠埃希菌、大肠埃希菌噬菌体、无菌LB液体培养液、无菌上层LB半固体琼脂培养基、无菌底层LB固体琼脂培养基、无菌1 mol/L $CaCl_2$溶液(按照0.6 mL/100 mL加入彻底融化的LB半固体琼脂培养基中)。

(2)仪器:无菌空试管、无菌培养皿、移液枪、恒温水浴锅、记号笔。

四、操作步骤

1. 敏感菌的培养

(1)活化菌种:将大肠埃希菌菌种移接到LB固体琼脂培养基斜面上传1~2代。

(2)培养菌液:将活化后的菌种移接到LB液体培养液中,在37 ℃下110 r/min,振荡培养10~12 h,取50 μL上述培养液加入5 mL LB液体培养液中,在37 ℃下110 r/min下振荡培养1.5 h,即为对数生长期的敏感大肠埃希菌菌悬液。

2. 融化培养基

分别融化底层 LB 培养基和上层半固体培养基，并将其保温在 50 ℃水浴锅中备用。

3. 倒底层平板

将融化并冷却至 50 ℃左右的底层琼脂培养基倒平板，每皿倒入量约为 10 mL，共 10 皿，置水平位置待冷凝后即成底层平板。

4. 平板编号

将 10 只底层平板分别编号为 10^{-5}、10^{-6}、10^{-7} 各 3 皿，留下一皿作对照平板用。

5. 稀释噬菌体

（1）试管编号：取 7 支无菌试管编号为 10^{-1} ~ 10^{-7}。

（2）稀释噬菌体：分别吸取 4.5 mL LB 液体培养液于上述编号的各试管中，另用 1 mL 移液管吸取 0.5 mL 大肠埃希菌噬菌体样品液于 10^{-1} 管中混匀，然后依次往下连续稀释至 10^{-7} 管。在稀释过程中每一稀释度要更换一支移液管。

6. 噬菌体吸附与侵入

（1）试管编号：取 10 支无菌试管，分别编号为 10^{-5}、10^{-6}、10^{-7}，每一稀释度做 3 个重复和 1 支不加噬菌体的仅含菌液的对照管。

（2）加噬菌体稀释液：分别从 10^{-5}、10^{-6}、10^{-7} 稀释液中吸取 0.1 mL 噬菌体液于上述编号的无菌试管底部中，对照管中不加噬菌体液（或以 0.1 mL 无菌生理盐水代之）。

（3）加菌液：将上述各试管中分别加入 0.2 mL 大肠埃希菌菌液，加菌液顺序从对照管开始，再依次加 10^{-7}、10^{-6}、10^{-5} 各试管。然后振荡试管，使菌液与噬菌体混匀。

7. 加半固体琼脂培养基

取 50 ℃保温的 LB 半固体琼脂培养基（已加入 $CaCl_2$ 溶液）3 ~ 3.5 mL 分别加入含有噬菌体和敏感菌菌液的试管中，迅速搓匀，立即倒入相应编号的底层培养基平板表面，边倒入边摇动平板，使其迅速地铺满整个底层平板的表面，水平静置待凝。

8. 培养

将平板倒置于培养皿筒内，放 37 ℃温箱中培养，3 h 后观察并计噬菌斑数目。

9. 计数

用记号笔点涂培养皿底上的噬菌斑位点，并将计数结果记录在结果表中。

10. 清洗

计数完毕，将含菌平板放在水浴中煮沸 10 min 后，清洗、晾干。

五、实验结果

（1）将各测平板上的噬菌斑数记录于表 3-8。

表 3-8 平板上的噬菌斑数统计表

噬菌体稀释度		噬菌斑形成单位数/（个/皿）	平均值
10^{-5}	1		
	2		
	3		

续表 3-8

噬菌体稀释度		噬菌斑形成单位数/(个/皿)	平均值
10^{-6}	1		
	2		
	3		
10^{-7}	1		
	2		
	3		
对照			

(2)从表 3-8 中选取一组噬菌斑在 30～300 的数值来计算噬菌体样品中的效价值。

计算公式如下：

$$N = Y/(V \cdot X) \tag{3-1}$$

式中：N——效价值；

Y——噬菌斑形成单位数，个/皿；

V——取样量；

X——稀释度。

六、注意事项

(1)实验操作应为无菌操作，以免杂菌污染。

(2)倒平板时要迅速，如果倒太慢会使琼脂凝固不均匀。

(3)倒培养基时要稍冷却，以免水汽影响噬菌斑的计数。

七、思考题

实验过程中，如何预防噬菌体对实验室环境的污染？

第二节 微生物检验及指标测定

为控制食品中致病菌污染，预防微生物性食源性疾病发生，保证人民的身体健康，对食品中的有害微生物含量进行检测和监控具有十分重要的意义。

实验一 鸡肉中细菌菌落总数的测定

一、实验目的

学习并掌握鸡肉中细菌菌落总数的测定原理和方法。

二、实验原理

将鸡肉匀浆后可充分将其中的细菌释放出来，由于细菌在固体培养基上所形成的一个菌落是由一个单细胞繁殖而成的，也就是说一个菌落即代表一个单细胞。因此，计数时，先将待测样品作一系列稀释，再取一定量的稀释菌液接种到培养皿中，使其均匀分布于平皿中的培养基内，经培养后，由单个细胞生长繁殖形成菌落，统计菌落数目，即可换算出样品中的含菌数。

三、仪器与试剂

1. 仪器

灭菌锅、恒温培养箱、冰箱、恒温水浴箱、天平、均质器、振荡器、无菌吸管、无菌锥形瓶、无菌培养皿、pH 计、菌落计数器。

2. 试剂和配制方法

(1)平板计数琼脂培养基：取胰蛋白胨 5.0 g、酵母浸膏 2.5 g、葡萄糖 1.0 g、琼脂 15.0 g，加蒸馏水 1 000 mL，混匀，煮沸溶解，调节 pH 至 7.0±0.2。分装试管或锥形瓶，121 ℃高压灭菌 15 min。

(2)磷酸盐缓冲液

1)贮存液：称取 34.0 g 的磷酸二氢钾溶于 500 mL 蒸馏水中，用大约 175 mL 的 1 mol/L 氢氧化钠溶液调节 pH 至 7.2，用蒸馏水稀释至 1 000 mL 后贮存于冰箱。

2)稀释液：取贮存液 1.25 mL，用蒸馏水稀释至 1 000 mL，分装于适宜容器中，121 ℃高压灭菌 15 min。

(3)无菌生理盐水：称取 8.5 g 氯化钠溶于 1 000 mL 蒸馏水中，121 ℃高压灭菌 15 min。

四、操作步骤

1. 样品的稀释

(1)称取 25 g 鸡肉样品置于盛有 225 mL 磷酸盐缓冲液或生理盐水的无菌均质杯内，8 000 ~ 10 000 r/min 均质 1 ~ 2 min，制成 1∶10 的样品匀液。

(2)用 1 mL 无菌吸管或微量移液器吸取 1∶10 样品匀液 1 mL，沿管壁缓慢注于盛有 9 mL 稀释液的无菌试管中(注意吸管或吸头尖端不要触及稀释液面)，振摇试管或换用 1 支无菌吸管反复吹打使其混合均匀，制成 1∶100 的样品匀液。

(3)按(2)操作，制备 10 倍系列稀释样品匀液。每递增稀释一次，换用 1 次 1 mL 无菌吸管。

(4)根据对样品污染状况的估计，选择 2 ~ 3 个适宜稀释度的样品匀液，在进行 10 倍递增稀释时，吸取 1 mL 样品匀液于无菌平皿内，每个稀释度做两个平皿。同时，分别吸取 1 mL 空白稀释液加入两个无菌平皿内作空白对照。

(5)及时将 15 ~ 20 mL 冷却至 46 ℃的平板计数琼脂培养基倾注平皿，并转动平皿使其混合均匀。

2. 培养

(1)待琼脂凝固后,将平板翻转,36 ℃培养 48 h。

(2)如果样品中可能含有在琼脂培养基表面弥漫生长的菌落时,可在凝固后的琼脂表面覆盖一薄层琼脂培养基(约 4 mL),凝固后翻转平板,36 ℃培养 48 h。

3. 菌落计数

(1)可用肉眼观察,必要时用放大镜或菌落计数器记录稀释倍数和相应的菌落数量。菌落计数以菌落形成单位(CFU)表示。

(2)选取菌落数在 30 ~ 300 CFU、无蔓延菌落生长的平板计数菌落总数。低于 30 CFU的平板记录具体菌落数,大于 300 CFU 的可记录为多不可计。每个稀释度的菌落数应采用两个平板的平均数。

(3)其中一个平板有较大片状菌落生长时,则不宜采用,而应以无片状菌落生长的平板作为该稀释度的菌落数;若片状菌落不到平板的一半,而其余一半中菌落分布又很均匀,即可计算半个平板后乘以 2,代表一个平板菌落数。

(4)当平板上出现菌落间无明显界线的链状生长时,则将每条单链作为一个菌落计数。

五、结果计算

(1)若只有一个稀释度平板上的菌落数在适宜计数范围内,计算两个平板菌落数的平均值,再将平均值乘以相应稀释倍数,作为每 g(mL)样品中菌落总数结果。

(2)若有两个连续稀释度的平板菌落数在适宜计数范围内时,按下式计算:

$$N = \frac{\sum c}{(n_1 + 0.1n_2)d} \tag{3-2}$$

式中:N——样品中菌落数;

$\sum c$——平板(含适宜范围菌落数的平板)菌落数之和;

n_1——第一稀释度(低稀释倍数)平板个数;

n_2——第二稀释度(高稀释倍数)平板个数;

d——稀释因子(第一稀释度)。

(3)若所有稀释度的平板上菌落数均大于 300 CFU,则对稀释度最高的平板进行计数,其他平板可记录为多不可计,结果按平均菌落数乘以最高稀释倍数计算。

(4)若所有稀释度的平板菌落数均小于 30 CFU,则应按稀释度最低的平均菌落数乘以稀释倍数计算。

(5)若所有稀释度(包括液体样品原液)平板均无菌落生长,则以小于 1 乘以最低稀释倍数计算。

(6)若所有稀释度的平板菌落数均不在 30 ~ 300 CFU 之间,其中一部分小于 30 CFU 或大于 300 CFU 时,则以最接近 30 CFU 或 300 CFU 的平均菌落数乘以稀释倍数计算。

六、注意事项

计算结果时,若所有稀释度的平板上菌落数均大于 300 CFU,则对稀释度最高的平板进行计数，其他平板可记录为多不可计，结果按平均菌落数乘以最高稀释倍数计算。若所有稀释度的平板菌落数均小于30 CFU，则应按稀释度最低的平均菌落数乘以稀释倍数计算。若所有稀释度（包括液体样品原液）平板均无菌落生长，则以小于1乘以最低稀释倍数计算。若所有稀释度的平板菌落数均不在30～300 CFU，其中一部分小于30 CFU或大于300 CFU时，则以最接近30 CFU或300 CFU的平均菌落数乘以稀释倍数计算。

七、思考题

简述鸡肉中细菌菌落计数的原理及优缺点。

实验二　酸面团中酵母菌和霉菌的菌落总数测定

一、实验目的

（1）了解酵母菌和霉菌的形态特征及生理生化特性。

（2）熟练掌握酵母菌菌落总数的测定方法。

二、实验原理

与菌落总数测定类似，选用平板菌落计数法测定酸面团中酵母菌和霉菌的菌落总数测定。平板菌落计数法是将待测样品经适当稀释之后，其中的微生物充分分散成单个细胞，取一定量的稀释样液接种到平板上，经过培养，由每个单细胞生长繁殖而形成肉眼可见的菌落，即一个单菌落应代表原样品中的一个单细胞。统计菌落数，根据其稀释倍数和取样接种量即可换算出样品中的含菌数。

三、仪器与试剂

1. 仪器

灭菌锅、培养箱、拍击式均质器、电子天平、无菌锥形瓶、无菌吸管、无菌试管、旋涡混合器、无菌平皿、恒温水浴箱、显微镜、微量移液器及枪头、盖玻片。

2. 试剂和配制方法

（1）生理盐水：氯化钠加入1 000 mL蒸馏水中，搅拌至完全溶解，分装后，121 ℃灭菌15 min，备用。

（2）马铃薯葡萄糖琼脂：将马铃薯去皮切块，加1 000 mL蒸馏水，煮沸10～20 min。用纱布过滤，补加蒸馏水至1 000 mL。加入葡萄糖和琼脂，加热溶解，分装后，121 ℃灭菌15 min，备用。

（3）孟加拉红琼脂：蛋白胨5.0 g、葡萄糖10.0 g、磷酸二氢钾1.0 g、硫酸镁（无水）0.5 g、琼脂20.0 g、孟加拉红0.033 g、氯霉素0.1 g，上述各成分加入1 000 mL蒸馏水中，加热溶解，补足蒸馏水至1 000 mL，分装后，121 ℃灭菌15 min，避光贮存备用。

（4）磷酸盐缓冲液

1）贮存液：称取34.0 g的磷酸二氢钾溶于500 mL蒸馏水中，用大约175 mL的1 mol/L氢氧化钠溶液调节pH至7.2±0.1，用蒸馏水稀释至1 000 mL后贮存于冰箱。

2）稀释液：取贮存液 1.25 mL，用蒸馏水稀释至 1 000 mL，分装于适宜容器中，121 ℃高压灭菌 15 min。

四、操作步骤

1. 样品的稀释

（1）称取 25 g 酸面团样品，加入 225 mL 无菌稀释液（蒸馏水或生理盐水或磷酸盐缓冲液），充分振摇，或用拍击式均质器拍打 1 ~ 2 min，制成 1：10 的样品匀液。

（2）取 1 mL 1 ：10 样品匀液注入含有 9 mL 无菌稀释液的试管中，另换一支 1 mL 无菌吸管反复吹吸，或在旋涡混合器上混匀，此液为 1：100 的样品匀液。

（3）按（2）操作，制备 10 倍递增系列稀释样品匀液。每递增稀释一次，换用 1 支 1 mL 无菌吸管。

（4）根据对样品污染状况的估计，选择 2 ~ 3 个适宜稀释度的样品匀液，在进行 10 倍递增稀释的同时，每个稀释度分别吸取 1 mL 样品匀液于 2 个无菌平皿内。同时分别取 1 mL 无菌稀释液加入 2 个无菌平皿作空白对照。

（5）及时将 20 ~ 25 mL 冷却至 46 ℃的马铃薯葡萄糖琼脂或孟加拉红琼脂（可放置于 46 ℃恒温水浴箱中保温）倾注平皿，并转动平皿使其混合均匀。置于水平台面待培养基完全凝固。

2. 培养

琼脂凝固后，正置平板，置于 28 ℃培养箱中培养，观察并记录培养至第 5 天的结果。

3. 菌落计数

用肉眼观察，必要时可用放大镜或低倍镜，记录稀释倍数和相应的霉菌和酵母菌落数，以菌落形成单位（CFU）表示。选取菌落数在 10 ~ 150 CFU 的平板，根据菌落形态分别计数霉菌和酵母菌。霉菌蔓延生长覆盖整个平板的可记录为菌落蔓延。

五、结果计算

（1）计算同一稀释度的两个平板菌落数的平均值，再将平均值乘以相应稀释倍数。

（2）若有两个稀释度平板上菌落数均在 10 ~ 150 CFU，则按照按式（3-1）计算。

六、注意事项

若所有平板上菌落数均大于 150 CFU，则对稀释度最高的平板进行计数，其他平板可记录为多不可计，结果按平均菌落数乘以最高稀释倍数计算。若所有平板上菌落数均小于 10 CFU，则应按稀释度最低的平均菌落数乘以稀释倍数计算。若所有稀释度平板均无菌落生长，则以小于 1 乘以最低稀释倍数计算。若所有稀释度的平板菌落数均不在 10 ~ 150 CFU 之间，其中一部分小于 10 CFU 或大于150 CFU时，则以最接近 10 CFU 或 150 CFU的平均菌落数乘以稀释倍数计算。

七、思考题

酸面团中酵母菌和霉菌菌落总数的测定与细菌菌落总数的测定有何异同？请简述其原理和方法。

实验三　猪肉中大肠杆菌计数

一、实验目的

(1)了解大肠杆菌的危害和生理生化特性。

(2)掌握猪肉中大肠杆菌计数的原理和方法。

二、实验原理

结晶紫中性红胆盐琼脂培养基常用于大肠杆菌的检验,其中的关键成分胆盐和结晶紫可抑制革兰氏阳性菌,特别抑制革兰氏阳性杆菌和粪链球菌;中性红为pH指示剂,大肠菌群在固体培养基中发酵乳糖产酸,在指示剂的作用下形成可计数的红色或紫色,带有或不带有沉淀环的菌落。

三、仪器与试剂

1.仪器

灭菌锅、恒温培养箱、冰箱、恒温水浴箱、天平、均质器、振荡器、无菌吸管、无菌锥形瓶、无菌培养皿、pH计、菌落计数器。

2.试剂和配制方法

(1)煌绿乳糖胆盐(BGLB)肉汤:蛋白胨10.0 g、乳糖10.0 g、牛胆粉溶液200 mL、0.1%煌绿水溶液13.3 mL,将蛋白胨、乳糖溶于约500 mL蒸馏水中,加入牛胆粉溶液200 mL(将20.0 g脱水牛胆粉溶于200 mL蒸馏水中,调节pH至7.0~7.5),用蒸馏水稀释到975 mL,调节 pH 至 7.2,再加入 0.1% 煌绿水溶液 13.3 mL,用蒸馏水补足到1 000 mL,用棉花过滤后,分装到有玻璃小倒管的试管中,每管10 mL。121 ℃高压灭菌15 min。

(2)结晶紫中性红胆盐琼脂(VRBA):蛋白胨7.0 g、酵母膏3.0 g、乳糖10.0 g、氯化钠5.0 g、胆盐1.5 g、中性红0.03 g、结晶紫0.002 g、琼脂15~18 g,将上述成分溶于1 000 mL蒸馏水中,静置几分钟,充分搅拌,调节pH至7.4。煮沸2 min,将培养基融化并恒温至45~50 ℃倾注平板。使用前临时制备,不得超过3 h。

(3)无菌磷酸盐缓冲液

1)贮存液:称取34.0 g的磷酸二氢钾溶于500 mL蒸馏水中,用大约175 mL的1 mol/L氢氧化钠溶液调节pH至7.2±0.2,用蒸馏水稀释至1 000 mL后贮存于冰箱。

2)稀释液:取贮存液1.25 mL,用蒸馏水稀释至1 000 mL,分装于适宜容器中,121 ℃高压灭菌15 min。

(4)无菌生理盐水:称取8.5 g氯化钠溶于1 000 mL蒸馏水中,121 ℃高压灭菌15 min。

四、操作步骤

(1)样品的稀释

1)称取25 g猪肉样品,放入盛有225 mL磷酸盐缓冲液或生理盐水的无菌均质杯内,8 000 ~10 000 r/min均质1 ~2 min,或放入盛有225 mL磷酸盐缓冲液或生理盐水的无菌均质袋中,用拍击式均质器拍打1 ~2 min,制成1∶10的样品匀液。样品匀液的pH应在6.5 ~7.5。

2)用1 mL无菌吸管或微量移液器吸取1∶10样品匀液1 mL,沿管壁缓缓注入9 mL磷酸盐缓冲液或生理盐水的无菌试管中(注意吸管或吸头尖端不要触及稀释液面),振摇试管或换用1支1 mL无菌吸管反复吹打,使其混合均匀,制成1∶100的样品匀液。

3)根据对样品污染状况的估计,按上述操作,依次制成十倍递增系列稀释样品匀液。每递增稀释1次,换用1支1 mL无菌吸管或吸头。从制备样品匀液至样品接种完毕,全过程不得超过15 min。

(2)选取2 ~3个适宜的连续稀释度,每个稀释度接种2个无菌平皿,每皿1 mL。同时取1 mL生理盐水加入无菌平皿作空白对照。

(3)及时将15 ~20 mL熔化并恒温至46 ℃的结晶紫中性红胆盐琼脂(VRBA)倾注于每个平皿中。小心旋转平皿,将培养基与样液充分混匀,待琼脂凝固后,再加3 ~4 mL结晶紫中性红胆盐琼脂培养基覆盖平板表层。翻转平板,置于36 ℃培养18 ~24 h。

(4)选取菌落数在15 ~150 CFU的平板,分别计数平板上出现的典型和可疑大肠菌群菌落(如菌落直径较典型菌落小)。典型菌落为紫红色,菌落周围有红色的胆盐沉淀环,菌落直径为0.5 mm或更大,最低稀释度平板低于15 CFU的记录具体菌落数。

(5)证实试验。从VRBA平板上挑取10个不同类型的典型和可疑菌落,少于10个菌落的挑取全部典型和可疑菌落。分别移种于BGLB肉汤管内,36 ℃培养24 ~48 h,观察产气情况。凡BGLB肉汤管产气,即可报告为大肠菌群阳性。

(6)大肠菌群平板计数的报告。经最后证实为大肠菌群阳性的试管比例乘以计数的平板菌落数,再乘以稀释倍数,即为每克猪肉样品中大肠菌群数。

五、注意事项

为防止交叉感染,实验过程中须全程佩戴乳胶手套和口罩,做好防护措施。

六、思考题

(1)简述猪肉中大肠杆菌含量过高的危害。

(2)简述大肠杆菌的鉴定方法和原理。

实验四　猪肉中金黄色葡萄球菌的检验与计数

一、实验目的

(1)掌握金黄色葡萄球菌的检验方法。

(2)了解金黄色葡萄球菌各检验步骤的原理。

二、实验原理

绝大多数金黄色葡萄球菌在血琼脂平板上产生金黄色色素,菌落周围有透明的溶血圈,在厌氧条件下能分解甘露醇产酸,产生血浆凝固酶和耐热的DNA酶。

三、仪器与试剂

1.仪器

灭菌锅、恒温培养箱、冰箱、恒温水浴箱、天平、均质器、振荡器、无菌吸管、无菌锥形瓶、无菌培养皿、涂布棒、pH计。

2.试剂和配制方法

(1)7.5%氯化钠肉汤:蛋白胨10.0 g、牛肉膏5.0 g、氯化钠75 g、蒸馏水1 000 mL,将上述成分加热溶解,调节pH至7.4,分装,每瓶225 mL,121 ℃高压灭菌15 min。

(2)血琼脂平板:豆粉琼脂(pH 7.5)100 mL、脱纤维羊血5~10 mL,加热熔化琼脂,冷却至50 ℃,以无菌操作加入脱纤维羊血,摇匀,倾注平板。

(3)增菌剂:30%卵黄盐水50 mL与通过0.22 μm孔径滤膜进行过滤除菌的1%亚碲酸钾溶液10 mL混合,储存于冰箱内。

(4)Baird-Parker琼脂平板:胰蛋白胨10.0 g、牛肉膏5.0 g、酵母膏1.0 g、丙酮酸钠10.0 g、甘氨酸12.0 g、氯化锂($LiCl\cdot 6H_2O$)5.0 g、琼脂20.0 g,将各成分加到950 mL蒸馏水中,加热煮沸至完全溶解,调节pH至7.0。分装每瓶95 mL,121 ℃高压灭菌15 min。临用时加热熔化琼脂,冷却至50 ℃,每95 mL加入预热至50 ℃的卵黄亚碲酸钾增菌剂5 mL摇匀后倾注平板。培养基应是致密不透明的。使用前在冰箱储存不得超过48 h。

(5)脑心浸出液肉汤(BHI):胰蛋白胨10.0 g、氯化钠5.0 g、磷酸氢二钠2.5 g、葡萄糖2.0 g、牛心浸出液500 mL,加热溶解,调节pH至7.4,分装16 mm×160 mm试管,每管5 mL,121 ℃高压灭菌15 min。

(6)兔血浆:取柠檬酸钠3.8 g,加蒸馏水100 mL,溶解后过滤,装瓶,121 ℃高压灭菌15 min,配制成3.8%柠檬酸钠溶液。取3.8%柠檬酸钠溶液一份,加兔全血4份,混好静置(或以3 000 r/min离心30 min),使血液细胞下降,即可得血浆。

(7)磷酸盐缓冲液

1)贮存液:称取34.0 g的磷酸二氢钾溶于500 mL蒸馏水中,用大约175 mL的1 mol/L氢氧化钠溶液调节pH至7.2,用蒸馏水稀释至1 000 mL后储存于冰箱。

2)稀释液:取贮存液1.25 mL,用蒸馏水稀释至1 000 mL,分装于适宜容器中,121 ℃高压灭菌15 min。

(8)营养琼脂小斜面:蛋白胨 10.0 g、牛肉膏 3.0 g、氯化钠 5.0 g、琼脂 15.0～20.0 g,将除琼脂以外的各成分溶解于 1 000 mL 蒸馏水内,加入 15% 氢氧化钠溶液约 2 mL 调节 pH 至 7.3。加入琼脂,加热煮沸,使琼脂熔化,分装 13 mm×130 mm 试管,121 ℃高压灭菌 15 min。

(9)革兰氏染色液

1)结晶紫染色液:结晶紫 1.0 g、95% 乙醇 20.0 mL、1% 草酸铵水溶液 80.0 mL,将结晶紫完全溶解于乙醇中,然后与草酸铵溶液混合。

2)革兰氏碘液:碘 1.0 g、碘化钾 2.0 g、蒸馏水 300 mL,将碘与碘化钾先行混合,加入蒸馏水少许充分振摇,待完全溶解后,再加蒸馏水至 300 mL。

3)沙黄复染液:沙黄 0.25 g、95% 乙醇 10.0 mL、蒸馏水 90.0 mL,将沙黄溶解于乙醇中,然后用蒸馏水稀释。

染色法:①涂片在火焰上固定,滴加结晶紫染液,染 1 min,水洗;②滴加革兰氏碘液,作用 1 min,水洗;③滴加 95% 乙醇脱色 15～30 s,直至染色液被洗掉,不要过分脱色,水洗;④滴加复染液,复染 1 min,水洗,待干,镜检;⑤无菌生理盐水,称取 8.5 g 氯化钠溶于 1 000 mL 蒸馏水中,121 ℃高压灭菌 15 min。

四、操作步骤

1. 样品的稀释

(1)称取 25 g 猪肉样品置于盛有 225 mL 磷酸盐缓冲液或生理盐水的无菌均质杯内,8 000～10 000 r/min 均质 1～2 min,制成 1∶10 的样品匀液。

(2)用 1 mL 无菌吸管吸取 1∶10 样品匀液 1 mL,沿管壁缓慢注于盛有 9 mL 磷酸盐缓冲液或生理盐水的无菌试管中(注意吸管或吸头尖端不要触及稀释液面),振摇试管或换用 1 支 1 mL 无菌吸管反复吹打使其混合均匀,制成 1∶100 的样品匀液。

(3)按(2)操作程序,制备 10 倍系列稀释样品匀液。每递增稀释一次,换用 1 次 1 mL 无菌吸管。

2. 样品的接种

根据对样品污染状况的估计,选择 2～3 个适宜稀释度的样品匀液,在进行 10 倍递增稀释的同时,每个稀释度分别吸取 1 mL 样品匀液以 0.3 mL、0.3 mL、0.4 mL 接种量分别加入三块 Baird-Parker 平板,然后用无菌涂布棒涂布整个平板,注意不要触及平板边缘。使用前,如 Baird-Parker 平板表面有水珠,可放在 25～50 ℃的培养箱里干燥,直到平板表面的水珠消失。

3. 培养

在通常情况下,涂布后,将平板静置 10 min,如样液不易吸收,可将平板放在培养箱 36 ℃培养 1 h;等样品匀液吸收后翻转平板,倒置后于 36 ℃培养 24～48 h。

4. 典型菌落计数和确认

(1)金黄色葡萄球菌在 Baird-Parker 平板上呈圆形,表面光滑、凸起、湿润,菌落直径为 2～3 mm,颜色呈灰黑色至黑色,有光泽,常有浅色(非白色)的边缘,周围绕以不透明圈(沉淀),其外常有一清晰带。当用接种针触及菌落时具有黄油样黏稠感。有时可见到不分解脂肪的菌株,除没有不透明圈和清晰带外,其他外观基本相同。从长期贮存的冷冻或脱水食品中分离的菌落,其黑色常较典型菌落浅些,且外观可能较粗糙,质地较干燥。

(2)选择有典型的金黄色葡萄球菌菌落的平板,且同一稀释度 3 个平板所有菌落数合计在 20～200 CFU 的平板,计数典型菌落数。

(3)从典型菌落中至少选 5 个可疑菌落(小于 5 个全选)进行鉴定试验。分别做染色镜检,血浆凝固酶试验;同时划线接种到血平板 36 ℃培养 18～24 h 后观察菌落形态,金黄色葡萄球菌菌落较大,圆形、光滑凸起、湿润、金黄色(有时为白色),菌落周围可见完全透明溶血圈。

5. 结果计算

(1)若只有一个稀释度平板的典型菌落数在 0～200 CFU 之间;若某一稀释度平板的典型菌落数大于 200 CFU,但下一稀释度平板上没有典型菌落,或虽有典型菌落但不在 20～200 CFU 范围内,均按下式计算:

$$T=\frac{AB}{Cd} \tag{3-3}$$

式中:T——样品中金黄色葡萄球菌菌落数;

A——某一稀释度典型菌落的总数;

B——某一稀释度鉴定为阳性的菌落数;

C——某一稀释度用于鉴定试验的菌落数;

d——稀释因子。

(2)若 2 个连续稀释度的平板典型菌落数均在 20～200 CFU,按下式计算:

$$T=\frac{A_1B_1/C_1+A_2B_2/C_2}{1.1d} \tag{3-4}$$

式中:T——样品中金黄色葡萄球菌菌落数;

A_1——第一稀释度(低稀释倍数)典型菌落的总数;

B_1——第一稀释度(低稀释倍数)鉴定为阳性的菌落数;

C_1——第一稀释度(低稀释倍数)用于鉴定试验的菌落数;

A_2——第二稀释度(高稀释倍数)典型菌落的总数;

B_2——第二稀释度(高稀释倍数)鉴定为阳性的菌落数;

C_2——第二稀释度(高稀释倍数)用于鉴定试验的菌落数;

1.1——计算系数;

d——稀释因子(第一稀释度)。

五、注意事项

金黄色葡萄球菌常寄生于人和动物的皮肤、鼻腔、咽喉、肠胃、痈、化脓疮口中,具有热稳定性,可对人体肠道产生破坏,导致呕吐、腹泻等症状。因此,实验过程中应严格做好防护,实验结束后对自身和实验台面等所接触位置严格杀菌消毒。

六、思考题

猪肉中金黄色葡萄球菌含量超标的危害是什么?

实验五　泡菜中乳酸菌的检验

一、实验目的

了解并熟练掌握乳酸菌的检验原理和方法。

二、实验原理

乳酸菌能在相应的厌氧培养条件下，于 MRS 培养基表面生长成白色、细密、圆形光滑突起的菌落，根据长出的菌落数和稀释倍数，计算出活菌数。

三、仪器与试剂

1. 仪器

灭菌锅、恒温培养箱、冰箱、均质器、均质杯、天平、无菌试管、无菌吸管、无菌锥形瓶。

2. 试剂和配制方法

（1）生理盐水：称取 8.5 g 氯化钠溶于 1 000 mL 蒸馏水中，121 ℃高压灭菌 15 min。

（2）MRS 培养基：蛋白胨 10.0 g、牛肉粉 5.0 g、酵母粉 4.0 g、葡萄糖 20.0 g、吐温 80 1.0 mL、$K_2HPO_4 \cdot 7H_2O$ 2.0 g、醋酸钠 · $3H_2O$ 5.0 g、柠檬酸三铵 2.0 g、$MgSO_4 \cdot 7H_2O$ 0.2 g、$MnSO_4 \cdot 7H_2O$ 0.05 g、琼脂粉 15.0 g，将上述成分加入 1 000 mL 蒸馏水中，加热溶解，调节 pH 至 6.2，分装后 121 ℃高压灭菌 15 ~ 20 min。

（3）莫匹罗星锂盐和半胱氨酸盐酸盐改良 MRS 培养基

1）莫匹罗星锂盐储备液制备：称取 50 mg 莫匹罗星锂盐加入 50 mL 蒸馏水中，用 0.22 μm 微孔滤膜过滤除菌。

2）半胱氨酸盐酸盐储备液制备：称取 250 mg 半胱氨酸盐加入 50 mL 蒸馏水中，用 0.22 μm微孔滤膜过滤除菌。

3）将上述 1）成分加入 950 mL 蒸馏水中，加热溶解，调节 pH，分装后 121 ℃高压灭菌 15 ~ 20 min。临用时加热熔化琼脂，在水浴中冷却至 48 ℃，用带有 0.22 μm 微孔滤膜的注射器将莫匹罗星锂盐储备液及半胱氨酸盐酸盐储备液制备加入熔化琼脂中，使培养基中莫匹罗星锂盐的浓度为 50 μg/mL，半胱氨酸盐酸盐的浓度为 500 μg/mL。

（4）MC 培养基：大豆蛋白胨 5.0 g、牛肉粉 3.0 g、酵母粉 3.0 g、葡萄糖 20.0 g、乳糖 20.0 g、碳酸钙 10.0 g、琼脂 15.0 g、蒸馏水 1 000 mL、1% 中性红溶液 5.0 mL，将前面 7 种成分加入蒸馏水中，加热溶解，调节 pH 至 6.0，加入中性红溶液。分装后 121 ℃高压灭菌 15 ~ 20 min。

四、操作步骤

1. 样品制备

以无菌操作称取 25 g 泡菜样品，置于装有 225 mL 生理盐水的无菌均质杯内，于 8 000 ~ 10 000 r/ min 均质 1 ~ 2 min，制成 1 : 10 样品匀液。

2. 步骤

(1)用 1 mL 无菌吸管吸取 1∶10 样品匀液 1 mL,沿管壁缓慢注于装有 9 mL 生理盐水的无菌试管中(注意吸管尖端不要触及稀释液),振摇试管或换用 1 支无菌吸管反复吹打使其混合均匀,制成 1∶100 的样品匀液。

(2)另取 1 mL 无菌吸管,按上述操作顺序,做 10 倍递增样品匀液,每递增稀释一次,即换用 1 次 1 mL 灭菌吸管。

(3)乳酸菌计数

1)乳酸菌总数。若仅包括双歧杆菌属,按 GB 4789.34 的规定执行。

2)双歧杆菌计数。根据对待检样品双歧杆菌含量的估计,选择 2 ~ 3 个连续的适宜稀释度,每个稀释度吸取 1 mL 样品匀液于灭菌平皿内,每个稀释度做两个平皿。稀释液移入平皿后,将冷却至 48 ℃的莫匹罗星锂盐和半胱氨酸盐酸盐改良的 MRS 培养基倾注入平皿约 15 mL,转动平皿使混合均匀。36 ℃厌氧培养 72 h,培养后计数平板上的所有菌落数。从样品稀释到平板倾注要求在 15 min 内完成。

3)嗜热链球菌计数。根据待检样品嗜热链球菌活菌数的估计,选择 2 ~ 3 个连续的适宜稀释度,每个稀释度吸取 1 mL 样品匀液于灭菌平皿内,每个稀释度做两个平皿。稀释液移入平皿后,将冷却至 48 ℃的 MC 培养基倾注入平皿约 15 mL,转动平皿使混合均匀。36 ℃需氧培养 72 h,培养后计数。嗜热链球菌在 MC 琼脂平板上的菌落特征为:菌落中等偏小,边缘整齐光滑的红色菌落,直径(2±1)mm,菌落背面为粉红色。从样品稀释到平板倾注要求在 15 min 内完成。

4)乳杆菌计数。根据待检样品活菌总数的估计,选择 2 ~ 3 个连续的适宜稀释度,每个稀释度吸取 1 mL 样品匀液于灭菌平皿内,每个稀释度做两个平皿。稀释液移入平皿后,将冷却至 48 ℃的 MRS 琼脂培养基倾注入平皿约 15 mL,转动平皿使混合均匀。36 ℃厌氧培养 72 h。从样品稀释到平板倾注要求在 15 min 内完成。

(4)菌落计数。注:可用肉眼观察,必要时用放大镜或菌落计数器,记录稀释倍数和相应的菌落数量。菌落计数以菌落形成单位(CFU)表示。选取菌落数在 30 ~ 300 CFU 之间、无蔓延菌落生长的平板计菌落总数。

(5)结果计算

1)若只有一个稀释度平板上的菌落数在适宜计数范围内,计算两个平板菌落数的平均值,再将平均值乘以相应稀释倍数,作为每克或每毫升中菌落总数结果。

2)若有两个连续稀释度的平板菌落数在适宜计数范围内时,按式(3-2)计算。

五、注意事项

乳酸菌种类较多,若实验时间有限,可选择其中一种进行测定。

六、思考题

(1)乳酸菌对于泡菜的影响是什么?

(2)乳酸菌在工业生产上有什么应用?

实验六　细菌生长曲线的测定

一、实验目的

(1)了解细菌生长曲线特征,测定细菌繁殖的代时。

(2)学习液体培养基的配制以及接种方法。

(3)反复练习无菌操作技术。

(4)掌握利用细菌悬液混浊度间接测定细菌生长的方法。

二、实验原理

微生物 OD(optical density)值是反映菌体生长状态的一个指标,表示被检测物吸收掉的光密度。通常 400 ~ 700 nm 都是微生物测定的范围,505 nm 测菌丝菌体、560 nm 测酵母菌、600 nm 测细菌。由于细菌悬液的浓度与混浊度成正比,因此,可利用分光光度计测定细菌悬液的光密度来推知菌液的浓度。

三、仪器与材料

1. 仪器

移液器(5 000 μL、1 000 μL 各 1 支)、培养箱、摇床、分光光度计。

2. 材料和试剂配制

大肠杆菌、枯草杆菌、牛肉膏蛋白胨葡萄糖培养基、1 000 μL 无菌吸头、5 000 μL 无菌吸头、比色皿、共用参比杯。

牛肉膏蛋白胨葡萄糖培养基:牛肉膏 3 g、蛋白胨 10 g、NaCl 5 g、琼脂 15 ~ 20 g、水 1 000 mL,pH 7.4 ~ 7.6。

四、实验步骤

(1)菌种培养:取大肠杆菌斜面菌种 1 支,在无菌操作台中以接种环挑取一个单菌落,接入牛肉膏蛋白胨培养液(LB)中,静止培养 12 ~ 14 h,备用。

(2)制备 LB 培养基 100 mL 置于 200 mL 三角瓶内,备用。

(3)标记:取 11 支无菌大试管,用记号笔分别标明培养时间,即 0 h、1.5 h、3 h、4 h、6 h、8 h、10 h、12 h、14 h、16 h 和 20 h。

(4)接种:吸取 5 mL 大肠杆菌培养液(培养 12 ~ 14 h)转入盛有 100 mL LB 培养液的三角瓶内,混合均匀后分别取 5 mL 混合液放入上述标记的 11 支无菌大试管中。

(5)孵育:在 37 ℃ 180 r/min 摇床上振荡培养。

(6)检测:依次按时间取出 0 h、1.5 h、3 h、4 h、6 h、8 h、10 h、12 h、14 h、16 h、20 h 的试管,在 600 nm 波长处测定菌液浓度(OD 值)。

(7)绘制曲线:将所测得的一组 OD 值与其相应的培养时间作图,即可绘制出该菌的生长曲线。

五、注意事项

细菌培养时的接种量、温度、转速、pH 等因素对生长曲线均有影响，因此不同条件下同一菌种的生长曲线可能会有差异。

六、思考题

请阐述生长曲线测定的原理和意义。

第三节　发酵工程和分子生物学实验

实验一　α-淀粉酶产生菌的分离筛选及鉴定

一、实验目的

（1）掌握从环境中分离、纯化、发酵微生物的原理与方法。

（2）练习微生物接种、移植和培养的基本技术，掌握无菌操作技术。

（3）学会根据微生物培养特征初步判断未知菌的类别。

（4）以环境中 α-淀粉酶产生菌的分离为例，使学生掌握发酵微生物分离的步骤、关键点和注意事项。

（5）熟悉微生物的鉴定和保藏等基本操作步骤。

二、实验原理

在土壤、水、空气或人及动、植物体中，混杂生存着大量不同种类的微生物，从混杂微生物群体中获得只含有某一种或某一株微生物的过程称为微生物分离与纯化。

平板分离法普遍用于微生物的分离与纯化。其基本原理是选择适合于待分离微生物的生长条件，如营养成分、酸碱度、温度和氧等要求，或加入某种抑制剂造成只利于该微生物生长而抑制其他微生物生长的环境，从而淘汰一些不需要的微生物，再用稀释涂布平板法或稀释混合平板法或平板划线分离法等方法分离、纯化出该微生物，直至得到纯菌株。

需要注意的是，从微生物群体中经分离生长在平板上的单个菌落并不能保证是纯培养。因此，纯培养的确定除观察其菌落特征外，还要结合显微镜检测个体形态特征后才能确定，有些微生物的纯培养需要经过一系列分离与纯化过程和多种特征鉴定才能得到。

三、仪器与试剂

1. 仪器

无菌培养皿、无菌吸管、无菌三角玻璃涂棒、微量移液器、移液器枪头、恒温培养箱、无菌工作台、天平、吸耳球、pH 计、量筒、试管、三角瓶、玻璃珠、漏斗、分装架、玻璃棒、烧杯、铁丝筐、接种环、酒精灯、牛皮纸、纱布、铁架台、电炉、灭菌锅、干燥箱、水浴锅、冰箱、PCR 仪等。

2. 样品

采集土壤 5 ~ 15 cm 处样品 100 g。

3. 培养基

(1)平板筛选培养基：牛肉膏 5 g、蛋白胨 10 g、NaCl 5 g、可溶性淀粉 2 g、蒸馏水 1 000 mL，调节 pH 为 7.0，121 ℃灭菌 20 min（固体培养基，则每升培养基中加 20 g 琼脂）。

(2)斜面培养基：牛肉膏 5 g、蛋白胨 10 g、NaCl 5 g、可溶性淀粉 2 g、蒸馏水 1 000 mL，调节 pH 为 7.0，121 ℃灭菌 20 min（固体培养基，则每升培养基中加 20 g 琼脂）。

(3)溶液和试剂：新鲜样品、蒸馏水、蛋白胨、牛肉膏、琼脂、可溶性淀粉、稀碘液、NaCl、1 mol/L NaOH 溶液、1 mol/L HCl 溶液、甘油、Taq Master Mix 酶、细菌通用引物 27F、细菌通用引物 1492R、ddH_2O。

四、操作步骤

1. 培养基的制备

(1)称量。按培养基配方依次准确称取各药品，放入适当大小的烧杯中，蛋白胨极易吸潮，称量应迅速；牛肉膏常用玻璃棒挑取，放在小烧杯或表面皿称量，用热水溶化后倒入烧杯，也可放称量纸上，称量后直接放入水中，这时如稍微加热，牛肉膏便会与称量纸分离，然后立即取出纸片。

(2)溶化。在烧杯中先加入 4/5 总体积蒸馏水。将药品完成溶解后，倒入锅中加热至煮沸时加入琼脂，边夹边搅拌直到琼脂完全溶解。

(3)调 pH。根据培养基对 pH 的要求，用 1 mol/L NaOH 或 1 mol/L HCl 溶液调至所需 pH。测定 pH 可用 pH 试纸或酸度计等，最后补充水到所需总体积。

(4)分装。过滤后立即用漏斗进行分装。分装时注意不要使培养基沾染在管口或瓶口，以免浸湿棉塞，引起污染。液体分装高度以试管高度的 1/4 左右为宜，固体分装量为管高的 1/5，灭菌后制斜面；分装三角瓶，其装量以不超过三角瓶容积的一半为宜。

(5)加塞。培养基分装完毕，在试管口或三角烧瓶口塞上棉塞，以阻止外界微生物进入培养基内而造成污染，并保证有良好的通气性能。

(6)灭菌。将内层锅取出，再向外层锅内加入适量的水，使水面与三角搁架相平为宜，放回内层锅，并装入培养基，加盖，并将盖上的排气软管插入内层锅的排气槽内，加热，0.103 MPa，121 ℃并同时打开排气，使水沸腾以排除锅内的冷空气，待冷空气完全排尽后，关上排气，让锅内的温度随蒸气压力增加而逐渐上升；当锅内压力升到所需压力时，控制电压以维持恒温，并开始计算灭菌时间。30 min 后，切断电源，让灭菌锅内温度自然下降，当压力表的压力降至“0”时，打开排气，旋送螺栓，打开盖子，取出。

(7)搁置斜面。将灭菌的试管培养基冷至 50 ℃左右，将试管口端搁置在玻璃棒或其他合适高度的器具上，斜面长度以不超过试管总长的一半为宜。

(8)倒平板。将灭菌后的培养基于水浴锅中冷却到 55 ~ 60 ℃，立刻倒平板，倒平板的方法是右手持盛培养基的试管或三角烧瓶，置火焰旁边，左手拿平皿并松动试管塞或瓶塞，用手掌边缘和小指、无名指夹住拔出，如果试管内或三角烧瓶内的培养基一次可用完，则管塞或瓶塞不必夹在手指中。试管（瓶）口在火焰上灭菌，然后左手将培养皿盖在火焰附近打开一道缝，迅速倒入培养基约 15 mL，加盖后轻轻摇动培养皿，使培养基均匀分布，平置于桌面上，待凝后即成平板。也可将平皿放在火焰附近的桌面上，用左手的食指和中指夹住管塞并打开培养皿，再注入培养基，摇匀后制成平板。

2. 淀粉酶产生菌的分离鉴定及保藏

（1）采土样。选择较肥沃的土壤，铲去土表层，挖 5 ~ 20 cm 深度的土壤 10 g，装入灭菌的牛皮纸袋内，封好袋口，做好编号记录，携回实验室备用。

（2）制备土壤稀释液。称取土样 10 g，放入盛 90 mL 无菌水并带有玻璃珠的三角烧瓶中，振摇 20 min，使土样与水充分混合，将菌分散，即为稀释 10^{-1} 的土壤悬液。取 1 mL 土壤悬液加入盛有 9 mL 无菌水的大试管中充分混匀，然后用无菌吸管从此试管中吸取 1 mL 加入另一盛有 9 mL 无菌水的试管中，混合均匀，以此类推制成 10^{-1}、10^{-2}、10^{-3}、10^{-4}、10^{-5}、10^{-6}不同稀释度的土壤溶液。注意：操作时管尖不能接触液面，每一个稀释度换一支试管，在土壤稀释过程中，应用一支吸管由浓到稀，稀释到底。

（3）涂布平板。取 9 个筛选培养基，用记号笔在培养皿底部贴上标签，分别注明稀释度（10^{-2}、10^{-3}、10^{-4}、10^{-5}、10^{-6}）、组别和班级，然后用无菌吸管分别从 10^{-2}、10^{-3}、10^{-4}、10^{-5}、10^{-6}土壤稀释液中各吸取 0.1 mL，小心地滴在对应平板培养基表面中央位置，右手拿无菌玻璃涂棒平放在平板培养基表面上，将菌悬液先沿同心圆方向轻轻地向外扩展，使之分布均匀。室温下静置 5 ~ 10 min，使菌液浸入培养基。

（4）培养。将培养基平板倒置于 37 ℃培养箱中培养 2 ~ 3 天。

（5）斜面接种。从平板上挑取 7 个生长良好的单菌落接种到斜面上。将接种环垂直放在火焰上灼烧，镍铬丝部分（环和丝）必须烧红，然后将除手柄部分的金属杆全用火焰灼烧一遍，尤其是接镍铬丝的螺口部分，需要彻底灼烧。用右手的小指和手掌之间及无名指和小指之间拔出试管棉塞，将试管口在火焰上通过，以杀灭可能玷污的微生物。棉塞应始终夹在手中如掉落应更换无菌棉塞。将灼烧灭菌的接种环插入平板内，先接触无菌苔生长的培养基上，待冷却后再从平板上刮取少许菌取出，接种环不能通过火焰，应在火焰旁迅速插入接种管。在试管中由下往上作 S 形划线。接种完毕，接种环应通过火焰抽出试管口，并迅速塞上棉塞。在斜面的正上方距离试管口 2 ~ 3 cm 处贴上标签，在标签纸上写明接种的菌对应的平板，同时在平板上标记取菌的位置并一一对应标号。

（6）淀粉水解圈筛选。每个平板上滴加适量碘液，观察测量水解圈直径与菌落直径的比值 H/C（菌产生淀粉酶分解其周围培养基的淀粉，滴加碘液后不变蓝色而形成透明圈）。对照 7 支保菌斜面，选取其中产生水解圈且 H/C 较大的 3 支进行四区划线分离纯化产酶菌株。

（7）划线操作

1）挑取含菌样品：选用平整、圆滑的接种环，按无菌操作法挑取斜面保藏的少量菌种。

2）划 A 区：将平板倒置于酒精灯旁，左手拿出皿底并尽量使平板垂直于桌面，有培养基一面向着酒精灯（这时皿盖朝上，仍留在酒精灯旁），右手拿接种环先在 A 区划 3 ~ 4 条连续的平行线（线条多少应依挑菌量的多少而定）。划完 A 区后应立即烧掉环上的残菌，以免因菌过多而影响后面各区的分离效果。在烧接种环时，左手持皿底并将其覆盖在皿盖上方（不要放入皿盖内），以防止杂菌的污染。

3）划其他区：将烧去残菌后的接种环在平板培养基边缘冷却一下，并使B区转到上方，接种环通过A区（菌源区）将菌带到B区，随即划数条致密的平行线。再从B区作C区的划线。最后经C区作D区的划线，D区的线条应与A区平行，但划D区时切勿重新接触A、B区，以免该两区中浓密的菌液带到D区，影响单菌落的形成。随即将皿底放入皿盖中，烧去接种环上的残菌。

4）恒温培养：将划线平板倒置，于37 ℃（或28 ℃）培养，24 h后观察。

（8）16S rDNA菌种鉴定

1）挑取单菌落作为PCR模板。

2）PCR反应体系（50 μL体系）：Taq Master Mix酶25 μL，引物27F 2 μL，引物1492R 2 μL，ddH_2O 26 μL。

3）反应程序：94 ℃预变性5 min；94 ℃变性30 s，58 ℃退火1 min，72 ℃延伸30 s，循环30次；72 ℃延伸10 min。取PCR产物5 μL，1%琼脂糖凝胶电泳检测。

4）扩增引物送测序公司测序，测序结果通过NCBI网站Blast比对，确定菌种种属分类。

（9）菌种保藏

1）斜面低温保藏法。将菌种接种在适宜的固体斜面培养基上，待菌充分生长后，棉塞部分用油纸包扎好，移至2～8 ℃的冰箱中保藏。保藏时间依微生物的种类而有不同，霉菌、放线菌及有芽孢的细菌保存2～4个月，移种一次。酵母菌两个月移种一次，细菌最好每月移种一次。此法为实验室和工厂菌种室常用的保藏法，优点是操作简单，使用方便，不需特殊设备，能随时检查所保藏的菌株是否死亡、变异与污染杂菌等。缺点是容易变异，因为培养基的物理、化学特性不是严格恒定的，屡次传代会使微生物的代谢改变，而影响微生物的性状；污染杂菌的机会亦较多。

2）甘油保藏法。①提前培养要保存的菌种生长至对数生长期。②配制30%的丙三醇，分装于离心管中，121 ℃高压灭菌20 min，常温保存，一般现用现配。③将保藏的菌种接种于甘油管，放置冰箱保存。④再次使用前取出熔化后接种到培养基上即可。注：甘油保藏一般-25 ℃可保藏1～2年，-80 ℃可保藏2～3年。

五、注意事项

（1）整个操作在无菌条件下进行。

（2）配制固体培养基时要等溶液煮沸再加琼脂。

（3）稀释悬液时每次换枪头。

（4）高压蒸汽灭菌过程中，注意不要将待灭菌的物品摆放太密，以免妨碍空气流通；灭菌结束后，应待压力降至接近“0”时，才能打开放气阀，过早过急地排气，会由于瓶内压力下降的速度比锅内慢而造成瓶内液体冲出容器之外。

六、思考题

（1）水解圈法筛选淀粉酶产生菌菌株的原理是什么？

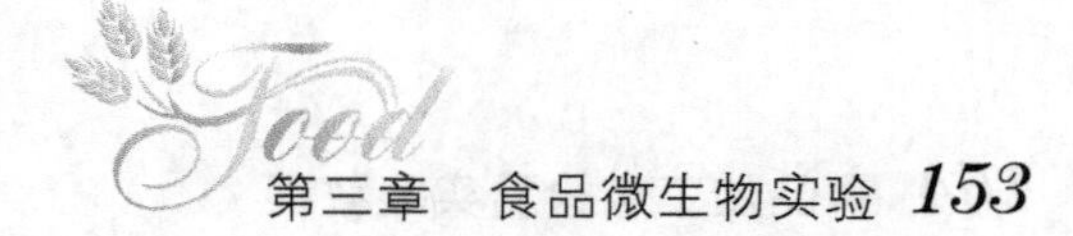

（2）为什么要以水解圈直径与菌落直径的比值作为筛选指标？

实验二　发酵生产淀粉酶及其酶活性的测定

一、实验目的

（1）熟悉发酵工艺的流程和操作。

（2）掌握发酵工艺原理，掌握种子制备、发酵过程控制、发酵过程相关参数的检测，掌握效价测定方法。

（3）熟悉微生物的接种等基本操作。

二、实验原理

以枯草芽孢杆菌为实验菌株，通过种子扩大培养，选出生长力旺盛的菌株进行液体摇瓶发酵。通过测定不同发酵时间生产的酶活来初步估计发酵最佳时期和终点。

淀粉酶是能够分解淀粉糖苷键的一类酶的总称，包括α-淀粉酶、β-淀粉酶、糖化酶和异淀粉酶。芽孢杆菌主要用来产生α-淀粉酶和异淀粉酶，其中α-淀粉酶又称淀粉1,4-糊精酶，能够切开淀粉链内部的α-1,4-糖苷键，将淀粉水解为麦芽糖、含有6个葡萄糖单位的寡糖和带有支链的寡糖；而异淀粉酶又称淀粉α-1,6-葡萄糖苷酶、分枝酶，此酶作用于支链淀粉分子分枝点处的α-1,6-糖苷键，将支链淀粉的整个侧链切下变成直链淀粉。通过发酵实验，我们可以以酶活为依据，初步估计发酵的最佳时期和发酵终点。

三、仪器与试剂

1. 菌株

以枯草芽孢杆菌为实验菌株。

2. 仪器

培养箱、灭菌锅、水浴锅、超净工作台、摇床机、分光光度计、显微镜、离心机、试管、三角烧瓶、血球计数板和培养皿等。

3. 培养基

（1）种子培养液：葡萄糖1%、胰蛋白胨1%、酵母提取物0.5%、NaCl1%，调节pH值7.2，若配制固体培养基，则再加入1.5%琼脂。

（2）产淀粉酶发酵培养液：玉米粉2.0%、蛋白胨1.5%、$CaCl_2$0.02%、$MgSO_4$ 0.02%、NaCl 0.25%、K_2HPO_4 0.2%、柠檬酸钠0.2%、硫酸铵0.075%、$Na_2HPO_4$0.2%，调节pH值7.0。

（3）0.02 mol/L磷酸缓冲液（pH值6.0）。

四、操作步骤

（1）分别按培养基配方配制种子培养基和发酵培养基。

（2）种子斜面及种子液准备

1）挑取单菌落从平板转接于新鲜种子斜面培养基，37 ℃，24 h 作菌种（3 支/组）。

2）将配好的种子培养液按每瓶 50 mL 分装于 250 mL 三角瓶中灭菌（100 kPa 20 min）。

3）在无菌操作条件下，将活化的菌株接种于以上培养液中（每支斜面接两瓶），37 ℃ 120 r/min 振荡培养 16 h 作种子液。

（3）发酵培养

1）按 15%～20% 的接种量接种于装有 50 mL 已灭菌发酵培养基的 250 mL 三角瓶中，37 ℃培养 48 h。

2）在无菌操作条件下，每 4 h 取样 2 mL，测定酶活。40～48 h 酶活降低后结束实验。

（4）发酵结束后，用显微镜检查是否染菌。

（5）淀粉酶酶活测定

1）标准曲线的制作（见表 3-9）：①取 7 支 20 mL 具塞刻度试管，预先洁净灭菌干燥，编号，按表 3-9 加入试剂。②摇匀，至沸水浴中煮沸 5 min。取出后流水冷却，加蒸馏水定容至 20 mL，以 1 号管作为空白调零点，在 520 nm 的波长下比色测定吸光度值，并建立通过吸光度值求麦芽糖含量的回归方程。

表 3-9　标准麦芽糖溶液成分及 $OD_{520\ nm}$ 测定值

试剂	1	2	3	4	5	6	7
麦芽糖标准液/mL	0	0.2	0.6	1.0	1.4	1.8	2.0
H_2O/mL	2.0	1.8	1.4	1.0	0.6	0.2	0
3,5-二硝基水杨酸/mL	2.0	2.0	2.0	2.0	2.0	2.0	2.0
麦芽糖含量/mg	0	0.2	0.6	1.0	1.4	1.8	2.0
$OD_{520\ nm}$							

2）粗酶液淀粉酶活力测定：①待测粗酶液的制备：发酵 24 h 后发酵液以 4 000 r/min 离心 10 min，去除菌体，在上清液中加入 65% 饱和度的硫酸铵，待硫酸铵充分溶解后于 4 ℃盐析 2 h，然后 5 000 r/min 离心 20 min，得到初步纯化的淀粉酶。②按以下顺序操作：取预先洁净灭菌干燥试管，编号。取粗酶液 1 mL 于各试管中，于 60 ℃水浴中预热 5 min，柠檬酸淀粉缓冲液同时在 60 ℃水中预热 5 min，取柠檬酸淀粉缓冲液 1 mL 加入试管中，于 60 ℃水浴中保温 30 min，加入 1.5 mL 3,5-二硝基水杨酸，沸水中 5 min，加入氢氧化钠溶液终止反应，加蒸馏水至 20 mL。摇匀，用分光光度计测定 $OD_{520\ nm}$ 值。在上述条件下，以单位体积样品在 30 min 释放 1 mg 麦芽糖所需的酶量为一个麦芽糖单位表示酶活性。

在标准曲线上查出相应的麦芽糖含量按下列公式计算酶活力。

淀粉酶活力=麦芽糖含量（mg）×淀粉酶原液总体积（mL）/所加淀粉质量

每个样品按表 3-10 所示步骤操作，在反应过程中，从加入底物开始，向每支管中加入试剂的时间间隔要绝对一致。

表 3-10　样品酶活力测定步骤

反应顺序	样品（重复3个）	样品空白	标准空白
样品稀释液/mL	1	1	0
蒸馏水/mL	0	0	1
60 ℃预热 5 min			
依次加入淀粉溶液/mL	1.5	1.5	1.5
混合 60 ℃保温 30 min			
依次加入 DNS 试剂/mL	1.5	1.5	1.5
混合，100 ℃煮沸 5 min，加入 0.4 mol/L 的 NaOH 溶液终止反应			
加入蒸馏水至总体积/mL	20	20	20

反应后的试样在室温下静置 10 min，如出现混浊需在离心机上以 4 000 r/min 离心 10 min，上清液以标准空白调零，在分光光度计 520 nm 波长处测定样品空白（A_0）和样品溶液（A）的吸光值，$A-A_0$为实测吸光值。用直线回归方程计算样品淀粉酶的活性。

五、结果计算

酶活力单位定义：在 60 ℃、pH 5.6 条件下，每小时从 2% 的可溶性淀粉溶液中释放出 1 mg 麦芽糖的酶量定义为 1 个酶活力单位。淀粉酶活性按下式计算：

$$U = \frac{K \times (A - A_0)}{S \times (30 \div 60) \times 180} \times F \qquad (3-5)$$

式中：U——样品淀粉酶活性，U/mL；

K——标准曲线斜率；

F——样品溶液反应前的总量，mL；

S——样品测试量；表 3-9 中 S=1 mL；

60——1 h 为 60 min；

30——反应时间，min。

六、注意事项

可根据不同样品适当延长或缩短反应时间。

七、思考题

简述淀粉酶活性测定的原理。

实验三　细菌基因组 DNA 的提取

一、实验目的

学习和掌握提取细菌总 DNA 的基本原理与实验技术。

二、实验原理

本试剂盒采用可以特异性结合 DNA 的离心吸附柱和独特的缓冲液系统,提取细菌基因组 DNA。离心吸附柱中采用的硅基质材料为本公司特有新型材料,能够高效专一吸附 DNA,可最大限度去除杂质蛋白及细胞中其他有机化合物。提取的基因组 DNA 片段大,纯度高,质量稳定可靠。使用本试剂盒提取的基因组 DNA 可用于各种常规操作,包括酶切、PCR、文库构建、Southern 杂交等实验。

三、仪器与试剂

1. 仪器

高压灭菌锅、冰箱、恒温水浴锅、高速冷冻离心机、紫外分光光度计、剪刀、陶瓷研钵和杵子、磨口锥形瓶(50 mL)、滴管、细玻璃棒、小烧杯(50 mL)、离心管(50 mL)、细菌样品。

2. 试剂

细菌基因组 DNA 的提取试剂盒。

四、操作步骤

使用前请先在漂洗液中加入无水乙醇,加入体积请参照瓶体上的标签。所有离心步骤均为使用台式离心机在室温下离心。

(1)取细菌培养液 1 mL,12 000 r/min 离心 1 min,尽量吸除上清。

(2)向菌体中加入 200 μL 溶液 A,振荡或用移液器吹打使菌体充分悬浮(如果是革兰氏阳性菌,可在此步骤加入终浓度为 20 mg/mL 的溶菌酶),向悬浮液中加入 20 μL 的 RNase A(10 mg/mL),充分颠倒混匀,室温放置 15~30 min。

(3)向管中加入 20 μL 的蛋白酶 K(10 mg/mL),充分混匀,55 ℃消化 30~60 min,消化期间可颠倒离心管混匀数次,直到样品消化完全为止,此时可见菌液呈清亮黏稠状。

(4)向管中加入 200 μL 溶液 B,充分颠倒混匀,如出现白色沉淀,可于 75 ℃放置15~30 min,沉淀即会消失,不影响后续实验。如果溶液未变清亮,说明样品消化不彻底,可能会导致 DNA 的提取量以及纯度降低,还可能堵塞吸附柱。

(5)向管中加入 200 μL 无水乙醇,充分混匀,此时还可能会出现絮状沉淀,不影响 DNA 的提取,可将溶液和絮状沉淀都加入吸附柱中,静置 2 min。

(6)12 000 r/min 离心 2 min,弃废液,将吸附柱放入收集管中。

(7)向吸附柱中加入 600 μL 漂洗液(使用前请先检查是否已加入无水乙醇)。12 000 r/min离心 1 min,弃废液,将吸附柱放入收集管中。

(8)向吸附柱中加入 600 μL 漂洗液,12 000 r/min 离心 1 min,弃废液,将吸附柱放入收集管中。

(9)12 000 r/min 离心 2 min,将吸附柱敞口置于室温或 50 ℃温箱放置数分钟,目的是将吸附柱中残余的漂洗液去除,否则漂洗液中的乙醇会影响后续实验,如酶切、PCR 等。

(10)将吸附柱放入一个干净的离心管中,向吸附膜中央悬空滴加 50~200 μL 经

65 ℃水浴预热的洗脱液，室温放置 5 min，12 000 r/min 离心 1 min。

(11)离心所得洗脱液再加入吸附柱中，室温放置 2 min，12 000 r/min 离心 2 min，即可得到高质量的细菌基因组 DNA。

五、注意事项

(1)样品应避免反复冻融，否则会导致提取的 DNA 片段较小且提取量下降。

(2)若试剂盒中的溶液出现沉淀，可在 65 ℃水浴中重新溶解后再使用，不影响提取效果。

(3)如果实验中的离心步骤出现柱子堵塞的情况，可适当延长离心时间。

(4)洗脱缓冲液的体积最好不少于 50 μL，体积过小会影响回收效率；洗脱液的 pH 值对洗脱效率也有影响，若需要用水做洗脱液应保证其 pH 值在 8.0 左右(可用 NaOH 将水的 pH 值调此范围)，pH 值低于 7.0 会降低洗脱效率。DNA 产物应保存在-20 ℃，以防 DNA 降解。

(5)DNA 浓度及纯度检测：得到的基因组 DNA 片段的大小与样品保存时间、操作过程中的剪切力等因素有关。回收得到的 DNA 片段可用琼脂糖凝胶电泳和紫外分光光度计检测浓度与纯度。DNA 应在 $OD_{260\ nm}$ 处有显著吸收峰，$OD_{260\ nm}$ 值为 1.0 相当于大约 50 μg/mL双链 DNA、40 μg/mL 单链 DNA。$OD_{260\ nm}$/ $OD_{280\ nm}$ 比值应为 1.7～1.9，如果洗脱时不使用洗脱缓冲液，而使用去离子水，比值会偏低，因为 pH 值和离子存在会影响光吸收值，但并不表示纯度低。

实验四　聚合酶链式反应

一、实验目的

学习和掌握 PCR 反应的基本原理与实验技术。

二、实验原理

聚合酶链式反应(polymerase chain reaction，PCR)的原理类似于 DNA 的天然复制过程。在待扩增的 DNA 片段两侧和与其两侧互补的两个寡核苷酸引物，经变性、退火和延伸若干个循环后，DNA 扩增 $2n$ 倍。

变性：加热使模板 DNA 在高温下(94 ℃)变性，双链间的氢键断裂而形成两条单链，即变性阶段。

退火：使溶液温度降至 50～60 ℃，模板 DNA 与引物按碱基配对原则互补结合，即退火阶段。

延伸：溶液反应温度升至 72 ℃，耐热 DNA 聚合酶以单链 DNA 为模板，在引物的引导下，利用反应混合物中的 4 种脱氧核苷三磷酸(dNTP)，按 5′→3′方向复制出互补 DNA，即引物的延伸阶段。

上述 3 步为一个循环，即高温变性、低温退火、中温延伸 3 个阶段。从理论上讲，每经过一个循环，样本中的 DNA 量应该增加一倍，新形成的链又可成为新一轮循环的模板,经过25~30个循环后DNA可扩增10^6~10^9倍。

典型的PCR反应体系由如下组分组成:DNA模板、反应缓冲液、dNTP、$MgCl_2$、两个合成的DNA引物、耐热Taq聚合酶。

三、仪器与试剂

1.仪器

PCR热循环仪、tip头、冰盒、PCR管、超纯水、DNA分子量标准物、移液枪。

2.试剂

(1)10×缓冲液:500 mmol/L KCl、100 mmol/L Tris HCl(pH值8.3,室温)、15 mmol/L $MgCl_2$、0.1% 明胶。

(2)4×dNTP:1 mmol/L dATP、1 mmol/L dCTP、1 mmol/L dGTP、1 mmol/L dTTP。

(3)Taq酶:5 U/μL。

(4)DNA模板:1 ng/μL。

(5)引物:上游引物(10 pmol/μL)、下游引物(10 pmol/μL)。

四、操作步骤

(1)在PCR管内配制20 μL反应体系,见表3-11。

表3-11 在PCR管内配制20 mL反应体系

反应物	体积/μL
10×buffer	2.0
dNTP	1.0
上游引物	1.0
下游引物	1.0
Taq酶	0.5
模板	1.0
ddH_2O	13.5
总体积	20.0

(2)按下列程序进行扩增:①95 ℃预变性,5 min;②95 ℃变性,1 min;③55 ℃退火,1 min;④72 ℃延伸,1 min;⑤重复步骤②~④30次;⑥72 ℃延伸,10 min。

(3)聚丙烯酰胺电泳检测PCR产物。

五、注意事项

(1)PCR加样时,尽量保持低温操作,避免酶失活及模板、引物降解。

(2)取样时注意不要污染药品。

六、思考题

(1)什么是引物二聚体？出现引物二聚体的原因是什么？

(2)PCR 仪的热盖设置有什么优点？

实验五　琼脂糖凝胶电泳 DNA 回收

一、实验目的

(1)掌握琼脂糖凝胶电泳 DNA 回收的原理。

(2)学习琼脂糖凝胶电泳 DNA 回收的方法。

二、实验原理

采用可以高效、专一结合的 DNA 硅基质材料和独特的缓冲液系统，从 TAE 或 TBE 琼脂糖凝胶上回收 DNA 片段，同时除去蛋白质、其他有机化合物、无机盐离子及寡核苷酸引物等杂质。可回收 100 bp ~ 10 kb 大小的片段，回收率大于 80%（小于 100 bp 和大于 100 kb 的 DNA 片段回收率为 30% ~ 50%）。回收的 DNA 可适用于各种常规操作，包括酶切、PCR、测序、文库筛选、连接和转化等实验。

三、仪器与试剂

1. 仪器

离心机、水浴锅、烘箱、移液枪、紫外切胶仪、琼脂糖凝胶电泳仪。

2. 试剂

DNA 回收试剂盒。

四、操作步骤

（使用前请先在漂洗液中加入无水乙醇，加入体积请参照瓶体上的标签。）

(1)琼脂糖凝胶电泳后，将单一的目的 DNA 条带从琼脂糖凝胶中切下（尽量切除多余部分），放入干净的离心管中，称取质量。

(2)向胶块中加入 3 倍体积溶胶液（如果凝胶重为 0.1 g，其体积可视为 100 μL，则加入 300 μL 溶胶液），50 ~ 55 ℃水浴放置 10 min，其间不断温和地上下翻转离心管，以确保胶块充分溶解。

注意：溶胶时，如果溶胶液变为红色（正常情况下为淡黄色），可向含有 DNA 的胶溶液中加入 10 ~ 30 μL 3 mol/L 醋酸钠（pH 值 5.2），将胶溶液调为淡黄色，否则将会影响 DNA 与吸附柱的结合，影响回收效率。

(3)将上一步所得溶液加入一个吸附柱中（吸附柱放入收集管中），12 000 r/min 离心 30 ~ 60 s，倒掉收集管中的废液，将吸附柱重新放入收集管中。

注意：胶块完全溶解后最好将胶溶液温度降室温再上柱，因为吸附柱在较高温度时结合 DNA 的能力较弱。

(4)向吸附柱中加入600 μL漂洗液(使用前请先检查是否已加入无水乙醇),12 000 r/min离心1 min,弃废液,将吸附柱放入收集管中。

(5)向吸附柱中加入600 μL漂洗液,12 000 r/min离心1 min,弃废液,将吸附柱放入收集管中。

(6)12 000 r/min离心2 min,尽量除去漂洗液。将吸附柱敞口置于室温或50 ℃温箱放置数分钟,目的是将吸附柱中残余的漂洗液去除,防止漂洗液中的乙醇影响后续的实验。

(7)将吸附柱放入一个干净的离心管中,向吸附膜中央悬空滴加适量经65 ℃水浴预热的洗脱液,室温放置2 min,12 000 r/min离心1 min。

五、注意事项

(1)电泳前最好更换成新的电泳缓冲液,以免影响电泳和回收效果。

(2)如下一步实验要求较高,则应尽量使用TAE电泳缓冲液。

(3)切胶时,紫外照射时间应尽量短,以免对DNA造成损伤。

(4)回收小于100 bp和大于100 kb的DNA片段时,应加大溶胶液的体积,延长吸附和洗脱的时间。

(5)回收率与初始DNA量和洗脱体积有关,初始量越少、洗脱体积越小,回收率越低。

(6)如非指明,所有离心步骤均为使用台式离心机在室温下离心。

(7)为了增加回收效率,可将得到的洗脱液重新加入吸附柱中,12 000 r/min再次离心1 min。

(8)洗脱缓冲液体积不应少于30 μL,体积过小影响回收效率。

(9)洗脱液的pH值对于洗脱效率有很大影响,若用水做洗脱液应保证其pH值在7.0~8.5之间。

(10)DNA产物-20 ℃保存。

六、思考题

洗脱缓冲液的洗脱原理。

实验六　质粒DNA的提取

一、实验目的

(1)掌握碱裂解法提取质粒的基本原理。

(2)掌握碱裂解法小量提取质粒的实验技术。

二、实验原理

碱裂解法提取质粒是根据共价闭合环状质粒DNA与线性染色体DNA在拓扑学上的差异来分离它们。在pH值介于12.0~12.5这个狭窄的范围内,线性的DNA双螺旋结构解开而被变性，尽管在这样的条件下，共价闭合环状质粒 DNA 的氢键会被断裂，但两条互补链彼此相互盘绕，仍会紧密地结合在一起。当加入 pH 值 4.8 的乙酸钾高盐缓冲液恢复 pH 至中性时，共价闭合环状质粒 DNA 的两条互补链仍保持在一起，因此复性迅速而准确，而线性染色体 DNA 的两条互补链彼此已完全分开，复性就不会那么迅速而准确，它们缠绕形成网状结构，通过离心，染色体 DNA 与不稳定的大分子 RNA、蛋白质-SDS 复合物等一起沉淀下来而被除去。

三、仪器与试剂

1. 仪器

恒温培养箱、恒温摇床、台式离心机、高压灭菌锅、Tip 头、Eppendorf 管。

2. 材料

含有目的质粒的 *E. coli* 菌株。

3. 试剂

(1) 溶液 Ⅰ：50 mmol/L 葡萄糖；5 mmol/L 三羟甲基氨基甲烷（Tris · HCl）；10 mmol/L乙二胺四乙酸（EDTA）（pH 值 8.0）。

(2) 溶液Ⅱ：0.4 mol/LNaOH，2% SDS，用前等体积混合。

(3) 溶液Ⅲ：5 mol/L 乙酸钾 60 mL，冰乙酸 11.5 mL，水 28.5 mL。

(4) TE 缓冲液：10 mmol/L Tris · HCl，1 mmol/L EDTA（pH 值 8.0）。

(5) 70% 乙醇（放-20 ℃冰箱中，用后即放回）。

(6) *Eco*R Ⅰ及其缓冲液。

(7) *Hind*Ⅲ及其缓冲液。

四、操作步骤

(1) 将含有目的质粒的 *E. coli* 菌株接种于 LB 液体培养基中，37 ℃振荡培养过夜。

(2) 取 1 mL 培养物倒入 Eppendorf 管中，12 000 r/min 离心 30 s。

(3) 吸去培养液，使细胞沉淀尽可能干燥。

(4) 将细菌沉淀悬浮于 100 μL 冰预冷的溶液 I 中，剧烈振荡。

(5) 加入 200 μL 溶液 Ⅱ（新鲜配制），盖紧管皿，快速颠倒 5 次，混匀内容物，将 Eppendorf 管放在冰上。

(6) 加入 150 μL 溶液Ⅲ（冰上预冷），盖紧管口，颠倒数次使混匀，冰上放置 5 min。

(7) 12 000 r/min 离心 5 min，将上清液转至另一 Eppendorf 管中。

(8) 向上清液中加入等体积的饱和酚，混匀。

(9) 12 000 r/min 离心 5 min，将上清液转至另一 Eppendorf 管中。

(10) 向上清液中加入 2 倍体积乙醇，混匀后，室温放置 5 ~ 10 min。12 000 r/min 离心 5 min。倒去上清液，把 Eppendorf 管倒扣在吸水纸上，吸干液体。

(11) 1 mL 70% 乙醇洗涤质粒 DNA 沉淀，振荡并离心，倒去上清液，真空抽干或空气中干燥。

(12) 20 μL TE 缓冲液，使 DNA 完全溶解，-20 ℃保存。

五、注意事项

操作时,避免剧烈振荡。

六、思考题

(1)实验操作中,饱和酚的作用是什么?
(2)SDS 和 NaOH 的作用是什么?

第四节　综合实践

综合实践一　大曲中微生物的分离鉴定与细菌总数的测定

大曲是酿制大曲酒用的糖化发酵剂。在制曲过程中依靠自然界各种微生物富集到用淀粉质原料制成曲坯上,经过扩大培养,形成各种有益的酿酒微生物菌系和酶系,再经过风干、贮藏,即成为成品大曲。大曲是微生物的大本营,也是酶的贮存库。

一、实践目的

(1)巩固并掌握微生物实验常用技能的基本操作方法。
(2)学会根据实验的规律合理安排实验的技能。
(3)培养团队合作精神。

二、实践原理

以小麦等粮食为原料,在适宜的水分和温度条件下,微生物利用大曲胚作为培养基,经传统法人工控温,自然网罗,繁殖和培养具有糖化发酵作用的微生物制剂,这一操作过程在酿酒行业上被称为制曲工艺。曲的主要功能除了作为酿酒的糖化剂外,麦曲内积累的微生物的代谢产物能赋予大曲白酒以独特风味。而大曲中的微生物与大曲发酵有着重大的意义。

三、仪器与试剂

1. 试剂

营养琼脂、无菌生理盐水、氢氧化钠、浓盐酸、葡萄糖、乳糖、麦芽糖、甘露醇、蔗糖、蛋白胨、琼脂、牛肉膏粉、对二甲氨基苯甲醛、乙醇、石油醚、溴麝香草酚蓝、甲基红、α-萘酚等。

2. 仪器

电子天平、移液枪、锥形瓶、培养皿、试管、试管架、记号笔、接种环、锥形瓶、橡胶塞、玻璃棒、电炉、精密 pH 试纸、标签、烧杯、量筒、滴管、高压蒸汽灭菌锅、玻璃刮铲、冰箱、恒温培养箱和超净工作台等。

四、材料及前处理

浓香型大曲，由河南豫坡酒业有限公司提供，干燥、密封储存。

五、操作步骤

1. 大曲的处理

样品的稀释：称 25 g 大曲置于盛有 225 mL 生理盐水的无菌锥形瓶中，充分振荡，制成 1∶10 的样品匀液。另取 6 支盛有 9 mL 无菌水的试管，排列于试管架上，依次标明 10^{-1}、10^{-2}、10^{-3}、10^{-4}、10^{-5}、10^{-6}。用移液枪精确地吸取 1 mL 样品匀液放入 10^{-1} 的试管中，注意枪头尖端不要碰到液面；以免吹出时，管内液体外溢。然后仍用此枪头将管内悬液来回吸吹 3 次，使其混合，均匀。另换一个枪头自 10^{-1} 试管吸 1 mL 悬液放入 10^{-2} 试管中，吸吹 3 次，其余依次类推制成 10^{-3}、10^{-4}、10^{-5}、10^{-6} 的稀释样液。

2. 大曲中菌群的分离接种

各组根据自己的目的选择细菌培养基、放线菌培养基、霉菌培养基和酵母菌培养基。但最好不要都相同。

(1) 培养基的配制：详见各培养基瓶身配制方法（根据需要配制液体或固体培养基）。

(2) 菌群的培养：用移液枪分别精确地吸取 10^{-1}、10^{-2}、10^{-3}、10^{-4}、10^{-5}、10^{-6} 的稀释样品 200 μL，对号放入编好号的培养基（每个稀释度 2～3 个平板），再用无菌玻璃刮棒将菌液在平板上涂布均匀，平放于实验台上 2～3 min，使菌液渗透入培养基内，然后再倒置于 37 ℃ 的恒温箱中培养（48±2）h。

3. 菌落观察

根据菌落形态不同，各组挑选一个不同的微生物菌落进行下面的实验：染色、纯化、扩繁和生化试验。

细菌菌落形态的观察：菌落形态包括菌落的大小、形状、高度、边缘、颜色、干湿情况、透明程度等。

大小：大、中、小、针尖状。

形状：点状、圆形、丝状、不规则、根状、纺锤形。

高度：扁平、隆起、凸透镜状、枕状、突起。

边缘：光滑、波形、裂片状、缺刻状、丝状、卷曲状。

颜色：黄色、金黄色、灰色、乳白色、红色、粉红色、黑色。

干湿情况：干燥、湿润、黏稠。

透明程度：透明、半透明、不透明。

4. 细菌的革兰氏染色

(1) 制备涂片

1) 涂片：取一块洁净无油载玻片，在其中央滴加一小滴无菌生理盐水，用接种环以无菌操作法从培养皿中取少许细菌培养物，在载玻片上的水滴中研开后涂成薄的菌膜（直径约 1 cm）。如是液体标本，直接用接种环挑取 1～2 环菌液，涂布于载玻片上，制成薄的菌膜。

2) 干燥：将涂布的标本在室温中自然干燥。如需加速干燥，可在酒精灯火焰上方的热气中加温干燥,但切勿在火焰上直接烘烤。

3)固定:手执载玻片一端,涂有菌膜的一面朝上,以其背面迅速通过火焰 2 ~ 3 次,略作加热,以载玻片背面触及手背皮肤,有热感但不觉烫为宜。

(2)革兰氏染色

1)初染:在涂片菌膜处滴加草酸铵结晶紫染液,染色 1 ~ 1.5 min,然后用细小的水流从标本上端冲净残余染液(注意勿使水流直接冲洗涂菌处),至流下的水无色为止。

2)媒染:滴加卢革氏碘液覆盖菌膜,媒染 1 ~ 1.5 min,然后用流水冲洗多余的碘液,用吸水纸吸干载玻片上的水分。

3)脱色:倾斜载玻片并衬以白色背景,流滴 95% 乙醇冲洗涂片,同时轻轻摇动载玻片使乙醇分布均匀,至流出的乙醇刚刚不出现紫色时即停止脱色(30 s 左右),并立即用水冲净乙醇。

注:这一步是染色成败的关键,必须严格掌握酒精脱色的程度。脱色过度,则阳性菌会被误认为阴性菌;脱色不足,阴性菌也可被误认为阳性菌。

4)复染:滴加番红染液,染色 1 ~ 2 min,水洗后用滤纸吸干水分。

(3)镜检。先用低倍镜观察,再用高倍镜观察。革兰氏阴性菌呈红色,革兰氏阳性菌呈紫色。以分散存在的细胞的革兰氏染色反应为准,过于密集的细胞常呈假阳性。

5. 纯化

实行 1 扩 3 的方法,直至 3 个培养皿上只有一种微生物菌落出现为止。

(1)营养琼脂培养基的配制:计算→称量→溶解→加塞→灭菌→倒平板→保存。

(2)细菌的纯化:选取上次分离得到的优势菌落,用连续划线法接种到 3 个培养基上。恒温培养 24 ~ 48 h 后,取出培养皿;观察菌落形态,并染色观察,确定有无杂菌生长。若 3 个培养皿都无杂菌生长即为纯化成功,否则需要继续进行下去。

6. 扩繁(记得做空白对照组)

(1)肉汤的配制:计算→称量→溶解→调节 pH 值→分装→加塞→灭菌→保存。

(2)细菌的扩繁:用接种环挑取纯化的菌落接种到肉汤中,恒温培养 24 ~ 48 h(注意:操作过程的无菌要求,防止细菌扩散和外来细菌污染)。

7. 生化试验

(1)吲哚试验

1)原理:细菌分解蛋白胨中的色氨酸,生成吲哚(靛基质),经与试剂中的对位二甲基氨基苯甲醛作用,生成玫瑰吲哚。

2)试剂:蛋白胨水培养基、乙醚、吲哚试剂、蛋白胨水(靛基质试验用)。

需氧菌培养用的邓亨氏蛋白胨水溶液成分:蛋白胨(或胰蛋白胨)10 g,氯化钠 5 g,蒸馏水 1 000 mL。加热溶解,pH 值调至 7.4 ~ 7.6,分装小试管,高压灭菌。

吲哚试剂两种配法:①将 5 g 对二甲氨基苯甲醛溶解于 75 mL 的戊醇中,然后缓慢加入浓盐酸 25 mL;②将 1 g 对二甲氨基苯甲醛溶解于 95 mL 的纯乙醇中,然后缓慢加入浓盐酸 20 mL,避光保存。

两种配法都是以出现红色或粉红色为阳性。

3)实验步骤:试验菌用蛋白胨水培养基 37 ℃培养 24 ~ 48 h;在培养液中加入石油醚 2 ~ 3 mL,充分振荡,静置片刻(1 ~ 3 min),待石油醚浮于培养液上面时沿管壁慢慢加入吲哚试剂 10 滴(2 mL)。

4)实验结果:呈玫瑰红或红色环状物的为阳性(+),不变色的为阴性(-)。

5)注意事项:加入吲哚试剂后,不可再摇动,否则红色不明显。

(2)甲基红试验(M.R 试验)

1)原理:某些细菌在糖代谢过程中生成丙酮酸,有些甚至进一步被分解成甲酸、乙酸、乳酸等,而不是生成 V.P 试验中的二乙酰,从而使培养基的 pH 值下降至 4.5 或者以下(V.P 试验的培养物 pH 值一般在 4.5 以上)。故加入甲基红成红色。本试验一般和 V.P 试验一起使用,前者呈阳性,后者为阴性。

2)试剂:葡萄糖蛋白胨培养基,甲基红(M.R)试剂。

葡萄糖蛋白胨水培养基:葡萄糖 5 g,蛋白胨 5 g,磷酸氢二钾 5 g,蒸馏水 1 000 mL。加热溶解,pH 值调节至 7.2 ~ 7.4,分装小试管,高压灭菌。用于 M.R 和 V.P 试验。

甲基红指示剂:0.1 g 或 0.2 g 固体指示剂溶于 100 mL 60% 的乙醇。pH 变色范围 4.4 ~ 6.2,由红色变黄色(固体指示剂放在适当的烧杯里面,用 1 ~ 2 滴溶液润湿后用玻棒研磨,直到没有颗粒状物质后再加大溶剂量就比较好溶解)。

3)实验步骤:①实验菌用葡萄糖蛋白胨培养基 37 ℃培养 24 ~ 48 h;②沿管壁加入 M.R(甲基红)试剂 3 ~ 4 滴。

4)实验结果:显示红色的为阳性,黄色的为阴性。

8.所选定细菌总数的测定

用分离时的培养基,培养时间一定要足。可以在"细菌的革兰氏染色"结束后提前进行。

(1)平板菌落数的选择。选取菌落数在 30 ~ 300 CFU 的平板作为菌落总数测定的标准,且一个稀释度应使用两个平板的平均数。其中当一个平板有较大片状菌落生长时,片状菌落不到平板的一半,而其余一半中菌落分布又很均匀,即可计算半个平板后乘以 2 代表全皿菌落数。

(2)稀释度的选择

1)选择平均菌落数在 30 ~ 300 CFU 的稀释度,乘以稀释倍数报告之。

2)若有两个稀释度,其生长的菌落数均在 30 ~ 300 CFU 个,则视二者之比如何来决定,若其比值小于 2,应报告其平均数;若两者之比大于 2,则报告其中较小的数字。

①若所有稀释度的平均菌落数均大于 300 CFU,则应按稀释度最高的平均菌落数乘以稀释倍数报告之。

②若所有稀释度的平均菌落数均小于 30 CFU,则应按稀释度最低的平均菌落数乘以稀释倍数报告之。

③若所有稀释度均无菌落生长,则以小于 1 乘以最低稀释倍数报告之。

④若所有稀释度的平均菌落数均不在 30 ~ 300 CFU,其中一部分大于 300 CFU 或小于 30 CFU 时,则以最接近 30 CFU 或 300 CFU 的平均菌落数乘以稀释倍数报告之。

六、实验结果

1.菌落总数的计算

将实验数据记录于表 3-12 中。

表 3-12 菌落总数

	10^x	10^y	10^z	备注
1				
2				
平均				

算出同一稀释度 2 个平皿上的菌落平均数,并按下列公式进行计算:

每毫升中总活菌数=同一稀释度三次重复的菌落平均数×稀释倍数×5

称重取样以 CFU/g 为单位报告,体积取样以 CFU/mL 为单位报告。

2. 微生物的鉴定

将实验结果记录于表 3-13 中。

表 3-13 大曲中微生物的鉴定结果

菌落形态						
大小	形状	高度	边缘	颜色	干湿情况	透明程度
细菌特征						
革兰氏染色	细菌形态	细菌大小				
生化试验结果						
吲哚试验	甲基红试验	V. P 试验	枸橼酸盐试验			
葡萄糖发酵试验	乳糖发酵试验	麦芽糖发酵试验	甘露醇发酵试验	蔗糖发酵试验		

根据该微生物的菌落形态、细菌特征和生化试验结果,经查询《伯杰细菌鉴定手册》(第八版),可知该微生物可能为______________。

七、注意事项

(1)制订实验计划。根据微生物实验的特有规律,合理安排时间,争取 7 ~ 10 d 完成全部实验。

(2)明确分工,要体现团队合作和个人担当。

(3)有疑难问题,及时和老师沟通。

八、思考题

为了确定微生物的种类,针对细菌、放线菌、霉菌、酵母菌,简述在本实训的基础上,下一步要做的研究内容。

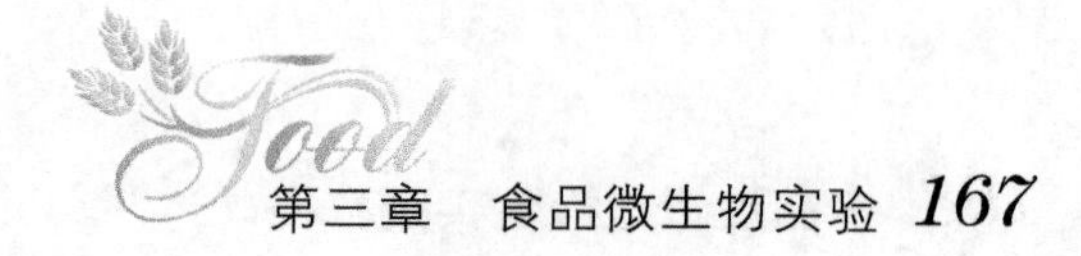

综合实践二 食品中优势腐败菌的分离鉴定与防腐剂的筛选

一、实践目的

(1)巩固并掌握微生物实验常用技能的基本操作方法。

(2)学会根据实验的规律合理安排实验的技能。

(3)培养团队合作能力。

二、实践原理

食品腐败变质是指食品受到各种内外因素(例如温度、气体等)的影响,造成其原有物理性质或化学性质发生变化,降低或失去其营养价值和商品价值的过程。食品腐败变质的过程实质上是食品中碳水化合物、蛋白质、脂肪在污染微生物的作用下分解变化、产生有害物质的过程。

三、试剂与仪器

1. 试剂

营养琼脂、氯化钠、牛肉膏粉、蛋白胨、氢氧化钠、浓盐酸、葡萄糖、乳糖、麦芽糖、甘露醇、蔗糖、对二甲氨基苯甲醛、无水乙醇、石油醚、溴麝香草酚蓝、甲基红、α-萘酚及各类防腐剂等。

2. 仪器

电子天平、移液枪、锥形瓶、培养皿、试管、试管架、记号笔、接种环、锥形瓶、橡胶塞、玻璃棒、电炉、精密 pH 试纸、标签、烧杯、量筒、滴管、打孔器、高压蒸汽灭菌锅、玻璃刮铲、冰箱、恒温培养箱和超净工作台等。

四、材料及前处理

坏红薯,由黄淮学院扶贫点之一河南省西平县焦庄乡高庙村提供。

腐败红薯放置室温保存。

五、操作步骤

1. 样品的处理

样品的稀释:称取 25 g 腐败食品至盛有 225 mL 生理盐水的无菌锥形瓶中,充分振荡,制成 1∶10 的样品匀液。另取 6 支盛有 9 mL 无菌水的试管,排列于试管架上,依次标明 10^{-1}、10^{-2}、10^{-3}、10^{-4}、10^{-5}、10^{-6}。用移液枪精确地吸取 1 mL 样品匀液放入 10^{-1} 的试管中,注意枪头尖端不要碰到液面;以免吹出时,管内液体外溢。然后仍用此枪头将管内悬液来回吸吹 3 次,使其混合,均匀。另换一个枪头自 10^{-1} 试管吸 1 mL 放入 10^{-2} 试管中,吸吹 3 次,其余依次类推制成 10^{-3}、10^{-4}、10^{-5}、10^{-6} 的稀释样液。

2. 腐败食品中优势菌群的分离接种

各组根据自己的目的选择细菌培养基、放线菌培养基、霉菌培养基和酵母菌培养基,但最好不要都相同。

(1)培养基的配制:详见各培养基瓶身配制方法(根据需要配制液体或固体培养基)。

(2)菌群的培养:用移液枪分别精确地吸取 10^{-1}、10^{-2}、10^{-3}、10^{-4}、10^{-5}、10^{-6} 的稀释样品 200 μL,对号放入编好号的培养基(每个稀释度 2~3 个平板),再用无菌玻璃刮棒将菌液在平板上涂布均匀,平放于实验台上 2~3 min,使菌液渗透入培养基内,然后再倒置于 37 ℃的恒温箱中培养(48±2)h。

3. 菌落观察

根据菌落形态不同,各组挑选一个不同的微生物菌落进行下面的实验。

细菌菌落形态的观察:菌落形态包括菌落的大小、形状、高度、边缘、颜色、干湿情况、透明程度等。

大小:大、中、小、针尖状。

形状:点状、圆形、丝状、不规则、根状、纺锤形。

高度:扁平、隆起、凸透镜状、枕状、突起。

边缘:光滑、波形、裂片状、缺刻状、丝状、卷曲状。

颜色:黄色、金黄色、灰色、乳白色、红色、粉红色、黑色。

干湿情况:干燥、湿润、黏稠。

透明程度:透明、半透明、不透明。

4. 细菌的革兰氏染色

(1)制备涂片

1)涂片:取一块洁净无油载玻片,在其中央滴加一小滴无菌生理盐水,用接种环以无菌操作法从培养皿中取少许细菌培养物,在载玻片上的水滴中研开涂成薄的菌膜(直径约 1 cm)。如是液体标本,直接用接种环挑取 1~2 环菌液,涂布于载玻片上,制成薄的菌膜。

2)干燥:将涂布的标本在室温中自然干燥。如需加速干燥,可在酒精灯火焰上方的热气中加温干燥,但切勿在火焰上直接烘烤。

3)固定:手执载玻片一端,涂有菌膜的一面朝上,以其背面迅速通过火焰 2~3 次,略作加热,以载玻片背面触及手背皮肤,以有热感但不觉烫为度。

(2)革兰氏染色

1)初染:在涂片菌膜处滴加草酸铵结晶紫染液,染色 1~1.5 min,然后用细小的水流从标本上端冲净残余染液(注意勿使水流直接冲洗涂菌处),至流下的水无色为止。

2)媒染:滴加卢革氏碘液覆盖菌膜,媒染 1~1.5 min,然后用流水冲洗多余的碘液,用吸水纸吸干载玻片上的水分。

3)脱色:倾斜载玻片并衬以白色背景,流滴 95% 乙醇冲洗涂片,同时轻轻摇动载玻片使乙醇分布均匀,至流出的乙醇刚刚不出现紫色时即停止脱色(30 s 左右),并立即用水冲净乙醇。

注:这一步是染色成败的关键,必须严格掌握酒精脱色的程度。脱色过度,则阳性菌会被误认为阴性菌;脱色不足,则阴性菌也可被误认为阳性菌。

4)复染:滴加番红染液,染色 1~2 min,水洗后用滤纸吸干水分。

(3)镜检:先用低倍镜观察,再用高倍镜观察。革兰氏阴性菌呈红色,革兰氏阳性菌呈紫色。以分散存在的细胞的革兰氏染色反应为准,过于密集的细胞常呈假阳性。

5. 纯化

实行1扩3的方法,直至培养皿上只有一种微生物菌落出现为止。

(1)营养琼脂培养基的配制:计算→称量→溶解→加塞→灭菌→倒平板→保存。

(2)细菌的纯化:选取上次分离得到的优势菌落,用三区划线法接种到3个培养基上。恒温培养24~48 h后,取出培养皿;观察菌落形态,并染色观察,确定有无杂菌生长。若3个培养皿都无杂菌生长即为纯化成功,否则需要继续进行下去。

6. 扩繁

记得做空白对照组。

(1)肉汤的配制:计算→称量→溶解→调节pH值→分装→加塞→灭菌→保存。

(2)细菌的扩繁:用接种环挑取纯化的菌落接种到肉汤中,恒温培养24~48 h。

注意:操作过程的无菌要求,防止细菌扩散和外来细菌污染。

7. 侵染试验

无菌环境下,在新鲜的断口处接种纯化后的优势腐败菌,装入密封袋,37 ℃培养,待出现腐败症状后与原腐败的症状进行对比,对微生物也进行分离、染色、对比。

8. 生化试验

通过吲哚试验、甲基红试验、V. P试验、枸橼酸试验、五糖试验(葡萄糖、乳糖、麦芽糖、甘露醇、蔗糖),判断和确定微生物合成和分解代谢产物的特征。

9. 所选定细菌总数的测定

用分离时的培养基,培养时间一定要足。可以在“细菌的革兰氏染色”结束后提前进行。

(1)平板菌落数的选择。选取菌落数在30~300 CFU的平板作为菌落总数测定的标准,且一个稀释度应使用两个平板的平均数。其中当一个平板有较大片状菌落生长时,片状菌落不到平板的一半,而其余一半中菌落分布又很均匀,即可计算半个平板后乘以2代表全皿菌落数。

(2)稀释度的选择

1)选择平均菌落数在30~300 CFU的稀释度,乘以稀释倍数报告之。

2)若有两个稀释度,其生长的菌落数均在30~300 CFU,则视二者之比如何来决定,若其比值小于2,应报告其平均数;若两者之比大于2,则报告其中较小的数字。

3)若所有稀释度的平均菌落数均大于300 CFU,则应按稀释度最高的平均菌落数乘以稀释倍数报告之。

4)若所有稀释度的平均菌落数均小于30 CFU,则应按稀释度最低的平均菌落数乘以稀释倍数报告之。

5)若所有稀释度均无菌落生长,则以小于1乘以最低稀释倍数报告之。

6)若所有稀释度的平均菌落数均不在30~300 CFU,其中一部分大于300 CFU或小于30 CFU时,则以最接近30 CFU或300 CFU的平均菌落数乘以稀释倍数报告之。

10. 防腐剂的筛选

(1)防腐剂的选择及用量。查阅资料,初步确定各类食品中使用何种防腐剂,防腐剂的用量不可超过国家规定标准。

(2)定性实验

1)菌悬液的制备:将分离纯化后的菌株制成菌悬液,以$(1.0\sim10)\times10^5$ CFU/mL 为宜,若时间不足,则接种培养 24~48 h 后稀释至10^{-3}涂布。

2)抑菌剂的配制:按国家标准允许的最大值配制不同防腐剂溶液。

3)抑菌剂的定性实验(牛津杯法、打孔法、纸片扩散法任选其一)。

牛津杯法:牛津杯灭菌,待涂布完成后将牛津杯立置于培养基上(每个培养基 3~4 个牛津杯),在牛津杯中加入不同抑菌剂,放至培养箱培养。

打孔法:打孔器灭菌,在涂布后使用打孔器在培养基上打孔,在打孔后留下的孔中加入不同抑菌剂(稍低于培养基平面,太少可能无作用),放至培养箱培养。

纸片扩散法:使用打孔器给吸水纸打孔,收集小纸片灭菌后在不同抑菌剂中浸泡 1~2 h,再收集烘干后贴至涂布完的平板上(每板 3~4 个),放至培养箱培养。

4)观察结果:培养 24~48 h 后观察透明圈的大小,判断对所选腐败菌抑制效果最好的防腐剂。

(3)定量实验(最小抑菌浓度的选择)。在(2)的基础上选择抑菌效果最好的防腐剂,在国家标准允许范围内配制不同浓度梯度的抑菌剂(以打孔法为例),将不同浓度的抑菌剂注入孔中,选择透明圈出现前后的两个浓度再次稀释,最终确定最小抑菌浓度。

11. 应用试验

因时间原因,可以不做。

六、结果计算

1. 菌落总数的计算

同本章综合实践一。

2. 腐败菌鉴定

将实验结果记录于表 3-14 中。

表 3-14　食品中优势腐败微生物中的鉴定结果

菌落形态						
大小	形状	高度	边缘	颜色	干湿情况	透明程度
细胞特征						
革兰氏染色	细菌形态	大小	其他			
生化试验结果						
吲哚试验	M.R 试验	V.P 试验	枸橼酸盐试验			
葡萄糖发酵试验	乳糖发酵试验	麦芽糖发酵试验	甘露醇发酵试验	蔗糖发酵试验		

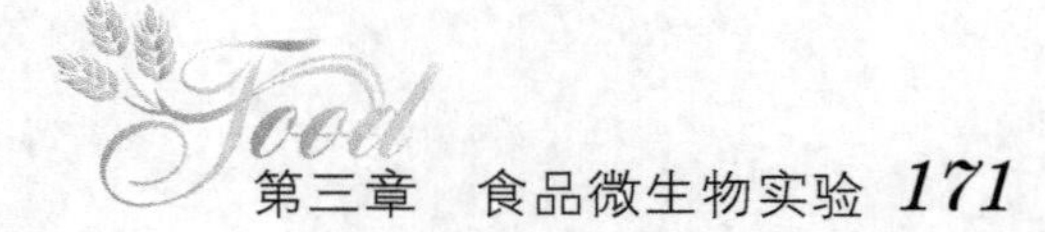

根据该微生物的菌落形态、细胞特征和生化试验结果，经查询《伯杰细菌鉴定手册》(第八版)，可知该微生物为________。

3. 防腐剂筛选

将实验结果记录于表3-15中。

表3-15 防腐剂的初步筛选结果

防腐剂	抑菌圈直径/mm	防腐剂	抑菌圈直径/mm

七、注意事项

(1)制订实验计划。根据微生物实验的特有规律，合理安排时间，争取7～10 d完成全部实验。

(2)明确分工，要体现团队合作和个人担当。

(3)有疑难问题，及时和老师沟通。

八、思考题

为判断筛选出的防腐剂对该优势腐败菌细胞壁、细胞膜和线粒体(若是真菌)的损伤程度，我们需要开展哪些实验项目？

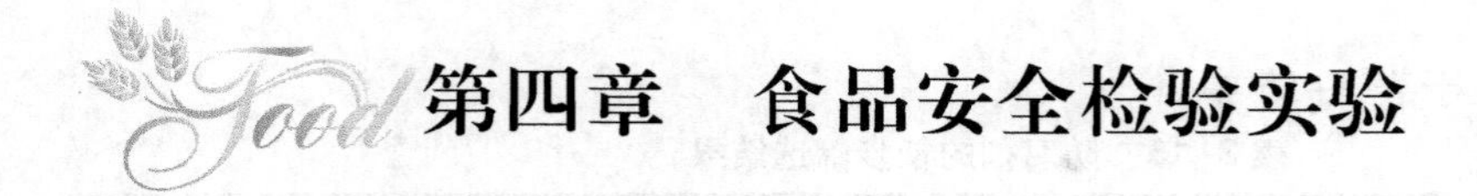

第四章　食品安全检验实验

第一节　食品添加剂检测

食品添加剂指为改善食品品质和色、香、味,以及为防腐、保鲜和加工工艺的需要而加入食品中的人工合成或者天然物质。食品添加剂一般不能单独作为食品消费,其添加量也有严格的限制,因此,掌握食品中各种添加剂的检测方法十分重要。

实验一　卤肉中亚硝酸盐含量的测定

一、实验目的

熟练掌握紫外分光光度法测定肉制品中亚硝酸盐含量的原理、方法及卫生评定。

二、实验原理

样品经沉淀蛋白质、除去脂肪后,在弱酸条件下,亚硝酸盐与对氨基苯磺酸重氮化,再与盐酸萘乙二胺偶合形成紫红色染料,颜色的深浅与样液中亚硝酸盐含量成正比,通过紫外分光光度计测得亚硝酸盐含量。

三、仪器与试剂

1. 仪器

分析天平、研钵、紫外可见分光光度计、移液管、烧杯、量筒、容量瓶等。

2. 试剂

亚铁氰化钾;乙酸锌;冰乙酸;硼酸钠;盐酸;对氨基苯磺酸;盐酸萘乙二胺;亚硝酸钠(CAS 号:7632-00-0),基准试剂,或采用具有标准物质证书的亚硝酸盐标准溶液。

3. 试剂配制

(1)亚铁氰化钾溶液:称取 53.0 g 亚铁氰化钾,水溶后并稀释至 500 mL。

(2)乙酸锌溶液:称取 110.0 g 乙酸锌,加 15 mL 冰乙酸溶于水后,稀释至 500 mL。

(3)饱和硼砂溶液:称取 5.0 g 硼酸钠,溶于 100 mL 热水中,待其冷却备用。

(4)盐酸(20%):量取 20 mL 盐酸,用水稀释至 100 mL。

(5)对氨基苯磺酸溶液(4 g/L):称取 0.4 g 对氨基苯磺酸溶于 100 mL 的 20% 盐酸中,于棕色瓶中避光保存备用。

(6)盐酸萘乙二胺溶液(2 g/L):称取 0.2 g 盐酸萘乙二胺,水定容至 100 mL,避光保存备用。

(7)亚硝酸钠标准溶液(200 μg/mL,以亚硝酸钠计):准确称取 0.100 g 于 110 ~ 120 ℃恒温箱中干燥至恒重的亚硝酸钠,加水溶解并定容至 500 mL,混匀后置于 4 ℃备用。

(8)亚硝酸钠标准使用液(5.0 μg/mL):取 2.50 mL 亚硝酸钠标准溶液,加水稀释并定容至 100 mL,混匀,现配现用。

四、实验材料及前处理

市场上购买卤肉样品,剁碎并混匀后称取 5 g,先加入饱和硼砂溶液 12.5 mL,再加入 70 ℃左右的水约 150 mL,混匀并在沸水浴中加热 15 min,取出后冷却至室温。定量转移上述提取液至 200 mL 容量瓶中,加入 5 mL 亚铁氰化钾溶液摇匀后,加入 5 mL 乙酸锌溶液,以沉淀蛋白质。用水定容至刻度后摇匀并放置 30 min,除去上层脂肪,上清液用滤纸过滤,前 30 mL 初滤液弃去不用。

五、操作步骤

1. 亚硝酸钠标准曲线的绘制

移液管吸取 0.0 mL、0.2 mL、0.4 mL、0.6 mL、0.8 mL、1.0 mL、1.5 mL、2.0 mL、2.5 mL 亚硝酸钠标准使用液(相当于 0.0 μg、1.0 μg、2.0 μg、3.0 μg、4.0 μg、5.0 μg、7.5 μg、10.0 μg、12.5 μg 亚硝酸钠),分别置于 50 mL 带塞比色管中,分别加入 2 mL 的 4 g/L 对氨基苯磺酸溶液并混匀,然后静置 3 ~ 5 min,后各加入 1 mL 的 2 g/L 盐酸萘乙二胺溶液,用水定容后混匀并静置 15 min。于波长 538 nm 处测吸光度,将测得的比色液吸光度对应的亚硝酸浓度绘制标准曲线。同时做空白试验。

2. 亚硝酸钠的测定

吸取 40.0 mL 待测滤液于 50 mL 的比色管中,依次加入 2 mL 的 4 g/L 对氨基苯磺酸溶液摇匀静置 3 ~ 5 min,1 mL 的 2 g/L 盐酸萘乙二胺溶液,用水定容后混匀并静置 15 min。于波长 538 nm 处测吸光度,根据标准曲线方程计算样品中相应的亚硝酸钠浓度。

六、结果计算

亚硝酸盐(以亚硝酸钠计)的含量按照如下公式计算:

$$X_1 = \frac{m_1 \times 1\,000}{m_2 \times \frac{V_1}{V_0} \times 1\,000}$$

式中:X_1——试样中亚硝酸钠的含量,mg/kg;

m_1——测定用样液中亚硝酸钠的质量,μg;

1 000——转换系数;

m_2——试样质量,g;

V_1——测定用样液体积,mL;

V_0——试样处理液总体积,mL。

计算结果保留两位有效数字。

七、注意事项

(1)实验过程中,须严格把握显色剂的用量及显色时间,以免影响吸光度的测定。

(2)在重复性条件下获得的两次独立测定结果的绝对差值不得超过算术平均值的10%。

八、思考题

简述紫外分光光度法测定亚硝酸钠含量的原理及优缺点。

实验二 马铃薯中硝酸盐含量的测定

一、实验目的

掌握用紫外分光光度法测定马铃薯中硝酸盐的含量。

二、实验原理

用pH值9.6~9.7的氨缓冲液提取马铃薯中硝酸根离子,同时加活性炭去除色素,加沉淀剂去除蛋白质及其他干扰物质,利用硝酸根离子和亚硝酸根离子在紫外区219 nm处具有等吸收波长的特性,测定提取液的吸光度,其测得结果为硝酸盐和亚硝酸盐吸光度的总和,鉴于新鲜蔬菜、水果中亚硝酸盐含量甚微,可忽略不计。根据硝酸盐的吸光度,可从工作曲线上查得相应的质量浓度,计算样品中硝酸盐的含量。

三、仪器与试剂

1. 仪器

紫外分光光度计、分析天平、组织捣碎机、可调式往返振荡机等。

2. 试剂

盐酸(ρ=1.19 g/mL);氨水(25%);亚铁氰化钾;硫酸锌;正辛醇;活性炭(粉状);硝酸钾标准品(CAS号:7757-79-1),基准试剂或采用具有标准物质证书的硝酸盐标准溶液。

3. 试剂配制

(1)缓冲溶液(pH值9.6~9.7):量取10 mL盐酸,加入250 mL水中,混合后加入25 mL氨水,用水定容至500 mL。将pH值调至9.6~9.7。

(2)亚铁氰化钾溶液(150 g/L):取75 g亚铁氰化钾溶于水,用水定容至500 mL。

(3)硫酸锌溶液(300 g/L):取150 g硫酸锌溶于水,用水定容至500 mL。

(4)硝酸盐标准储备液(500 mg/L,以硝酸根计):称取0.2039 g于110~120 ℃条件下干燥至恒重的硝酸钾,用适量水溶解至250 mL容量瓶中,加水稀释至刻度并混匀。硝酸根质量浓度为500 mg/L,于冰箱内保存。

(5)硝酸盐标准曲线工作液:分别吸取0 mL、0.2 mL、0.4 mL、0.6 mL、0.8 mL、1.0 mL和1.2 mL硝酸盐标准储备液,将硝酸盐标准储备液置于50 mL容量瓶中,加水定

容至刻度混匀。此标准系列溶液硝酸根质量浓度分别为0 mg/L、2.0 mg/L、4.0 mg/L、6.0 mg/L、8.0 mg/L、10.0 mg/L和12.0 mg/L。

四、实验材料及前处理

选取具有代表性的一定数量样品的马铃薯，首先用水清洗干净，待其表面水分晾干后，用四分法取样后切碎并混匀，将其置于组织捣碎机中匀浆并在其中加1滴正辛醇，以消除过程中的泡沫。

五、操作步骤

1. 样品提取

称取10 g(精确至0.01 g)马铃薯匀浆试样于250 mL锥形瓶中，加水100 mL，加入5 mL氨缓冲溶液(pH值9.6～9.7)，2 g粉末状活性炭。振荡(往复速度为200次/min)30 min，定量转移至250 mL容量瓶中，加入2 mL 150 g/L亚铁氰化钾溶液和2 mL的300 g/L硫酸锌溶液，混匀后加水定容，放置5 min，上清液用定量滤纸过滤，备用。同时做空白试验。

2. 样品测定

根据试样中硝酸盐含量的高低，吸取上述滤液2～10 mL于50 mL容量瓶中，加水定容至刻度，混匀。用1 cm石英比色皿于219 nm处测定吸光度。

3. 标准曲线的制作

将标准曲线工作液用1 cm石英比色皿于219 nm处测定吸光度。以标准溶液质量浓度为横坐标，吸光度为纵坐标绘制工作曲线。

六、结果计算

硝酸盐(以硝酸根计)的含量按照如下公式计算：

$$X=\frac{\rho\times V_1\times V_3}{m\times V_2}$$

式中：X——试样中硝酸盐的含量，mg/kg；

ρ——由工作曲线获得的试样溶液中硝酸盐的质量浓度，mg/L；

V_1——提取液定容体积，mL；

V_3——待测液定容体积，mL；

m——试样的质量，g；

V_2——吸取的滤液体积，mL。

计算结果保留两位有效数字。

七、注意事项

在重复性条件下获得的两次独立测定结果的绝对差值不得超过算术平均值的10%。

八、思考题

简述紫外分光光度法测定亚硝酸钠含量和硝酸钠含量的联系与区别。

实验三　葡萄酒中二氧化硫含量的测定

一、实验目的

掌握葡萄酒中二氧化硫的测定原理、蒸馏方法及操作过程。

二、实验原理

在葡萄酒的生产过程中经常添加食品添加剂亚硫酸及其盐类等物质,以抑制有害微生物的生长以及抗氧化作用。为确保葡萄酒的质量,葡萄酒的二氧化硫含量需严格把控。在密闭容器中对样品进行酸化、蒸馏,蒸馏物用乙酸铅溶液吸收。吸收后的溶液用盐酸酸化,用碘标准溶液对其滴定,根据所消耗的碘标准溶液量计算出样品中的二氧化硫含量。

三、仪器与试剂

1. 仪器

全玻璃蒸馏器或等效的蒸馏设备、酸式滴定管、剪切式粉碎机、碘量瓶。

2. 试剂

盐酸;硫酸;可溶性淀粉;氢氧化钠;碳酸钠;乙酸铅;硫代硫酸钠或无水硫代硫酸钠;碘;碘化钾;二氧化硫标准品重铬酸钾,优级纯,纯度≥99%。

3. 试剂配制

(1)盐酸溶液(1∶1):量取 100 mL 盐酸,缓缓倾入 100 mL 水中,边加边搅拌。

(2)硫酸溶液(1∶9):量取 20 mL 硫酸,缓缓倾入 180 mL 水中,边加边搅拌。

(3)淀粉指示液(10 g/L):称取 2 g 可溶性淀粉,用少许水调成糊状,缓缓倾入 200 mL 沸水中,边加边搅拌,煮沸 4 min,放冷备用,临用现配。

(4)乙酸铅溶液(20 g/L):称取 4 g 乙酸铅,溶于少量水中并稀释至 200 mL。

(5)硫代硫酸钠标准溶液(0.1 mol/L):称取 12.5 g 含结晶水的硫代硫酸钠或 8 g 无水硫代硫酸钠溶于 500 mL 新煮沸放冷的水中,加入 0.2 g 氢氧化钠或 0.1 g 碳酸钠,摇匀,贮存于棕色瓶内,放置两周后过滤,用重铬酸钾标准溶液标定其准确浓度。

(6)碘标准溶液 [$c(1/2I_2)=0.10$ mol/L]:称取 6.5 g 碘和 17.5 g 碘化钾,加水约 50 mL,溶解后加入 2 滴盐酸,用水稀释至 500 mL,过滤后转入棕色瓶。使用前用硫代硫酸钠标准溶液标定。

(7)重铬酸钾标准溶液 [$c(1/6K_2Cr_2O_7)=0.1000$ mol/L]:准确称取 4.903 1 g 重铬酸钾于 120 ℃±2 ℃电烘箱中干燥至恒重,溶于水并转移至 1 000 mL 容量瓶中,定容至刻度。

(8)碘标准溶液 [$c(1/2I_2)=0.01000$ mol/L]:将 0.100 0 mol/L 碘标准溶液用水稀释 10 倍。

四、实验材料及前处理

市场购自 6 个不同厂家葡萄酒各一瓶,样品蒸馏前无须前处理。

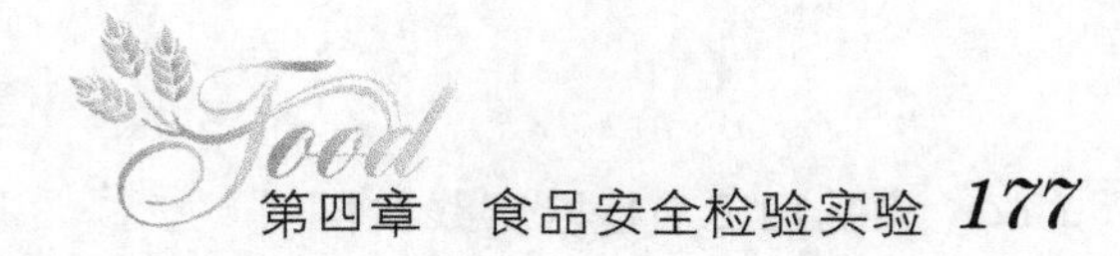

五、操作步骤

1. 样品蒸馏

量取5.00～10.00 mL样品，置于蒸馏烧瓶中。加入250 mL水，装上冷凝装置，冷凝管下端插入预先备有25 mL乙酸铅吸收液的碘量瓶的液面下，然后在蒸馏瓶中加入10 mL盐酸溶液，立即盖塞，加热蒸馏。当蒸馏液约200 mL时，使冷凝管下端离开液面，再蒸馏1 min。用少量蒸馏水冲洗插入乙酸铅溶液的装置部分。同时做空白试验。

2. 滴定

向取下的碘量瓶中依次加入10 mL盐酸、1 mL淀粉指示液，摇匀之后用碘标准溶液滴定至溶液颜色变蓝且30 s内不褪色为止，记录消耗的碘标准滴定溶液体积。

六、结果计算

试样中二氧化硫的含量按照如下公式计算：

$$X=\frac{(V-V_0)\times 0.032\times c\times 1\,000}{m}$$

式中：X——试样中二氧化硫总含量（以SO_2计），g/kg或g/L；

V——滴定样品所用的碘标准溶液体积，mL；

V_0——空白试验所用的碘标准溶液体积，mL；

0.032——1 mL碘标准溶液[$c(1/2I_2)=1.0$ mol/L]相当于二氧化硫的质量，g；

c——碘标准溶液浓度，mol/L；

m——试样质量或体积，g或mL。

当二氧化硫含量≥1 g/kg(L)时，结果保留三位有效数字；当二氧化硫含量<1 g/kg(L)时，结果保留两位有效数字。

七、注意事项

(1)在重复性条件下获得的两次独立测定结果的绝对差值不得超过算术平均值的10%。

(2)当取10 mL液体样品时，方法的检出限(LOD)为1.5 mg/L，定量限为5.0 mg/L。

八、思考题

简述葡萄酒中二氧化硫的测定原理及注意事项。

实验四　酱油中苯甲酸和山梨酸含量的测定

一、实验目的

掌握气相色谱-氢火焰离子化检测器测定酱油中苯甲酸和山梨酸的原理和方法。

二、实验原理

将样品首先经盐酸酸化，采用无水乙醚提取酱油中的苯甲酸和山梨酸，经氯化钠酸性溶液盐析、无水硫酸钠脱水后，采用气相色谱-氢火焰离子化检测器进行分离测定，用外标法定量。

三、仪器与试剂

1. 仪器

气相色谱-氢火焰离子化检测器（FID）、分析天平、涡旋振荡器、离心机、匀浆机、氮气吹干仪等。

2. 试剂

乙醚；乙醇；正己烷；乙酸乙酯，色谱纯；盐酸；氯化钠；无水硫酸钠，700 ℃下烧灼4 h，待冷却至室温后备用。苯甲酸标准品（CAS 号:65-85-0），纯度≥99.0%，或经国家认证并授予标准物质证书的标准物质。山梨酸标准品（CAS 号:110-44-1），纯度≥99.0%，或经国家认证并授予标准物质证书的标准物质。

3. 试剂配制

（1）盐酸溶液（1∶1）：量取100 mL 盐酸缓慢倒入100 mL 水中，小心混匀。

（2）氯化钠溶液（40 g/L）：称取40 g 氯化钠，先加适量水溶解后加入盐酸溶液2 mL，用水定容至1 000 mL。

（3）正己烷-乙酸乙酯混合溶液（1∶1）：量取100 mL 正己烷和100 mL 乙酸乙酯，混匀。

（4）苯甲酸、山梨酸标准储备溶液（1 000 mg/L）：称取苯甲酸、山梨酸0.05 g于50 mL 容量瓶中，分别用甲醇定容至50 mL，于-20 ℃保存备用。

（5）苯甲酸、山梨酸标准中间溶液（200 mg/L）：分别量取苯甲酸、山梨酸标准储备溶液20.0 mL 于100 mL 容量瓶中，用乙酸乙酯定容至100 mL，于-20 ℃保存备用。

（6）苯甲酸、山梨酸标准系列工作溶液：分别准确吸取苯甲酸、山梨酸混合标准中间溶液0 mL、0.05 mL、0.25 mL、0.50 mL、1.00 mL、2.50 mL、5.0 mL 和10.0 mL，用正己烷-乙酸乙酯混合溶剂（1∶1）定容至10 mL，配制成质量浓度分别为0 mg/L、1.00 mg/L、5.00 mg/L、10.0 mg/L、20.0 mg/L、50.0 mg/L、100 mg/L 和200 mg/L 的混合标准系列工作溶液。现配现用。

四、实验材料及前处理

取多个预包装的样品直接混合，将其中的200 g 装入洁净的玻璃容器中密封，于4 ℃保存备用。

五、操作步骤

1. 样品提取

准确称取约2.5 g（精确至0.001 g）样品于50 mL 的离心管中，加入0.5 g 氯化钠、0.5 mL 盐酸溶液、0.5 mL 乙醇，用15 mL 和10 mL 乙醚提取两次，每次振摇1 min，然后8 000 r/min离心3 min。每次均将上层乙醚提取液通过无水硫酸钠滤入25 mL 的容量瓶中。加入乙醚清洗无水硫酸钠层，并收集至约25 mL 刻度，最后用乙醚定容，混匀。准确吸取5 mL 乙醚提取液于5 mL 具塞刻度试管中，用氮气吹干仪在35 ℃条件下将其吹干，加入 2 mL 正己烷-乙酸乙酯(1∶1)混合溶液溶解残渣,采用气相色谱仪测定。

2. 仪器测定条件

(1)测试条件。气相色谱法参考条件见表 4-1。

1)色谱柱:聚乙二醇毛细管气相色谱柱,内径 320 μm,长 30 m,膜厚度 0.25 μm。

2)柱温程序:初始温度 80 ℃,保持 2 min,以 15 ℃/min 的速率升温至 250 ℃,保持 5 min。

表 4-1　气相色谱法参考条件

载气	载气流速/(mL/min)	空气流速/(L/min)	氢气流速/(L/min)	进样口温度/℃	检测器温度/℃	分流比	进样量/μL
氮气	3	400	40	250	9	10∶1	2

(2)标准曲线的绘制。将标准系列工作液注入气相色谱仪中,得到峰面积,以苯甲酸、山梨酸标准系列溶液中苯甲酸、山梨酸的质量浓度为横坐标,相应峰面积为纵坐标绘制标准曲线。

(3)试样测定。根据标准曲线得到待测液中苯甲酸、山梨酸的质量浓度。

六、结果计算

试样中苯甲酸、山梨酸结果按照如下公式计算:

$$X=\frac{\rho\times V\times 25}{m\times 5\times 1\ 000}$$

式中:X——试样中待测组分含量,g/kg;

ρ——由标准曲线得出的样液中待测物的质量浓度,mg/L;

V——加入正己烷-乙酸乙酯(1∶1)混合溶液的体积,mL;

25——试样乙醚提取液的总体积,mL;

m——试样的质量,g;

5——测定时吸取乙醚提取液的体积,mL;

1 000——由 mg/kg 转换为 g/kg 的换算因子。

结果保留三位有效数字。

七、注意事项

(1)在重复性条件下获得的两次独立测定结果的绝对差值不得超过算术平均值的 10%。

(2)取样量 2.5 g,按试样前处理方法操作,最后定容到 2 mL 时,苯甲酸、山梨酸的检出限均为 0.005 g/kg,定量限均为 0.01 g/kg。

八、思考题

气相色谱法测定酱油中山梨酸钾和苯甲酸含量中,山梨酸钾和苯甲酸的检出限和定量限是否一致,为什么?

实验五　果汁饮料中糖精钠含量的测定

一、实验目的

(1)掌握高效液相色谱法测定饮料中糖精钠的原理和方法。

(2)学习高效液相色谱仪-紫外检测器的原理及使用。

二、实验原理

将果汁饮料稀释提取,离心过滤后采用液相色谱紫外检测器检测,用外标法定量分析和计算。

三、仪器与试剂

1. 仪器

高效液相色谱仪-紫外检测器、分析天平、涡旋振荡器、离心机、匀浆机、恒温水浴锅、超声波发生器。

2. 试剂

氨水;亚铁氰化钾;乙酸锌;无水乙醇;正己烷;甲醇,色谱纯;乙酸铵,色谱纯;甲酸,色谱纯;糖精钠标准品(CAS 号:128-44-9),纯度≥99%,或经国家认证并授予标准物质证书的标准物质。

3. 试剂配制

(1)氨水溶液(1∶99):量取 2 mL 氨水,加入 198 mL 水混匀。

(2)亚铁氰化钾溶液(92 g/L):称取 53 g 亚铁氰化钾,加入适量水溶解,用水定容至 500 mL。

(3)乙酸锌溶液(183 g/L):称取 110 g 乙酸锌,用适量水溶解后加入 15 mL 冰乙酸,用水定容至 500 mL。

(4)乙酸铵溶液(20 mmol/L):称取 0.77 g 乙酸铵,加入适量水溶解,用水定容至 500 mL,经 0.22 μm 水相微孔滤膜过滤后备用。

(5)甲酸-乙酸铵溶液(2 mmol/L 甲酸,20 mmol/L 乙酸铵):称取 0.77 g 乙酸铵,加入适量水溶解,再加入 37.6 μL 甲酸,用水定容至 500 mL,经 0.22 μm 水相微孔滤膜过滤后备用。

(6)糖精钠(以糖精计)标准储备溶液(1 000 mg/L):称取糖精钠标准物质 0.117 g (精确到 0.000 1 g),用水溶解并分别定容至 100 mL。于 4 ℃保存备用。

(7)糖精钠(以糖精计)混合标准中间溶液(200 mg/L):量取糖精钠标准储备溶液各 10.0 mL 于 50 mL 容量瓶中,用水定容至 50 mL。于 4 ℃保存备用。

(8)糖精钠(以糖精计)混合标准系列工作溶液:准确量取糖精钠标准中间溶液 0 mL、0.05 mL、0.25 mL、0.50 mL、1.00 mL、2.50 mL、5.00 mL 和 10.0 mL,用水定容至 10 mL,配制成质量浓度分别为 0 mg/L、1.00 mg/L、5.00 mg/L、10.0 mg/L、20.0 mg/L、50.0 mg/L、100 mg/L 和 200 mg/L 的混合标准系列工作溶液。现配现用。

四、实验材料及前处理

取多个预包装的饮料样品直接混合，取 200 g 装入玻璃容器中，密封，于 4 ℃保存备用。

五、操作步骤

1. 样品提取

准确称取约 2 g 果汁饮料于 50 mL 离心管中，加入 25 mL 水，混匀后在 50 ℃水浴超声 20 min，冷却至室温后加亚铁氰化钾溶液 2 mL 和乙酸锌溶液 2 mL，离心机调至 8 000 r/min，离心 5 min 后将上清液转移至 50 mL 容量瓶中；剩下残渣二次提取，先加水 20 mL，涡旋混匀后 50 ℃超声 5 min，8 000 r/min 离心 5 min，上清液转移到上述 50 mL 容量瓶，然后用水定容至刻度并将其混匀。将上清液经 0.22 μm 滤膜过滤后进样测定。

2. 样品测定

(1)仪器测定条件

1)色谱柱：C18 柱，柱长 250 mm，内径 4.6 mm，粒径 5 μm。

2)流动相：甲醇：乙酸铵溶液=5：95。

3)流速：1 mL/min。

4)检测波长：230 nm。

5)进样量：10 μL。

(2)标准曲线的绘制。将糖精钠（以糖精计）标准系列工作溶液分别注入液相色谱仪中，测定相应的峰面积，以糖精钠（以糖精计）标准系列工作溶液的质量浓度为横坐标，以峰面积为纵坐标，绘制标准曲线。

(3)试样测定。将试样溶液注入液相色谱仪中，得到峰面积，根据标准曲线得到待测液中糖精钠（以糖精计）的质量浓度。

六、结果计算

试样中糖精钠（以糖精计）的含量按下式计算：

$$X=\frac{\rho\times V\times 25}{m\times 5\times 1\ 000}$$

式中：X——试样中待测组分含量，g/kg；

ρ——由标准曲线得出的试样液中待测物的质量浓度，mg/L；

V——试样定容体积，mL；

m——试样质量，g；

1 000——由 mg/kg 转换为 g/kg 的换算因子。

结果保留三位有效数字。

七、注意事项

(1)糖精钠含结晶水，使用前需在 120 ℃条件下烘 4 h，干燥器中冷却至室温后备用。

(2)当存在干扰峰或需要辅助定性时，可以采用加入甲酸的流动相来测定，如流动相:甲醇∶甲酸-乙酸铵溶液=8∶92。

(3)在重复性条件下获得的两次独立测定结果的绝对差值不得超过算术平均值的10%。

(4)按取样量2 g,定容50 mL时,糖精钠(以糖精计)的检出限为0.005 g/kg,定量限为0.01 g/kg。

八、思考题

除高效液相色谱法外,是否还有其他方法测定果汁饮料中的糖精钠(以糖精计),试述其原理和方法。

第二节　食品中重金属检测

常见的重金属污染主要指铅、镉、铬、汞和砷的污染。重金属大多具有蓄积性,一旦进入人体很难被排解出体外,从而会对人体健康造成无法逆转的损害,尤其对儿童的健康危害更大。铅、砷、汞在体内对儿童的神经发育、智力发育都会造成巨大的危害。食品中铅、镉等有害重金属元素的致癌性,已得到联合国癌症研究机构和美国癌症研究所的高度重视,其致癌性高于农药和兽药中的残留。

实验一　食品中铅的测定

食品中存在铅的原因很多,包括食品原料本身含有,或所使用食品添加剂,以及与食品接触的生产器具和包装材料等。长期食用含铅的食品会造成铅慢性中毒而引发一些疾病。因而,严格控制检测食品中铅含量非常重要。

一、实验目的

(1)掌握石墨炉原子吸收光谱法测定铅含量的原理和方法。

(2)学习石墨炉原子吸收分光光度计的使用。

二、实验原理

试样经灰化或酸消解后,注入原子吸收分光光度计石墨炉中,电热原子化后,在吸收波长283.3 nm处产生共振线,返回吸收值。在一定浓度范围,其吸收值与铅含量成正比,与标准系列比较定量。

三、仪器与试剂

1. 仪器

原子吸收光谱仪(附石墨炉及铅空心阴极灯)、马弗炉、天平(感量为0.001 g)、干燥恒温箱、瓷坩埚、压力消解器、压力消解罐或压力溶弹、可调式电热板、可调式电炉。

2. 试剂

硝酸(优级纯),过硫酸铵(优级纯),过氧化氢(30%),高氯酸(优级纯),金属铅(纯度≥99.99%),磷酸二氢铵(优级纯),去离子水(分析过程中全部用水均使用去离子水)。

3.试剂配制

(1)硝酸(1∶1):取50 mL硝酸慢慢加入50 mL水中。

(2)硝酸(0.5 mol/L):取3.2 mL硝酸加入50 mL水中,稀释至100 mL。

(3)硝酸(1 mol/L):取6.4 mL硝酸加入50 mL水中,稀释至100 mL。

(4)磷酸二氢铵溶液(20 g/L):称取2.0 g磷酸二氢铵,以水稀释至100 mL。

(5)硝酸∶高氯酸(9∶1):取9份硝酸与1份高氯酸混合。

(6)铅标准储备液:准确称取1.000 g金属铅(99.99%),分次加少量硝酸,加热溶解,总量不超过37 mL,移入1 000 mL容量瓶中,加水定容至刻度,混匀。该溶液每毫升含1.0 mg铅。

(7)铅标准使用液:每次吸取铅标准储备液1.0 mL于100 mL容量瓶中,加硝酸至刻度。如此经多次稀释成每毫升含10.0 ng、20.0 ng、40.0 ng、60.0 ng、80.0 ng铅的标准使用液。

四、实验材料及前处理

采样和制备过程中,应注意不使试样被污染。不用玻璃瓶,避免污染。另外,粮食、豆类去杂物后,磨碎,过20目筛,储于塑料瓶中,保存备用;蔬菜、水果、鱼类、肉类及蛋类等水分含量高的鲜样,用食品加工机或匀浆机打成匀浆,储于塑料瓶中,保存备用。

五、操作步骤

1.样品的消解

样品的消解有多种方法,可根据待测样品特性和实验室具体条件选择合适的方式。具体操作如下:

(1)高压消解法:称取1~2 g试样(精确到0.001 g,干样、含脂肪高的试样小于1 g,鲜样小于2 g或按压力消解罐使用说明书称取试样)于聚四氟乙烯内罐,加硝酸4~10 mL浸泡过夜。难消化的样品可再加过氧化氢2~3 mL(总量不能超过罐容积的1/3)。盖好内盖,放至电加热板上,缓慢升温至100~140 ℃保持3~4 h,至清液为止,自然冷却至室温,用滴管将消化液洗入或过滤入(视消化后试样的盐分而定)10~25 mL容量瓶中,用水少量多次洗涤罐,洗液合并于容量瓶中并定容至刻度,混匀备用;同时作试剂空白。

(2)干法灰化:称取1~5 g试样(精确到0.001 g,根据铅含量而定)于瓷坩埚中,先小火在可调式电热板上炭化至无烟,移入马弗炉(500±25)℃灰化6~8 h,冷却。若个别试样灰化不彻底,则加1 mL混合酸,在可调式电炉上小火加热,反复多次直到消化完全,放冷,用硝酸将灰分溶解,用滴管将试样消化液洗入或过滤入(视消化后试样的盐分而定)10~25 mL容量瓶中,用水少量多次洗涤瓷坩埚,洗液合并于容量瓶中并定容至刻度,混匀备用;同时作试剂空白。

(3)微波消解法:称取样品0.25~0.5 g(精确至0.000 1 g)置于消解罐中,用少量去离子水润湿。在防酸通风橱中,依次加入6 mL硝酸(密度为1.42 g/mL)、3 mL盐酸(密度为1.19 g/mL)、2 mL氢氟酸(密度为1.16 g/mL),使样品和消解液充分混匀。若有剧烈化学反应,待反应结束后再加盖拧紧。将消解罐装入消解罐支架后放入微波消解装置的炉腔中,确认温度传感器和压力传感器工作正常。按照表4-2的升温程序进行微波消解,程序结束后冷却。待罐内温度降至室温后在防酸通风橱中取出消解罐,缓缓泄压放气,打开消解罐盖。

表4-2 微波消解升温程序

升温时间	消解温度	保持时间
7 min	室温→120 ℃	3 min
5 min	120→160 ℃	3 min
5 min	160→190 ℃	25 min

将消解罐中的溶液转移至聚四氟乙烯坩埚中,用少许去离子水洗涤消解罐和盖子后一并倒入坩埚。将坩埚置于温控加热设备上在微沸的状态下进行赶酸。待液体成黏稠状时,取下稍冷,用滴管取少量硝酸溶液(1%稀释的硝酸溶液)冲洗坩埚内壁,利用余温溶解附着在坩埚壁上的残渣,之后转入25 mL容量瓶中,再用滴管吸取少量硝酸溶液(1%稀释的硝酸溶液)重复上述步骤,洗涤液一并转入容量瓶中,然后用硝酸溶液(1%稀释的硝酸溶液)定容至标线,混匀,静置60 min取上清液待测。

注意:以上过程中,微波消解后若有黑色残渣,表明碳化物未被完全消解。在温控加热设备上向坩埚中补加2 mL硝酸(密度为1.42 g/mL)、1 mL氢氟酸(密度为1.16 g/mL)和1 mL高氯酸(密度为1.67 g/mL),在微沸状态下加盖反应30 min后,揭盖继续加热至高氯酸白烟冒尽,液体成黏稠状。上述过程反复进行直至黑色碳化物消失。

(4)湿式消解法:称取试样1~5 g(精确到0.001 g)于锥形瓶或高脚烧杯中,放数粒玻璃珠,加10 mL混合酸,加盖浸泡过夜。浸泡过夜完成后,于电炉上消解,若变棕黑色。再加混合酸,直至冒白烟,消化液呈无色透明或略带黄色,放冷,用滴管将试样消化液洗入或过滤入(视消化后试样的盐分黏度而定)10~25 mL容量瓶中,用水少量多次洗涤锥形瓶或高脚烧杯,洗液合并于容量瓶中并定容至刻度,混匀备用;同时作试剂空白。

2.测定

(1)仪器条件:根据各自仪器性能调至最佳状态。参考条件为波长283.3 nm,狭缝0.2~1.0 nm,灯电流5~7 mA,干燥温度120 ℃,20 s;灰化温度450 ℃,持续15~20 s,原子化温度1 700~2 300 ℃,持续4~5 s,背景校正为氘灯或塞曼效应。

(2)标准曲线绘制:吸取上面配制的铅标准使用液10.0 ng/mL、20.0 ng/mL、40.0 ng/mL、60.0 ng/mL、80.0 ng/mL(或μg/L)各10 μL注入石墨炉,测得其吸光值并求得吸光值与浓度关系的一元线性回归方程。

(3)试样测定:分别吸取样液和试剂空白液各10 μL注入石墨炉,测得其吸光值,代入标准系列的一元线性回归方程中求得样液中铅含量。

(4)基体改进剂的使用:对有干扰试样,则注入适量的基体改进剂磷酸二氢铵溶液(一般为5 μL或与试样同量)消除干扰。绘制铅标准曲线时也要加入与试样测定时等量

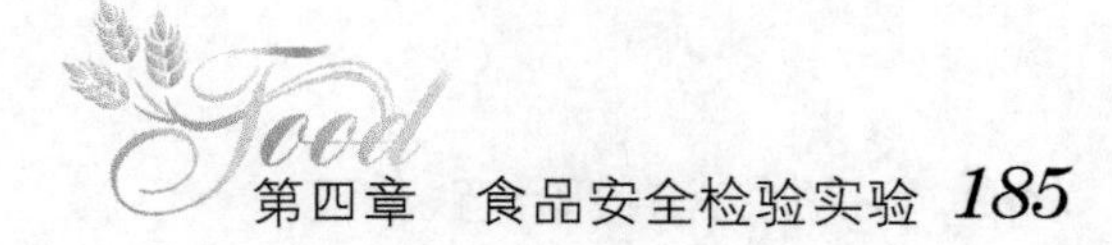

的基体改进剂磷酸二氢铵溶液。

六、结果计算

试样中铅含量按下式计算：

$$X = \frac{(c_1 - c_0) \times V \times 1\ 000}{m \times 1\ 000 \times 1\ 000}$$

式中：X——试样的铅含量，mg/kg 或 mg/L；

c_1——测定样液中铅含量，ng/mL；

c_0——空白液中铅含量，ng/mL；

V——试样消化液定量总体积，mL；

m——试样的质量或体积，g 或 mL。

七、注意事项

(1)试剂空白与样品所用试剂纯度和容器洁净度有关，实验过程严格控制污染。

(2)使用试剂中硝酸和高氯酸都具有腐蚀性，实验过程会产生大量酸雾和烟，须注意防护，消解过程在通风橱内进行。

(3)配制标准曲线的溶液以及样品空白的溶液，其酸度值要与样品溶液酸度一致。

(4)根据仪器的灵敏度和样品中铅元素的大概含量合理选择标准曲线范围，使样品的信号测定值落在曲线范围内。

八、思考题

松花蛋中为什么会存在含铅的风险？

实验二　鱼肉中汞的测定

汞是我国实施排放总量控制的指标之一。汞及其化合物属于剧毒物质，主要来源于金属冶炼、仪器仪表制造、颜料、塑料、食盐电解及军工等废水。天然水中汞含量一般不超过 0.1 μg/L，我国饮用水限值为 0.001 mg/L。汞可在体内蓄积，进入水体的无机汞离子可转变为毒性更大的有机汞，经食物链进入人体，引起全身中毒。

一、实验目的

(1)学习原子吸收光度计的使用方法。

(2)了解鱼肉中汞的测定方法。

二、实验原理

汞是常温下唯一的液态金属，且有较大的蒸气压。样品经酸加热消解后，在酸性介质中，二价汞离子被还原成原子汞，由载气带入原子化器，在汞空心阴极灯照射下，基态汞原子被激发至激发态，激发态不稳定又回到基态时，会发射出具有特征波长的荧光，其基态汞原子受到波长为 253.7 nm 的紫外光激发，在给定的条件下和较低的浓度范围内，其荧光强度与溶液的汞离子浓度成正比，从而根据标准曲线定量。

三、仪器与试剂

1. 仪器

原子荧光光度仪（AF-640A）、C18色谱柱（150 mm× 4.60 mm，5 μm）、料理机、消解罐、溶样杯、比色管、烘箱、通风橱、分析天平。

2. 试剂

浓硝酸（优级纯），浓盐酸（优级纯），氢氧化钾（优级纯），硼氢化钾（优级纯），重铬酸钾（优级纯），汞标准贮备液（优级纯），去离子水（分析过程中全部用水均使用去离子水）。

3. 试剂配制

（1）硼氢化钾溶液A（10 g/L）：称取0.5 g氢氧化钾放入盛有100 mL去离子水的烧杯中，玻璃棒搅拌待完全溶解后再加入已称量好的1.0 g硼氢化钾，搅拌溶解。此溶液当日配制，用于测定汞。

（2）盐酸溶液（5：95）：量取25 mL盐酸，用去离子水稀释至500 mL。

（3）汞标准固定液：将0.5 g重铬酸钾溶于950 mL去离子水中，再加入50 mL硝酸，混匀。

（4）汞标准贮备液：直接购买汞标准贮备液（1 000 mg/L）。

（5）汞标准使用液（1 mg/L中间液）：取汞标准贮备液1 mL，置于1 000 mL容量瓶中，用汞标准固定液定容至标线，摇匀，得到1 mg/L的中间液。

（6）汞标准使用液（10.0 mg/L中间液）：取上述1 mg/L的中间液1 mL，置于100 mL容量瓶中，用汞标准固定液定容至标线，摇匀，得到10.0 μg/L的中间液。

四、实验材料及前处理

清江鱼，购于河南省驻马店市市场。同步取水样和整条鱼样品。在实验室，将鱼去鳞、去内脏，并用清水冲洗干净，留下胸鳍与腹鳍之间的一段鱼体，小心剔去鱼骨。将鱼肉切成块，放入料理机打碎成鱼肉糜（不少于100 g），低温储存于塑料瓶中备用，储存时间尽量不超过2天。

五、操作步骤

1. 含水量测定

取一定质量的鱼糜，在分析天平上称重记录，放入烘箱，控制温度130 ℃烘干至恒重后，计算含水率。

2. 样品消解

称取制备好的鱼糜样品0.1～0.5 g（精确至0.000 1 g），置于溶样杯中，用少量去离子水润湿。在通风橱中，先加入6 mL盐酸，再慢慢加入2 mL硝酸，混匀，使样品与消解液充分接触。若有剧烈化学反应，待反应结束后再将溶样杯置于消解罐中密封。按照表4-3中推荐的升温程序在烘箱中进行消解，程序结束后冷却。待罐内温度降至室温后在通风橱中取出，缓慢泄压放气，打开消解罐盖，小心取出样品。

表 4-3　样品升温消解程序

步骤	升温时间/s	温度	保持时间/min
1	5	100 ℃	2
2	5	150 ℃	3
3	5	180 ℃	25

3. 测定

(1)把玻璃小漏斗插于 50 mL 比色管的管口,用慢速定量滤纸将消解后溶液过滤,转入比色管中,去离子水洗涤溶样杯及沉淀,将所有洗涤液并入比色管中,最后用去离子水定容至标线,混匀。用注射器取上述试液 10.0 mL,用过滤器过滤后置于 50 mL 比色管中,加入盐酸 2.5 mL,混匀。室温放置 30 min,用去离子水定容至标线,混匀。将上述消解处理后的鱼糜样品上机测定。标准曲线所得到的鱼样浓度扣除空白试验所得到的浓度即为所求。注:室温低于 15 ℃时,置于 30 ℃水浴中保温 20 min。

(2)原子荧光光度计的调试:原子荧光光度计开机预热,按照仪器使用说明书设定灯电流、负高压、载气流量、屏蔽气流量等工作参数,参考条件见表 4-4。

表 4-4　原子荧光光度计的工作参数

设备项目	工作参数	设备项目	工作参数
灯电流	15 ~ 40 mA	负高压	230 ~ 300 V
原子化器温度	200 ℃	载气流量	400 mL/min
屏蔽气流量	800 ~ 1 000 mL/min	灵敏线波长	253.7 nm

(3)标准曲线的绘制:分别移取 0.50 mL、1.00 mL、2.00 mL、3.00 mL、4.00 mL、5.00 mL汞标准使用液于 50 mL 容量瓶中,分别加入 2.5 mL 盐酸,具体数据见表 4-5,用去离子水定容至标线,混匀。可根据实际样品的浓度范围配制合适浓度的标准系列,溶液体积也可以根据实际需要配制。以硼氢化钾溶液为还原剂、以盐酸溶液(5∶95)为载流,由低浓度到高浓度顺次测定标准系列标准溶液的原子荧光强度。以扣除零浓度空白的标准系列原子荧光强度为纵坐标,以溶液中相对应的元素浓度(μg/L)为横坐标,绘制标准曲线。

表 4-5　标准液配制方案

标液序号	加入 10 μg/L 标准溶液的体积/mL	加盐酸 2.5 mL 后最终体积/mL	最终汞的浓度/(μg/L)
1	0.00	50	0.0
2	0.50	50	0.1
3	1.00	50	0.2
4	2.00	50	0.4

续表 4-5

标液序号	加入 10 μg/L 标准溶液的体积/mL	加盐酸 2.5 mL 后最终体积/mL	最终汞的浓度/(μg/L)
5	3.00	50	0.6
6	4.00	50	0.8
7	5.00	50	1.0

(4)空白试验:设置两个空白对照组,其一为养鱼的水样,其二为去离子水,均不加鱼糜样,其余操作与鱼糜样消解操作步骤相同。

六、结果计算

鱼样品中汞元素含量(mg/kg)按照下面公式进行计算:

$$\omega_2 = \frac{(\rho - \rho_0) \times V_0 \times V_2}{m \times (1 - f) \times V_1} \times 10^{-3}$$

式中:ω_2——沉积物中汞元素的含量,mg/kg;

ρ——由标准曲线查得测定试液中汞元素的浓度, μg/L;

ρ_0——空白溶液中汞元素的测定浓度, μg/L;

V_0——微波消解后试液的定容体积,mL;

V_1——分取试液的体积,mL;

V_2——分取后测定试液的定容体积,mL;

m——称取样品的质量,g;

f——样品的含水率,%。

七、注意事项

(1)硝酸和盐酸具有强腐蚀性,样品消解过程应在通风橱内进行,实验人员应注意安全。

(2)实验所用的玻璃器皿均需用硝酸(1:1)溶液浸泡 24 h 后,依次用自来水、去离子水洗净。

(3)消解罐的清洗和维护步骤:先进行一次空白消解,以去除内衬管和密封盖上的残留;用水和软刷仔细清洗内衬和压力套管;将内衬管和陶瓷外套管放入烘箱,在 200 ~ 250 ℃温度下加热至少 4 h,然后在室温下自然冷却。

八、思考题

(1)食品质量安全要求食品中汞的检测限是多少?

(2)鱼肉中为什么会含有汞?

实验三　大米中镉的测定

全世界每年向环境中释放的镉达 3 万吨,其中 82% ~94% 会进入土壤或水体中。大米是我国最主要的口粮,因其自身的独特“基因”,水稻生长对于镉污染元素的吸附作用强于玉米、大豆等其他品种。我国 GB 2715—2016《食品安全国家标准 粮食》和 GB 2762—2017《食品安全国家标准 食品中污染物限量》规定,大米中镉含量最大含量不能超出 0.2 mg/kg。当前大米中镉含量测定国家标准方法是 GB 5009.15—2014《食品安全国家标准 食品中镉的测定》。

一、实验目的

(1)了解并掌握测定大米中镉的前处理方法。

(2)掌握石墨炉原子吸收光谱法检测的基本原理和操作要点。

二、实验原理

试样经灰化或酸消解后,在机体改进剂的条件下,注入一定量消化样品液于原子吸收光谱仪石墨炉中,电热原子化后在 228.8 nm 波长下测定吸光值,采用标准曲线法定量。

三、仪器与试剂

1. 仪器

原子吸收分光光度计、马弗炉、恒温干燥箱、瓷坩埚、压力消解器、压力消解罐或压力溶弹、可调式电热板或可调式电炉、粉碎机、三角瓶、漏斗等。所用的玻璃仪器均需以硝酸(1∶5)浸泡过夜,用水反复冲洗,最后用去离子水冲洗干净。

2. 试剂

硝酸(优级纯),硫酸(优级纯),盐酸(优级纯),高氯酸(优级纯),过氧化氢(30%)(优级纯),磷酸二氢铵(优级纯),镉(纯度 99.99%),去离子水(分析过程中全部用水均使用去离子水)。

3. 试剂配制

(1)硝酸(0.5 mol/L):取 3.2 mL 硝酸加入 50 mL 去离子水(以下水均表示去离子水)中,稀释至 100 mL。

(2)硝酸(1∶1):取 50 mL 硝酸慢慢加入 50 mL 水中。

(3)盐酸(1∶1):取 50 mL 盐酸慢慢加入 50 mL 水中。

(4)混合酸:硝酸与高氯酸(4∶1):取 4 份硝酸与 1 份高氯酸混合。

(5)基体改进剂(磷酸二氢铵溶液,20 g/L):称取 2.0 g 磷酸二氢铵,以水溶液稀释至 100 mL。

(6)镉标准储备液(1 mg/mL)的制备:准确称取 1.000 g 金属镉(99.99%),分次加 20 mL 盐酸(1∶1)溶解,加 2 滴硝酸,移入 1 000 mL 容量瓶,加水至刻度,混匀即得。

(7)镉标准使用液:每次吸取镉标准储备液 10.0 mL 于 100 mL 容量瓶中,加硝酸(0.5 mol/L)至刻度。如此经多次稀释成每毫升含 100.0 ng 镉的标准使用液。

四、实验材料及前处理

市售大米,即干大米样,粉碎或磨碎,过 40 目筛,储存在洁净塑料瓶中室温保存备用。若为大米鲜样,即水稻鲜粒,可匀浆后储存在塑料瓶中,-20 ℃保存备用。

五、操作步骤

1. 标准曲线绘制

吸取配制的镉标准使用液 0.0 mL、1.0 mL、2.0 mL、3.0 mL、4.0 mL、5.0 mL 于 100 mL 容量瓶中加水至刻度,相当于 0.0 ng/mL、1.0 ng/mL、2.0 ng/mL、3.0 ng/mL、4.0 ng/mL、5.0 ng/mL,吸取上述各标准溶液 20 μL,加入 5 μL 基体改进剂,注入石墨炉,测得其吸光值填入表 4-6(测定条件参照如下步骤 3),对照浓度进行线性拟合,建立吸光值与浓度关系的一元线性回归方程,即得到标准曲线。

表 4-6 标准曲线数据记录

浓度/(ng/mL)	0.0	1.0	2.0	3.0	4.0	5.0
吸光值 *A*						

2. 样品消解

试样消解(湿式消解):若为大米干试样,取 0.500 ~ 1.000 g,若为大米鲜样,取 1.000~2.000 g,置于消解罐中进行初步消解。于三角瓶或高脚烧杯中,放数粒玻璃珠,加 10 mL 硝酸、2 mL 过氧化氢(30%)、3 ~5 滴硫酸,加盖浸泡过夜后,盖一个小漏斗在瓶口后于电热板或电炉上消解,若变棕黑色,则滴加硝酸,直至消化液呈无色透明或略带黄色,冷却后用滴管将试样消化液洗入 10 mL 或 25 mL 的容量瓶中,用水少量多次洗涤三角瓶或高脚烧杯,洗液合并于容量瓶中定容至刻度,混匀即得样品试样,保存备用。同时作硝酸+高氯酸湿式消解和干灰消解的对比试验,并作空白试验。

3. 测定

吸取样品消解液 20 μL,加入 5 μL 基体改进剂,注入石墨炉,测样品的吸光值,代入标准曲线系列的一元回归方程中求得样液中的镉含量。

原子吸收分光光度计设置参考条件为:空心阴极灯特征波长选用 228.8 nm,狭缝 0.7 nm,灯电流 4 mA,总进样量为 25 μL,背景校正为塞曼效应。石墨炉升温程序见表 4-7。

表 4-7 石墨炉升温程序

温度阶段	升温时间/s	保持时间/s	氩气流量/(mL/min)
干燥温度 110 ℃	1	30	250
干燥温度 130 ℃	15	30	250
灰化温度 500 ℃	10	20	250
原子化温度 1 500 ℃	0	3	0
清烧温度 245 ℃	1	5	250

六、结果计算

试样中镉含量按下式计算：

$$X = \frac{(c_1 - c_0) \times V}{m \times 1\ 000}$$

式中：X——试样中镉含量，μg/kg；

c_1——测定试样消化液中镉含量，ng/mL；

c_0——空白液中镉含量，ng/mL；

V——试样消化液总体积，mL；

m——试样质量，g。

七、注意事项

（1）选择硝酸-高氯酸混合酸消解方法，可彻底破坏大米中有机物质，使重金属元素完全释放出来，检测结果更为真实准确。

（2）消解过程温度不宜过高，易使样品焦煳，导致测定结果偏低。

（3）对于有干扰试样，需要加入适量基体改进剂磷酸二氢铵溶液消除干扰，制作标准曲线时也需要加入等量的基体改进剂。

八、思考题

石墨炉原子吸收光谱法可以检测到食品中镉的检出限是多少？

实验四　虾中总砷的测定

砷作为一种高毒元素，海洋生物可以从海水及海洋沉积物中摄取砷，并在体内富集。海产品是人们餐桌上的重要食材，砷具有的蓄积性可造成人体全身性、多系统的损害。所以监测各种海产品中砷含量是食品安全工作的重要项目之一。

一、实验目的

（1）了解并掌握海产品中砷元素测定的前处理方法。

（2）掌握原子荧光光度法测定砷元素含量的基本原理和操作要点。

二、实验原理

食品试样经湿消解或干灰化后，加入硫脲使五价砷预还原为三价砷，再加入硼氢化钠或硼氢化钾使之还原生成砷化氢，由氩气载入石英原子化器中分解为原子态砷，在特制砷空心阴极灯的发射光激发下产生原子荧光，其荧光强度在固定条件下与被测液中的砷浓度成正比，与标准系列比较定量。

三、仪器与试剂

1. 仪器

原子荧光光度计、砷高强度空心阴极灯、微波消解仪、马弗炉、锥形瓶、坩埚、25 mL 比色管、真空干燥机。

2. 试剂

氢氧化钠(优级纯),硼氢化钠或硼氢化钾(优级纯),硫脲(优级纯),浓硫酸(优级纯),三氧化二砷(优级纯),硝酸(优级纯),硫酸(优级纯),高氯酸(优级纯),六水硝酸镁(优级纯),去离子水(此实验中水全部用去离子水)。

3. 试剂配制

(1)氢氧化钠溶液(2 g/L):称取 2 g 氢氧化钠加水溶解后,用水定容至 1 000 mL。

(2)氢氧化钠溶液(100 g/L):供配制砷标准溶液用,少量即够。称取 1 g 氢氧化钠加水溶解后,用水定容至 10 mL。

(3)硼氢化钠溶液(10 g/L):称取硼氢化钠 10.0 g,溶于 2 g/L 氢氧化钠溶液 1 000 mL中,混匀。该溶液于冰箱可保存 10 天,取出后应当日使用(也可称取 14 g 硼氢化钾代替 10 g 硼氢化钠)。

(4)硫脲溶液(50 g/L):称取 2.5 g 硫脲,加水溶解后定容至 50 mL。

(5)硫酸溶液(1∶9):量取硫酸 100 mL,小心倒入 900 mL 水中,边倒边缓慢搅动,之后混匀。

(6)盐酸(1∶1):取 50 mL 盐酸慢慢加入 50 mL 水中。

(7)硝酸与高氯酸(4∶1):取 4 份硝酸与 1 份高氯酸混合。

(8)砷标准储备液(含砷 0.1 mg/mL):精确称取于 100 ℃干燥 2 h 以上的三氧化二砷 0.132 g,加 100 g/L 氢氧化钠 10 mL 溶解,用适量水转入 1 000 mL 容量瓶中,加硫酸(1∶9)25 mL,用水定容至刻度。

(9)砷使用标准液:含砷 1 μg/mL。吸取 1.0 mL 砷标准储备液于 100 mL 容量瓶中,用水稀释至刻度,该溶液应当日配制使用。

(10)湿消解试剂:硝酸、硫酸、高氯酸。

(11)微波消解试剂:硝酸、过氧化氢溶液、硝酸溶液(1∶9)。

硝酸溶液(1∶9):量取硝酸 100 mL,小心慢慢倒入 900 mL 水中,边倒边缓慢搅动,之后混匀。

(12)干灰化试剂:硝酸镁溶液(150 g/L)、氯化镁、盐酸(1∶1)、硫脲(50 g/L)。

硝酸镁溶液(150 g/L):称取 3.0 g 六水硝酸镁,加水溶解后定容至 20 mL。

四、实验材料及前处理

鲜虾和干虾米,购于市场。鲜虾冰盒保鲜带回实验室。

鲜虾前处理:称取 200 g 鲜虾样品直接匀浆,将混匀的虾泥样品置于直径 11 cm 培养皿中(培养皿称量空重),厚度约为 0.8 cm 并称重,用真空干燥机在 35 Pa 的真空度环境下干燥 24 h 后再次称重,计算样品中的水分含量。干燥后样品用粉碎机粉碎后装入 50 mL 塑料离心管,放入干燥器备用。

干虾米前处理：虾米干燥及粉碎步骤同鲜虾的处理。

五、操作步骤

1. 试样消解

(1)湿法消解：固体试样称样1～2.5 g，液体试样称样5～10 g(精确至小数点后第二位)，置入50～100 mL锥形瓶中，同时做两份试剂空白。加硝酸20～40 mL，硫酸1.25 mL，摇匀后放置过夜，置于电热板上加热消解。若消解液处理至10 mL左右时，仍有未分解物质或色泽变深，取下放冷，补加硝酸5～10 mL，再消解至10 mL左右观察，如此反复两三次，注意避免炭化。如仍不能消解完全，则加入高氯酸1～2 mL，继续加热至消解完全，再持续蒸发至高氯酸的白烟散尽，硫酸的白烟开始冒出。冷却，加水25 mL，再蒸发至冒硫酸白烟。冷却，用水将内容物转入25 mL容量瓶或比色管中，加入50 g/L硫脲2.5 mL，补水至刻度并混匀，备测。

(2)微波消解法：称取0.10～0.50 g试样于消解罐中加入1～5 mL硝酸，1～2 mL过氧化氢，盖好安全阀后，将消解罐放入微波炉消解系统中，根据不同种类的试样设置微波炉消解系统的最佳分析条件(按微波功率及压力步骤设置)，至消解完全，冷却后用硝酸溶液(1∶9)定量转移并定容至25 mL(低含量试样可定容至10 mL)，混匀待测。

(3)干法灰化：一般应用于固体试样。称取1～2.5 g(精确至小数点后第二位)于50～100 mL坩埚中，同时做两份试剂空白。加150 g/L硝酸镁10 mL混匀，低热蒸干，将氯化镁1 g仔细覆盖在干渣上，于电炉上炭化至无黑烟，移入550 ℃高温炉灰化4 h。取出放冷，小心加入盐酸(1∶1)10 mL以中和氧化镁并溶解灰分，转入25 mL容量瓶或比色管中，向容量瓶或比色管中加入50 g/L硫脲2.5 mL，另用硫酸(1∶9)分次涮洗坩埚后转出合并，直至25 mL，混匀待测。

2. 标准曲线溶液配制

取25 mL容量瓶或比色管6支，依次准确加入1 μg/mL砷使用标准液0 mL、0.05 mL、0.2 mL、0.5 mL、2.0 mL、5.0 mL(各相当于砷浓度0 ng/mL、2.0 ng/mL、8.0 ng/mL、20.0 ng/mL、80.0 ng/mL、200.0 ng/mL)，各加硫酸(1∶9)12.5 mL、50 g/L硫脲2.5 mL，补加水至刻度，混匀待测。

3. 测定

(1)仪器工作参考条件见表4-8。

表4-8　仪器工作参数条件

项目	参数	项目	参数
光电倍增管电压	400 V	氩气流速	载气600 mL/min
砷空心阴极灯电流	35 mA	测量方式	荧光强度或浓度直读
原子化器	温度820～850 ℃，高度7 mm	读数方式	峰面积
读数延迟时间	1 s	读数时间	15 s
硼氢化钠溶液加入时间	5 s	标液或样液加入体积	2 mL

(2)浓度方式测量:如直接测荧光强度,则在开机并设定好仪器条件后,预热稳定约20 min。按“B”键进入空白值测量状态,连续用标准系列的“0”管进样,待读数稳定后,按空档键记录下空白值(即让仪器自动扣底)即可开始测量。先依次测标准系列(可不再测“0”管)。标准系列测完后应仔细清洗进样器(或更换一支),并再用“0”管测试使读数基本回零后,才能测试剂空白和试样。每测不同的试样前都应清洗进样器,记录(或打印)下测量数据。

(3)仪器自动方式:利用仪器提供的软件功能可进行浓度直读测定,为此,在开机、设定条件和预热后,还需输入必要的参数,即试样量(g 或 mL)、稀释体积(mL)、进样体积(mL)、结果的浓度单位,标准系列各点的重复测量次数、标准系列的点数(不计零点)及各点的浓度值。首先进入空白值测量状态,连续用标准系列的“0”管进样以获得稳定的空白值并执行自动扣底后,再依次测标准系列(此时“0”管需再测一次)。在测样液前,需再进入空白值测量状态,先用标准系列“0”管测试使读数复原并稳定后,再用两个试剂空白各进一次样,让仪器取其平均值作为扣底的空白值,随后即可依次测试样。测定完毕后退回主菜单,选择“打印报告”即可将测定结果打出。

六、结果计算

如果采用荧光强度测量方式,则需先对标准系列的结果进行回归运算(由于测量时“0”管强制为0,故零点值应该输入以占据一个点位),然后根据回归方程求出试剂空白液和试样被测液的砷浓度,再按下式计算试样的砷含量:

$$X = \frac{c_1 - c_0}{m} \times \frac{25}{1\ 000}$$

式中:X——表示试样的砷含量,mg/kg;

c_1——表示试样被测液的浓度,ng/mL;

c_0——表示试剂空白液的浓度,ng/mL;

m——表示试样的质量或体积,g 或 mL。

七、注意事项

(1)按《食品中总砷及无机砷的测定》(GB/T 5009.11—2014)对干燥后样品进行湿消化并用原子荧光法测定总砷含量,结合每份样品水分含量换算湿样品中总砷含量,以 mg/kg 计。

(2)实验所用试管、培养皿、离心管、玻璃珠、三角烧瓶均置于 20% 硝酸溶液中浸泡24 h 后用去离子水洗净烘干。

(3)海产品中的总砷主要为有机砷,无毒或低毒,而毒性较大的无机砷含量低。虽然目前没有研究资料表明有机砷能在生物体内转化为无机砷,但烹饪过程及饮食搭配能否造成砷在食物中形态的变化仍存在争议,而且无机砷的测定方法不甚成熟,测定结果不稳定,所以就目前来看,通过总砷测量对食物砷污染状况进行评价仍然可行。

八、思考题

氢化物原子荧光光度法测定检测食品中砷的检出限是多少?

第三节　食品中有害物质检测

实验一　玉米中黄曲霉毒素的测定

黄曲霉毒素(AF)是一类主要由黄曲霉和寄生曲霉产生的有毒次生代谢产物,在湿热地区粮油食品和饲料中出现的概率最高。黄曲霉毒素依据其化学结构的不同,产生的衍生物有20余种,最主要的有黄曲霉毒素B_1、B_2、G_1、G_2以及M_1、M_2等,其中黄曲霉毒素B_1(AFB_1)的毒性最强。黄曲霉毒素对人类健康的巨大危害主要表现在:①剧毒性。黄曲霉毒素是目前为止发现毒性最强的真菌毒素,毒性是氰化钾的10倍,是砒霜的68倍。②强致癌性。AFB_1是目前发现的最强致癌物之一,被世界卫生组织划为第一类致癌物质,其致癌能力是二甲基亚硝胺的75倍,是3,4-苯并芘的4 000倍,可诱发几乎所有动物发生肝癌,长期食用含低浓度黄曲霉毒素的食物被认为是导致肝癌、胃癌、肠癌等疾病的主要原因。③分布很广。AFB_1在农产品中几乎无法避免,广泛存在于霉变的花生、玉米、大米、大麦、小麦等农产品及食用油中。全国饲料中AFB_1平均检出率为99.5%,超标率为2.3%,奶牛摄食AFB_1超标的饲料会导致牛奶及乳制品中黄曲霉毒素超标。目前黄曲霉毒素检测的主要方法有薄层色谱(TLC)、高效液相色谱(HPLC)、免疫亲和柱(IAC)和酶联免疫吸附(ELISA)等方法。

一、实验目的

掌握间接竞争酶联免疫吸附(ELISA)法检测黄曲霉毒素B_1(AFB_1)含量的原理及方法。

二、实验原理

AFB_1通过卵清蛋白(ovalbumin,OVA)结合于酶标板微孔内,称为结合AFB_1。样品提取液中游离AFB_1通过与固定在酶标板微孔内的结合AFB_1竞争AFB_1抗体的结合位点,形成抗原抗体复合物。其中,与游离AFB_1结合形成的游离态抗原抗体复合物通过洗涤被去除;与结合AFB_1形成的结合态复合物被固定在酶标板的微孔内。结合态复合物再与酶标二抗进一步结合,加入酶底物溶液,可产生有色化合物。测定其吸光度,并与AFB_1标准品比较,就可以计算出样品中AFB_1的含量。样品中AFB_1的含量与吸光度成反比。

三、仪器与试剂

1.仪器

小型粉碎机、样筛、酶标仪(带490 nm滤镜)、96孔酶标板、水浴锅、振荡器等。

2.试剂

玉米样品3~4种,各250 g;AFB_1与卵清蛋白(OVA)的连接物(AFB_1-OVA,作为包被抗原,AFB_1与OVA的摩尔比大于5∶1);AFB_1抗体(来源小鼠);辣根过氧化物酶(HRP)与羊抗小鼠IgG的连接物(酶标二抗);脱脂奶粉;甲醇;邻苯二胺;Na_2CO_3;

$NaHCO_3$；KH_2PO_4；Na_2HPO_4；NaCl；KCl；H_2O_2；H_2SO_4；氯仿；无水 Na_2SO_4 等。

3. 试剂配制

(1) pH 值 7.2 的 0.1 mol/L 磷酸盐缓冲液生理盐水(phosphatebuffersaline,PBS)。

(2) pH 值 7.2 的 0.1 mol/L 含 0.05% Tween-20 的磷酸盐缓冲液生理盐水(ELISA 洗涤液,PBS-Tween,PBST)。

(3) 分别称取 $NaH_2PO_4 \cdot 12H_2O$ 2.9 g,KH_2PO_4 0.2 g,NaCl 8.0 g,KCl 0.2 g,Tween-20 0.5 mL 溶于 1 000 mL 去离子水中。

(4) pH 值 9.6 的 0.05 mol/L 碳酸盐缓冲液(ELISA 包被液,CB)。

(5) pH 值 5.0 的 0.1 mol/L 柠檬酸-0.2 mol/L Na_2HPO_4 缓冲液(ELISA 底物缓冲液)。

(6) H_2SO_4(2 mol/L,ELISA 终止液)；甲醇-PBS 溶液(20：80)。

(7) AFB_1 标准溶液：准确称取 1～2 mg 标准品,用甲醇溶解配成 1 mg/mL 的溶液,再用甲醇-PBS 溶液稀释至 10 μg/ mL。使用时用甲醇-PBS 稀释至适当浓度。

除特别说明外,实验中所用试剂均为优级纯,水为去离子水。

四、试验材料及前处理

玉米样品,购于市场。取适量玉米样品粉碎后过 20 目筛。

五、操作步骤

1. 样品提取

(1) 取 20.0 g 粉碎的玉米样品,置于 250 mL 具塞锥形瓶中。加入 10 mL 水湿润后,加 60 mL 氯仿,振荡 30 min 后,加 12 g 无水 Na_2SO_4,摇匀后,静置 30 min。用折叠式的快速定性滤纸过滤于 100 mL 具塞锥形瓶中。

(2) 取 12 mL 滤液(相当于 4 g 样品)于蒸发皿中,在 65 ℃ 水浴上通风吹干。

(3) 分别用 0.8 mL、0.8 mL、0.4 mL 甲醇-PBS 溶液溶解并彻底冲洗蒸发皿中的残渣,溶液移至具盖试管中,振荡摇晃后静置,作为样品提取液待测。每毫升提取液相当于 2 g 样品。

2. 标准曲线的制作

(1) 抗原包被：将 10 μL 包被抗原 AFB_1-OVA 加入 96 孔酶标板的微孔内,放置 4 ℃ 过夜。AFB_1-OVA 溶于 CB 中,浓度为 10 μg/mL,浓度有时应根据 AFB_1-OVA 的摩尔比确定。取出酶标板,恢复至室温。弃去包被液,用 PBST 满孔洗涤 3 次,每次 5 min,扣干。

(2) 封阻：每孔加入 200 μL 5% 的脱脂牛奶(溶于 PBST,作为封阻液),置于 37 ℃ 条件下保温保湿 1 h。取出酶标板,倾去封阻液,以 PBST 满孔洗涤 3 次,每次 5 min,扣干。

(3) 竞争抗原抗体反应：每孔加入 90 μL 用 PBST 适当稀释的 AFB_1 抗体,同时加入 10 μL不同浓度的 AFB_1 标准溶液,使 AFB_1 反应浓度分别为 0 ng/mL、0.1 ng/mL、1.0 ng/mL、10 ng/mL、100 ng/mL、1 000 ng/mL、10 000 ng/mL,混匀,置于 37 ℃ 保温保湿 1 h,用 PBST 满孔洗涤扣干 3 次。每个浓度做 3 个重复。用只加 100 μL PBST 的微孔作为空白对照。

(4) 酶标二抗反应：每孔加入 100 μL 用 PBST 适当稀释的羊抗鼠 HRP 酶标二抗,置于 37 ℃保温保湿 1 h,用 PBST 满孔洗涤扣干 5 次。

(5)底物显色:每孔加底物 100 μL(4 mg 邻苯二胺溶于 10 mL,pH 值 5.0 的 0.1 mo/L 柠檬酸-0.2 mol/L Na_2HPO_4缓冲液,加入 15 μL H_2O_2,现配现用)。置于 37 ℃保温保湿,避光反应 30 min。

(6)吸光度测定:每孔加 50 μL 2 mol/L H_2SO_4终止反应。5 min 后,以空白对照调零,于酶标仪上 490 nm 波长处测定吸光度 $A_{490\ nm}$。

(7)标准曲线的绘制:以 AFB_1浓度的对数为横坐标,以各浓度对应的 $A_{490\ nm}$与 AFB_1浓度为 0 的 $A_{490\ nm}$的比值为纵坐标,绘制 AFB_1标准竞争曲线。

3. 测定

(1)在以上竞争抗原抗体反应步骤中,将 10 μL 样品提取液代替 AFB_1标准溶液。其他操作过程均与以上步骤相同。

(2)根据样品提取液的 $A_{490\ nm}$与 AFB_1浓度为 0 的 $A_{490\ nm}$的比值,从标准曲线上查找并计算样品提取液中的 AFB_1浓度。

六、结果计算

样品中 AFB_1含量按下式计算:

$$X = \frac{c \times V \times 1\,000}{m}$$

式中:X——样品中 AFB_1含量,ng/kg;

c——从标准曲线中查得的样品提取液中 AFB_1的浓度,ng/mL;

V——样品提取液的体积,mL;

m——试样的质量,g。

七、注意事项

(1)通常 AFB、OVA 包被抗原和 AFB_1抗体价格昂贵,所以有条件的实验室可以自行制备。另外,可以直接购买 AFB_1的 ELISA 商品试剂盒。

(2)由于 ELISA 检测方法灵敏度较高,各步反应体系的体积稍有变化,即可影响食品分析综合实验指导结果。因此在所有的加样过程中,溶液应加到南标板微孔的底部,避免溅出。

(3)ELISA 法中的主要试剂为具有生物活性的蛋白质,在操作过程中容易产生气泡。由于气泡液膜表面具有较大的表面张力,可破坏蛋白质的空间结构,进而破坏其生物活性,因此在操作过程中应防止气泡产生。

(4)在实验操作过程中,尽量避免蛋白质类试剂反复冻融。因为反复冻融过程中产生的机械剪切力能破坏试剂中的蛋白质分子空间结构,从而引起假阴性结果。另外,冻融试剂的混匀只需要反复颠倒混匀即可,不要进行剧烈振荡,避免气泡的产生。

(5)洗涤是决定实验成败的关键步骤。如果洗涤不彻底,可能产生假阳性结果。因为酶标板材料多为可非特异性吸附蛋白质的聚苯乙烯。

(6)在底物显色过程中,温度和时间是主要影响因素。通常情况下,在一定时间和温度下,空白对照孔溶液为无色。但是如果时间过长或温度变高,空白对照孔也能产生颜色，从而影响分析结果。有时可以根据显色情况，适当缩短或延长显色时间。

(7)ELISA 操作过程复杂，影响因素较多，为了确保实验的准确性，样品的测定条件与标准曲线的绘制条件必须保持一致，通常在同一块酶标板上同时进行测定。

(8)由于 AFB_1 为剧毒致癌物，在操作时必须十分仔细，防止环境污染。凡是接触过毒素的器皿和移液嘴，必须经过 5% ~ 10% 次氯酸钠溶液浸泡 2 h 去毒，洗净后，才可重复使用或者弃掉。

八、思考题

在间接竞争 ELISA 中，酶标二抗的选择应根据一抗的来源确定。如小鼠源的一抗，应选择羊抗小鼠的酶标二抗；兔源的一抗，应选择羊抗兔的二抗，为什么？

实验二　农产品中有机磷农药残留的测定

一、实验目的

(1)了解有机磷农药的性质及危害。

(2)学习气相色谱仪的工作原理及使用方法。

(3)掌握食品中有机磷农药残留测定的气相色谱法及操作要点。

二、实验原理

食品中残留的有机磷农药经有机注入气溶剂提取并经净化、浓缩后，注入气相色谱仪，气化后在载气携带下于色谱柱中分离，由火焰光度检测器检测。当含有机磷的试样在检测器中的富氢焰上燃烧时，以 HPO(含磷化合物的裂解混合物，处于激发态)碎片的形式，放射出波长为 526 nm 的特征光，这种光经检测器的单色器(滤光片)将非特征光谱滤除后，由光电倍增管接收，产生电信号而被检出，试样的峰面积或峰高与标准品的峰面积或峰高进行比较定量。

三、仪器与试剂

1. 仪器

气相色谱仪(附有火焰光度检测器，FPD)、电动振荡器、组织捣碎机等。

2. 试剂

二氯甲烷(优级纯)；丙酮(优级纯)；硫酸钠溶液(优级纯)；无水硫酸钠(优级纯)，在 700 ℃灼烧 4 h 后备用；中性氧化铝(优级纯)，在 550 ℃灼烧 4 h 后备用。

3. 试剂配制

(1)有机磷农药标准储备液：分别准确称取有机磷农药标准品敌敌畏、乐果、马拉硫磷、对硫磷、甲拌磷、稻瘟净、倍硫磷、杀螟硫磷及虫螨磷各 10.0 mg，用苯(或三氯甲烷)溶解并稀释至 100 mL，放在冰箱(4 ℃)中保存。

(2)有机磷农药标准使用液：临用时用二氯甲烷稀释为使用液，使其浓度为敌敌畏、乐果、马拉硫磷、对硫磷、甲拌磷每毫升各相当于 1.0 μg/mL，稻瘟净、倍硫磷、杀螟硫磷及虫螨磷每毫升各相当于2.0 μg/mL。

四、实验材料及前处理

(1)若待测样为蔬菜样品:取适量蔬菜擦净,去掉不可食部分后称取适量蔬菜试样,将蔬菜切碎混匀。现测现切。

(2)若待测样为谷物样品:将样品磨粉(稻谷先脱壳),过20目筛,混匀备用。

(3)若待测样为植物油样品:保存油样备用。

五、操作步骤

1.样品处理

(1)对于蔬菜试样,称取10.00 g混匀的试样,置于250 mL具塞锥形瓶中,加30~100 g无水硫酸钠脱水,剧烈振摇后如有固体硫酸钠存在,说明所加无水硫酸钠已够,加0.2~0.8 g活性炭脱色,加70 mL二氯甲烷,在振荡器上振摇0.5 h,经滤纸过滤,量取35 mL滤液,在通风橱中室温下自然挥发至近干,用二氯甲烷少量多次研洗残渣,移入10 mL具塞刻度试管中,定容至2 mL,备用。

(2)对于谷物试样,称取10.0 g置于具塞锥形瓶中,加入0.5 g中性氧化铝(小麦、玉米再加0.2 g活性炭)及20 mL二氯甲烷,振荡0.5 h,过滤,滤液直接进样。若农药残留过低,则加30 mL二氯甲烷,振摇过滤,量取15 mL滤液浓缩,并定容至2 mL进样。

(3)对于植物油试样,称取5.0 g混匀的试样,用50 mL丙酮分次溶解并洗入分液漏斗中,摇匀后备用。加10 mL水,轻轻旋转振摇1 min,静置1 h以上,弃去下面析出的油层,上层溶液自分液漏斗上口缓缓倒入另一分液漏斗中,注意尽量不使剩余的油滴倒入(如乳化严重,分层不清,则加入50 mL离心管中,于2 500 r/min转速下离心0.5 h,用滴管吸出上层清液)。之后,加30 mL二氯甲烷、100 mL 50 g/L的硫酸钠溶液,振摇1 min;静置分层后,将上层二氯甲烷提取液移至蒸发皿中;下层丙酮水溶液再用10 mL二氯甲烷提取一次,分层后,上层液合并至蒸发皿中;自然挥发后,如无水,可用二氯甲烷少量多次研洗蒸发皿中残液,并将其移入具塞量筒中,并定容至5 mL,加2 g无水硫酸钠振荡脱水,再加1 g中性氧化铝、0.2 g活性炭(毛油可用0.5 g)振荡脱油和脱色,过滤,滤液直接进样。如果自然挥发后尚有少量水,则需反复抽提后再按如上操作。

2.色谱条件

(1)色谱柱(玻璃柱),内径3 mm,长1.5~2.0 m。

(2)分离测定敌敌畏、乐果、马拉硫磷、对硫磷的色谱柱,可选择:①内装涂有2.5% SE-30和3% QF-1混合固定液的60~80目Chromoscorb WAWDMCS色谱柱;②内装涂有1.5% OV-17和2% QF-1混合固定液的60~80目Chromoscorb WAWDMCS色谱柱;③内装涂有2.0% OV-101和2% QF-1混合固定液的60~80目Chromoscorb WAWDMCS色谱柱。

(3)分离测定甲拌磷、稻瘟净、倍硫磷、杀螟硫磷及虫螨磷的色谱柱,可选择:①内装涂有3% PEGA和5% QF-1混合固定液的60~80目Chromoscorb WAWDMCS色谱柱;②内装涂有2% NPGA和3% QF-1混合固定液的60~80目Chromoscorb WAWDMCS色谱柱。

(4)气流速度:载气为氮气 80 mL/min,空气 50 mL/min;氢气 180 mL/min(氮气、空气和氨气之比按各仪器型号不同选择各自的最佳比例条件)。

(5)工作程序温度设置参考值。进样口为 220 ℃,检测器为 240 ℃,柱温为 180 ℃,但测定敌敌畏为 130 ℃。

3. 测定

将有机磷农药标准使用液 2 ~5 μL 分别注入气相色谱仪中,可测得不同浓度有机磷标准溶液的峰高,分别绘制有机磷农药质量-峰高标准曲线,同时取试样溶液 2 ~5 μL 注入气相色谱仪中,测得峰高,从标准曲线图中查出相应的含量。

六、结果计算

有机磷农药的质量分数按下式计算:

$$\omega = \frac{m_1}{m_2 \times 1\ 000}$$

式中:ω ——试样中有机磷农药的质量分数,mg/kg;

m_1——进样体积中有机磷农药的质量,由标准曲线中查得,ng;

m_2——与进样体积(μL)相当的试样质量,g。

计算结果保留两位有效数字。

七、注意事项

(1)本法采用毒性较小且价格较为低廉的二氯甲烷作为提取试剂,国际上多用乙氰作为有机磷农药的提取试剂及分配净化试剂,但其毒性较大。

(2)有些稳定性差的有机磷农药,如敌敌畏因稳定性差且易被色谱柱中的担体吸附,故本法采用降低操作温度来克服上述困难。另外,也可采用缩短色谱柱至 1 ~1. 3 m 或减少固定液涂渍的厚度等措施来克服。

(3)本实验中介绍的方法是 GB/T 5009. 20—2003《食品中有机磷农药残留量的测定》中的第二法,适用于粮食、蔬菜、食用油中敌敌畏、乐果、马拉硫磷、对硫磷、甲拌磷、稻瘟净、杀螟硫磷、倍硫磷、虫螨磷等农药的残留量分析。最低检出浓度为 0.01 ~0.03 mg/kg。

八、思考题

目前,有机磷农药残留常用测定方法都有哪些?

实验三　乳制品中三聚氰胺的测定

三聚氰胺是一种有机化工中间产品,是一种三嗪类含氮杂环有机化合物。由于我国采用凯氏定氮法测定牛奶中蛋白质含量,三聚氰胺被不法商贩掺进食品中,以提升蛋白质含量,因此三聚氰胺也被称为“蛋白精”。蛋白质平均含氮量为 16% 左右,而三聚氰胺的含氮量高达 66% ,因此,添加三聚氰胺可以使食品的蛋白质测试结果虚高,而且三聚氰胺没有颜色、味道和气味,所以掺杂后不易被发现。但是三聚氰胺进入人体水解后,生成

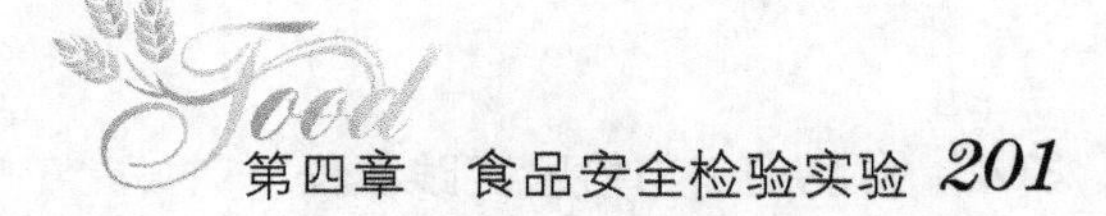

三聚氰酸,三聚氰胺和三聚氰酸形成网状结构造成结石。三聚氰胺不是食品原料,也不是食品添加剂,禁止人为添加到食品中。

一、实验目的

掌握高效液相色谱法测定奶制品中三聚氰胺含量的原理和方法。

二、实验原理

样品中的三聚氰胺经三氯乙酸-乙腈提取,阳离子交换固相萃取柱净化后,用高效液相色谱测定,外标法定量。

三、仪器与试剂

1. 仪器

高效液相色谱仪(配有紫外可见光检测器),分析天平(感量为0.000 1 g和0.01 g),离心机(转速不低于4 000 r/min),超声波水浴,固相萃取装置,氮气吹干仪,涡旋混合器,具塞塑料离心管(50 mL),研钵。

2. 试剂

甲醇(色谱纯);乙腈(色谱纯);氨水(25%);三氯乙酸(优级纯);柠檬酸(优级纯);辛烷磺酸钠(色谱纯);定性滤纸;海砂(化学纯),粒度为0.65 ~ 0.85 mm,二氧化硅含量为99%;有机滤膜(0.45 μm);氮气(纯度≥99 99%)。

3. 试剂配制

(1)甲醇水溶液:准确量取50 mL甲醇和50 mL水,混匀后备用。

(2)三氯乙酸溶液(1%):准确称取10 g三氯乙酸于1 000 mL容量瓶中,用水溶解并定容至刻度,混匀后备用。

(3)氨化甲醇溶液(5%):准确量取5 mL氨水和95 mL甲醇,混匀后备用。离子对试剂缓冲液:准确称取2.10 g柠檬酸和2.16 g辛烷磺酸钠,加入约980 mL水溶解,调节pH至3.0后,定容至1 000 mL备用。

(4)阳离子交换固相萃取柱:混合型阳离子交换固相萃取柱,基质为苯磺酸化的聚苯乙烯-二乙烯基苯高聚物,填料质量为60 mg,体积为3 mL,或者相当。使用前依次用3 mL甲醇、5 mL水活化。

(5)三聚氰胺标准储备液(1 mg/mL):称取100.0 mg三聚氰胺标准品(纯度大于99.0%于100 mL容量瓶中),用甲醇水溶液溶解并定容至刻度,在4 ℃避光保存。

四、实验材料及前处理

实验原料准备:市售伊利奶粉、酸奶、冰激凌各50 g。

五、操作步骤

1. 样品预处理

(1)称取2.00 g样品于50 mL具塞塑料离心管中,加入15 mL三氯乙酸溶液和5 mL乙腈,超声提取10 min,再振荡提取10 min后,以4 000 r/min离心10 min。

(2)上清液经三氯乙酸溶液润湿后的滤纸过滤后,以三氯乙酸溶液定容至25 mL。

(3)取5 mL滤液,加入5 mL水混匀后用作净化液。

2. 样品净化

(1)将上述待净化液转移至固相萃取柱中,依次用3 mL水和3 mL甲醇洗涤,抽至近干后,用6 mL 5%氨水-甲醇洗脱。整个固相萃取过程中,流速不超过1 mL/min。

(2)洗脱液于50 ℃下用氮气吹干,残留物用1 mL流动相定容(流动相配比见步骤3中详细描述),涡旋混合1 min,过0.45 μm微孔滤膜后,供HPLC测定。

3. 测定

(1)标准曲线的绘制:用流动相将三聚氰胺标准储备液逐级稀释,得到浓度为0.8 μg/mL、2 μg/mL、20 μg/mL、40 μg/mL、80 μg/mL的标准工作液,按浓度由低到高进行检测,以峰面积和浓度作图,求标准曲线回归方程。

(2)样品测定:将样品提取净化液注入高效液相色谱仪进行分析,根据峰面积求得三聚氰胺的含量。注意:待测样液中三聚氰胺的测量值应在标准曲线线性范围内,超过线性范围则应稀释后再进样分析。

(3)色谱条件设置:色谱柱为C8柱[250 mm×4.6 mm(内径),5 μm]或C18柱[250 mm× 4.6 mm(内径),5 μm];流动相,对C8柱,采用离子对试剂缓冲液-乙腈(85∶15),对C18柱,采用离子对试剂缓冲液-乙腈(90∶10);流速为1.0 mL/min;柱温为40 ℃;检测波长为240 nm;进样量为20 μL。

六、结果计算

样品中三聚氰胺的含量按下式计算:

$$X = \frac{A \times c \times V}{m \times A_s} \times f \times \frac{1\,000}{1\,000}$$

式中:X——三聚氰胺的含量,mg/kg;

A——样液中三聚氰胺的峰面积;

c——标准溶液中三聚氰胺的浓度,μg/mL;

V——样液的最终定容体积,mL;

A_s——标准溶液中三聚氰胺的峰面积;

m——样品的质量,g;

f——稀释倍数。

七、注意事项

(1)实验步骤中的色谱条件仅供参考,具体的色谱条件应该根据仪器设备的型号和实验条件进行调整。

(2)该方法的最低检出限为2.0 mg/kg。

(3)应设计空白试验。空白试验除了不称取样品外,其他过程均按样品处理步骤和条件进行。

八、思考题

(1)简述三聚氰胺对人体的危害。

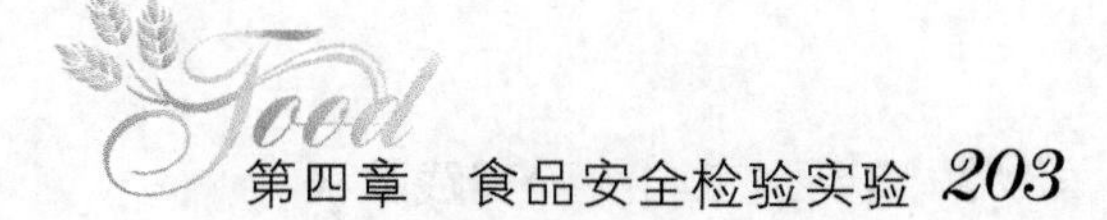

(2)对于含油脂量较高的样品(如奶酪、奶油、巧克力),如何去除油脂的干扰?

实验四　油脂中丙二醛的测定

食品中油脂类在存储过程中受到环境因素的影响易发生酸败反应,分解出醛、酸之类的化合物,丙二醛就是其中一种酸败产物。通过检测油脂中丙二醛含量,能反映出油脂酸败变质的程度。

一、实验目的

(1)了解食品油脂中丙二醛产生的原因及危害。

(2)学习硫代巴比妥酸检测丙二醛的反应原理及操作要点。

二、实验原理

油脂受光、热、空气中氧的作用,发生酸败反应,分解出醛、酸之类的化合物。丙二醛就是分解产物的一种,它能与硫代巴比妥酸(TBA)作用生成粉红色化合物,在 532 nm 波长处有吸收高峰,利用此性质即能测出丙二醛含量,从而推导出油脂酸败的程度。

三、仪器与试剂

1. 仪器

离心机、水浴锅、分光光度计、25 mL 比色管、250 mL 带盖三角瓶、10 mL 和 25 mL 移液管、5 mL 和 10 mL 刻度吸管、直径 15 cm 滤纸。

2. 试剂

硫代巴比妥酸(TBA)(分析纯),三氯乙酸(分析纯),氯仿(分析纯),1,1,3,3-四乙氧基丙烷(分析纯),乙醚(分析纯),乙二胺四乙酸二钠(EDTA)(分析纯)。

3. 试剂配制

(1)TBA 水溶液:准确称取 0.288 g 溶于水中,并称至 100 mL(如 TBA 不易溶解,可加热至全溶澄清,然后稀释至 100 mL),相当于 0.02 mol/L。

(2)三氯乙酸混合液:准确称取三氯乙酸 7.5 g 及 0.1 g EDTA,用水溶解,稀释至 100 mL。

(3)丙二醛标准溶液:称取 0.315 g 的 1,1,3,3-四乙氧基丙烷,溶解后稀释至 1 000 mL,此溶液每毫升相当于丙二醛 10 μg,备用。

四、实验材料及前处理

准备猪油试样和植物油试样,均为实验室保存样品。对于猪油试样,实验前在 70 ℃水浴上熔化为猪油液,备用。

五、操作步骤

1. 标准曲线的绘制

准确吸取每毫升相当于丙二醛 10 g 的标准溶液 0.0 mL、0.1 mL、0.2 mL、0.3 mL、

0.4 mL、0.5 mL、0.6 mL 置于比色管中（准确吸取每毫升相当于丙二醛 1 μg 的标准溶液 0 mL、1 mL、2 mL、3 mL、4 mL、5 mL、6 mL），加水至总体积为 5 mL，加入 5 mL TBA 溶液，然后按样品测定步骤进行，用去离子水定容至刻度，测得光密度，绘制标准曲线。

2. 油脂样品测定

（1）准确称取熔化均匀的油脂样品 2 ~ 3 g，置于 100 mL 有盖三角瓶内，加入 25 mL 三氯乙酸混合液。

（2）振摇 30 min（保持油脂融溶状态，如冷结即在 70 ℃水浴上略加热使之熔化后继续振摇）。

（3）用四层滤纸过滤，除去油脂。

（4）准确移取上述滤液 10 mL 置于 25 mL 比色管内，加入 10 mL TBA 溶液，混匀。

（5）加塞，置于 90 ℃水浴内保温 40 min。

（6）从水浴中取出，冷却 1 h。

（7）冷却后，摇匀，再静置 2 min，于 532 nm 波长处比色，对照标准曲线得到丙二醛含量的微克数（同时作空白试验）。

六、结果计算

油脂中丙二醛含量按照如下公式计算：

$$丙二醛含量(mg/kg)=\frac{C\times 50}{m\times 5}$$

式中：C——从标准曲线查得丙二醛的质量，μg；

m——样品质量，g。

七、思考题

此方法对油脂中丙二醛的检测限是否有限制？一般范围是多少？

实验五　高油脂食品中过氧化值及酸价的测定

酸价是脂肪中游离脂肪酸含量的标志，脂肪在长期保藏过程中，由于微生物、酶和热的作用发生缓慢水解，产生游离脂肪酸。而脂肪的质量与其中游离脂肪酸的含量有关。一般常用酸价作为衡量标准之一。在脂肪生产的条件下，酸价可作为水解程度的指标，在其保藏的条件下，可作为酸败的指标。酸价越小，说明油脂质量越好，新鲜度和精炼程度越高。

一、实验目的

（1）掌握含油脂类食品中过氧化值及酸价的测定方法及原理。

（2）掌握样品预处理的实验操作技术。

二、实验原理

过氧化值的测定是油脂氧化过程中产生的过氧化物，与碘化钾作用生成游离碘，析出的碘以硫代硫酸钠溶液滴定。根据硫代硫酸钠的用量可计算油脂的过氧化值。

酸价的测定是根据酸碱中和原理进行的，以酚酞作指示剂，中和1 g 油脂中的游离脂肪酸所需的氢氧化钾的毫克数。反应式如下：RCOOH+KOH ⟶RCOOK +H_2O。从氢氧化钾标准溶液的消耗量可计算出游离脂肪酸的含量。

三、仪器与试剂

1. 仪器

(1)测定过氧化值仪器：水浴锅、250 mL 碘量瓶、滴定管、5 mL 和 50 mL 量筒、100 mL 和 1 000 mL 容量瓶、滴瓶、烧瓶。

(2)测定酸价仪器：滴定管、250 mL 锥形瓶、试剂瓶、容量瓶、移液管、称量瓶、天平(精确度 0.001 g)。

2. 试剂

石油醚(优级纯)，碘化钾(优级纯)，三氯甲烷(氯仿)(优级纯)，冰乙酸(优级纯)，硫代硫酸钠(优级纯)，可溶性淀粉(优级纯)，氢氧化钾(或氢氧化钠)(优级纯)，乙醚(优级纯)，乙醇(优级纯)，酚酞(优级纯)。

3. 试剂配制

(1)饱和碘化钾溶液：称取 14 g 碘化钾，加 10 mL 水溶解，必要时微热加速溶解，冷却后贮于棕色瓶中，现用现配。

(2)三氯甲烷冰乙酸混合液：量取 40 mL 三氯甲烷，加 60 mL 冰乙酸，混匀。

(3)0.02 mol/L 硫代硫酸钠标准溶液：称取 5 g 硫代硫酸钠($Na_2S_2O_3 \cdot 5H_2O$)(或 3 g 无水硫代硫酸钠)，溶于 1 000 mL 水中，缓缓煮沸 10 min，冷却。放置两周后过滤备用。

(4)1% 淀粉指示剂：称取可溶性淀粉 0.5 g，加入少许水调成糊状，倒入 50 mL 沸水中调匀，煮沸，现用现配。

(5)酚酞指示剂(1% 酚酞-乙醇溶液)：称取 1 g 酚酞溶于 95% 的乙醇中，仍用 95% 乙醇定容至 100 mL。

(6)0.1 mol/L 氢氧化钾(或氢氧化钠)标准溶液：中性乙醚-乙醇(2∶1)混合溶剂，临用前用 0.1 mol/L 碱液滴定至中性；用酚酞指示剂标定终点。

(7)稀释硫代硫酸钠标准溶液至 0.002 mol/L 待用：取 10 mL 0.02 mol/L 硫代硫酸钠标准溶液加 90 mL 水稀释。

四、实验材料及前处理

芝麻粉、核桃、桃酥、蛋糕、米糕、面包、饼干，均从市场购买，每种试样约 100 g。

五、实验步骤

1. 样品处理方法

(1)含油脂较高的试样，如芝麻粉、核桃、桃酥等，称取混合均匀的试样 50 g(精确到 0.01 g)，置于 250 mL 具塞锥形瓶中，加 50 mL 石油醚(沸程 30～60 ℃)，放置过夜。

(2)含油脂中等的试样，如蛋糕、米糕等，称取混合均匀的试样 100 g 左右(精确到 0.01 g)，置于 50 mL 具塞锥形瓶中，加 100～200 mL 石油醚(沸程 30～60 ℃)，放置过夜。

(3)含油脂较少的试样，如面包、饼干等，称取混合均匀的试样 200～300 g(精确到

0.010 g)。置于500 mL具塞锥形瓶中,加适量的石油醚(沸程30~60 ℃)浸泡,放置过夜。

(4)上述所有处理的溶液,缓慢弃掉溶剂,滤液用快速滤纸过滤,减压回收溶剂,得到的油脂供测定酸价和过氧化值用。

2. 过氧化值测定

(1)称取经上述制取的油脂样品2.00~3.00 g,置于250 mL碘量瓶中,加30 mL三氯甲烷-冰乙酸混合液,使样品完全溶解。

(2)加入1.00 mL饱和碘化钾溶液,塞好瓶塞,并轻轻振摇30 s,然后在暗处放置3 min。

(3)取出加100 mL去离子水,摇匀。立即用硫代硫酸钠标准溶液(0.002 mol/L)滴定,滴定至淡黄色时,加1 mL淀粉指示剂,继续滴定至蓝色消失为终点。同时作空白试验。

(4)实验数据记录于表4-9中。

表4-9 实验过程数据记录

样品质量 m/g				
样液	第一次	第二次	第三次	平均值
V_1				
V_0				
X_1				

$$X_1 = \frac{(V_1 - V_0) \times c \times 0.1269}{m} \times 100$$

$$X_2 = X_1 \times 78.8$$

式中:X_1——样品的过氧化值,g/100 g;

X_2——样品的过氧化值,meg/kg,(meg为毫克当量);

V_1——样品消耗硫代硫酸钠溶液的体积,mL;

V_0——空白消耗硫代硫酸钠溶液的体积,mL;

c——硫代硫酸钠标准溶液的摩尔浓度,mol/L;

0.126 9——1 mol/L硫代硫酸钠1 mL相当于碘的克数,即与1.00 mL硫代硫酸钠标准滴定溶液[$c(Na_2S_2O_3)$= 1.000 mol/L]相当的碘的质量的克数;

m——样品质量,g。

若油脂新鲜,其过氧化值不应大于0.15%。

3. 酸价测定

(1)精确称取制取的油脂样品3.00~5.00 g,置于锥形瓶中,加50 mL中性乙醚-乙醇混合液,振摇使之溶解,必要时可置于热水中,温热促其溶解。

(2)冷至室温,加入酚酞指示剂2~3滴,以KOH标准液(0.05 mol/L)滴定,至初现微红色,且30 s内不褪色为终点。

(3)实验数据记录于表4-10中。

表4-10　实验过程数据记录

样品质量 m/g				
样液	第一次	第二次	第三次	平均值
V				
c				
X				

(4)试样的酸价按下式计算:

$$X=\frac{V\times c\times 56.11}{m}$$

式中:X——样品的酸价(以KOH计),mg/g;

V——样品消耗KOH溶液滴定的体积,mL;

c——KOH标准滴定液的实际浓度,mol/mL;

m——试样质量,g;

56.11——与1.0 mL KOH标准滴定溶液[c(KOH)= 1.000 mol/L]相当的KOH毫克数,计算结果保留两位有效数字。

六、注意事项

(1)测定过氧化值,加入碘化钾后,静置时间长短以及加水量多少,对测定结果均有影响。

(2)测定酸价,滴定过程中如出现混浊或分层,表明由碱液带进水分过多,乙醇量不足以使乙醚与碱溶液互溶。一旦出现该现象,可补加95%的乙醇,促使均一相体系的形成。

七、思考题

(1)过氧化值的测定过程中,加入水起什么作用?

(2)过氧化值的测定过程中,在未加淀粉指示剂之前,颜色较深说明什么?

实验六　水产品中组胺含量的测定

一、实验目的

掌握组胺含量测定的基本原理和方法。

二、实验原理

以三氯乙酸为提取溶液,振摇提取,经正戊醇萃取净化,组胺与偶氮试剂发生显色反应后,分光光度计检测,外标法定量。

三、仪器与试剂

1. 仪器

分析天平、滴定管、水浴锅。

2. 试剂

磷酸组胺、正戊醇、三氯乙酸、碳酸钠、氢氧化钠、盐酸(37%)、对硝基苯胺、亚硝酸钠。

3. 试剂配制

(1)组胺标准储备液:在(100±5)℃下将磷酸组胺标准溶液干燥 2 h 后,称取 0.276 7 g(精确至 0.001 g)于 50 mL 烧杯中,用适量水完全溶解后转移至 100 mL 容量瓶中,定容至刻度。此溶液每毫升相当于 1.0 mg 组胺。置于-20 ℃冰箱储存。保存期为 6 个月。

(2)磷酸组胺标准使用液:吸取 1.0 mL 组胺标准溶液于 50 mL 容量瓶中,用水定容至刻度。此溶液每毫升相当于 20.0 μg 组胺。临用现配。

(3)100 g/L 三氯乙酸溶液:称取 50 g 三氯乙酸于 250 mL 烧杯中,用适量水完全溶解后转移至 500 mL 容量瓶中,定容至刻度。保存期为 6 个月。

(4)50 g/L 碳酸钠溶液:称取 5 g 碳酸钠于 100 mL 烧杯中,用适量水完全溶解后转移至 100 mL 容量瓶中,定容至刻度。保存期为 6 个月。

(5)250 g/L 氢氧化钠溶液:称取 25 g 氢氧化钠于 100 mL 烧杯中,用适量水完全溶解后转移至 100 mL 容量瓶中,定容至刻度。保存期为 3 个月。

(6)盐酸(1∶11)溶液:吸取 5 mL 盐酸于 100 mL 烧杯中,加水 55 mL,混匀。保存期为 6 个月。

(7)偶氮试剂

1)甲液(对硝基苯胺):称取 0.5 g 对硝基苯胺,加 5 mL 盐酸溶液溶解后,再加水稀释至 200 mL,置冰箱中,临用现配。

2)乙液(亚硝酸钠溶液):称取 0.5 g 亚硝酸钠,加入 100 mL 水溶解混匀,临用现配。吸取 5 mL 甲液、40 mL 乙液混合即为偶氮试剂,临用现配。

四、实验材料及前处理

鱼肉,产地为河南省泌阳县,购于当地水产市场。取鲜活水产品的可食部分约 500 g 代表性样品,用组织捣碎机充分捣碎,均分成两份,分别装入洁净容器中,密封,并标明标记。-20 ℃保存。

五、操作步骤

1. 样品提取

准确称取已经绞碎均匀的试样 10 g(精确至 0.01 g),置于 100 mL 具塞锥形瓶中,加入 20 mL 10%三氯乙酸溶液浸泡 2~3 h,振荡 2 min 混匀,滤纸过滤,准确吸取 2.0 mL 滤液于分液漏斗中,逐滴加入氢氧化钠溶液调节 pH 值在 10~12 之间,加入 3 mL 正戊醇振摇提取 5 min,静置分层,将正戊醇提取液(上层)转移至 10 mL 刻度试管中。正戊醇提取 3 次,合并提取液,并用正戊醇稀释至刻度。吸取 2.0 mL 正戊醇提取液于分液漏斗中,加入 3 mL 盐酸溶液振摇提取,静置分层,将盐酸提取液(下层)转移至 10 mL 刻度试管中。提取 3 次,合并提取液,并用盐酸溶液稀释至刻度。

2. 测定

分别吸取 0 mL、0.20 mL、0.40 mL、0.60 mL、0.80 mL、1.0 mL 组胺标准使用液(相当于 0 μg、4.0 μg、8.0 μg、12 μg、16 μg、20 μg 组胺)及 2.0 mL 试样提取液于 10 mL 比色管中,加水至 1 mL,再加入 1 mL 盐酸溶液,混匀。加入 3 mL 碳酸钠溶液,3 mL 偶氮试剂。加水至刻度,混匀,放置 10 min。将“0”管溶液转移至 1 cm 比色皿,分光光度计波长调至 480 nm,调节吸光度为“0”后,依次测试系列标准溶液及试样溶液吸光度,以吸光度 A 为纵坐标,以组胺的质量为横坐标绘制标准曲线。

六、结果计算

试样中组胺的含量按下式计算:

$$X = \frac{m_1 \times V_1 \times 10 \times 10}{m_2 \times 2 \times 2 \times 2} \times \frac{100}{1\ 000}$$

式中:X——试样中组胺的含量,mg/100 g;

m_1——试样中组胺的吸光度值对应的组胺质量,μg;

V_1——加入三氯乙酸溶液的体积,mL;

10——第一个是正戊醇提取液的体积,第二个是盐酸提取液的体积,mL;

m_2——取样质量,g。

2——第一个是三氯乙酸提取液的体积,第二个是正戊醇提取液的体积,第三个是盐酸提取液的体积,mL。

100——换算系数。

1 000——换算系数。

计算结果保留小数点后一位。

七、思考题

如何防控水产品中组胺的产生?

第四节 食品掺伪检测

食品的掺伪是指人为地、有目的地向食品中加入一些非所固有的成分,以增加其质量或体积,而降低成本;或改变某种质量,以低劣色、香、味来迎合消费者心理的行为。食品的掺伪主要包括掺假、掺杂和伪造,一般采用感官检验法、化学分析法及微生物分析法等进行鉴别。

实验一　粮品类掺杂鉴别检验

一、陈旧米、面的检验

1. 酸度检测法

对于陈旧米、面的酸度测定按照 GB 5009.239—2016《食品安全国家标准 食品酸度的测定》中第一法——酚酞指示剂法执行。

(1)目的:学会利用酚酞指示剂法进行陈旧米、面的检验。

(2)原理:试样经过处理后,以酚酞作为指示剂,用 0.100 0 mol/L 氢氧化钠标准溶液滴定至中性,消耗氢氧化钠溶液的体积数,经计算确定试样的酸度。

(3)主要试剂:氢氧化钠;七水硫酸钴;酚酞;95% 乙醇;乙醚;三氯甲烷;氮气,纯度98%。

(4)试剂配制

1)氢氧化钠标准溶液(0.100 0 mol/L):称取 0.75 g 于 105～110 ℃电烘箱中干燥至恒重的工作基准试剂邻苯二甲酸氢钾,加 50 mL 无二氧化碳的水溶解,加 2 滴酚酞指示液(10 g/L),用配制好的氢氧化钠溶液滴定至溶液呈粉红色,并保持 30 s。同时做空白试验。

2)参比溶液:将 3 g 七水硫酸钴溶解于水中,并定容至 100 mL。

3)酚酞指示液:称取 0.5 g 酚酞溶于 75 mL 体积分数为 95% 的乙醇中,并加入 20 mL 水,然后滴加氢氧化钠标准溶液(0.100 0 mol/L)至微粉色,再加入水定容至 100 mL。

4)中性乙醇-乙醚混合液:取等体积的乙醇、乙醚混合后加 3 滴酚酞指示液,以氢氧化钠溶液(0.1 mol/L)滴至微红色。

5)不含二氧化碳的蒸馏水:将水煮沸 15 min,逐出二氧化碳,冷却,密闭。

(5)主要仪器

1)分析天平:感量为 0.001 g。

2)碱式滴定管:容量 10 mL,最小刻度 0.05 mL。

3)碱式滴定管:容量 25 mL,最小刻度 0.1 mL。

4)水浴锅。

5)粉碎机:可使粉碎的样品 95% 以上通过 CQ16 筛[相当于孔径 0.425 mm(40 目)],粉碎样品时磨膛不应发热。

6)振荡器:往返式,振荡频率为 100 次/min。

(6)检验步骤

1)试样制备:取混合均匀的样品 80～100 g,用粉碎机粉碎,粉碎细度要求 95% 以上通过 CQ16 筛[孔径 0.425 mm(40 目)],粉碎后的全部筛分样品充分混合,装入磨口瓶中,制备好的样品应立即测定。

2)测定:称取制备好的试样 15 g,置入 250 mL 具塞磨口锥形瓶,加不含二氧化碳的蒸馏水 150 mL(V_1)(先加少量水与试样混成稀糊状,再全部加入),滴入三氯甲烷 5 滴,加塞后摇匀,在室温下放置提取 2 h,每隔 15 min 摇动 1 次(或置于振荡器上振荡

70 min)，浸提完毕后静置数分钟用中速定性滤纸过滤，用移液管吸取滤液 10 mL(V_2)，注入 100 mL 锥形瓶中，再加不含二氧化碳的蒸馏水 20 mL 和酚酞指示剂 3 滴，混匀后用氢氧化钠标准溶液滴定，边滴加边转动烧瓶，直到颜色与参比溶液的颜色相似，且 5 s 内不消退，整个滴定过程应在 45 s 内完成。滴定过程中，向锥形瓶中吹氮气，防止溶液吸收空气中的二氧化碳。记下所消耗的氢氧化钠标准溶液体积(V_3)。

3)空白滴定：用 30 mL 不含二氧化碳的蒸馏水做空白试验，记下所消耗的氢氧化钠标准溶液体积(V_0)。

(7)结果计算：样品中酸度数值以(°T)表示，按照下列公式进行计算：

$$X = (V_3 - V_0) \times \frac{V_1}{V_2} \times \frac{c}{0.1000} \times \frac{10}{m}$$

式中：X——试样的酸度，°T[以 10 g 样品所消耗的 0.1 mol/L 氢氧化钠毫升数计，mL/10 g]；

V_0——空白试验消耗的氢氧化钠标准溶液体积，mL；

V_1——浸提试样的水体积，mL；

V_2——用于滴定的试样滤液体积，mL；

V_3——试样滤液消耗的氢氧化钠标准溶液体积，mL；

c——氢氧化钠标准溶液的浓度，mol/L；

0.100 0——酸度理论定义氢氧化钠的摩尔浓度，mol/L；

10——10 g 试样；

m——试样的质量，g。

以重复性条件下获得的两次独立测定结果的算术平均值表示，结果保留三位有效数字。

2. 呈色检验法

(1)目的：学会利用呈色检验法进行陈旧米、面的检验。

(2)原理：粮食中存在过氧化氢酶，新粮中该酶的活力较高，陈粮中该酶由于变性而丧失活力。本法利用过氧化氢酶分解过氧化氢，并根据邻甲氧基苯酚(愈疮木酚)氧化而呈色的原理确定粮食的新、陈程度。

(3)主要试剂

1)1%邻甲氧基苯酚水溶液：将 1 g 新蒸馏的邻甲氧基苯酚(沸点为 205 ℃)溶于 99 mL 蒸馏水中。此试剂应为无色透明状态，如呈色，应弃去重配。此试剂应保存于棕色瓶中。

2)3%过氧化氢溶液：取 1 份 30%过氧化氢，用 9 份水稀释。此试剂保存期限为 3 个月。

(4)检验方法：取待测米 50～100 粒，置于试管中，加入 1%邻甲氧基苯酚水溶液 4 mL，振摇 1 min 后加数滴 3%过氧化氢溶液，静置观察。

同时用新米作对照试验。如果是新米，则溶液上部应在 1～3 min 内呈深红褐色。若为陈米，则不呈色。若为新米和陈米的混合物，则呈色时间推迟。

二、粮食酸败的检验

1. 目的

学会利用希夫试剂法进行粮食酸败的检验。

2. 原理

粮食酸败时，脂肪分解并部分转化为醛类，醛类与希夫试剂作用生成醌型化合物，使无色的希夫试剂呈现红紫色。

3. 试剂与仪器

(1) 主要试剂：希夫试剂（溶解 0.1 g 碱性品红于 60 mL 蒸馏水中，加 10 mL 10% 的亚硫酸钠溶液，再加入 1 mL 浓硫酸，搅匀后放置 1 h，然后用水稀释至 100 mL。试剂应为无色透明溶液，若呈现淡粉红色，可用活性炭脱色后过滤）。

(2) 主要仪器：水蒸气蒸馏装置。

4. 检验方法

将 100 g 待测样品磨碎，取 50 g 置于 500 mL 圆底烧瓶中，加入 200 mL 水和 10 mL 磷酸，摇匀后装入水蒸气蒸馏装置。通入水蒸气并收集约 20 mL 馏出液。

向馏出液中加入 0.5 ~1 mL 希夫试剂，摇匀后静置观察。

5. 结果判定

如果粮食已经酸败，将在数分钟至 1 h 内呈现红紫色。此方法也适用于糕点酸败的检验。

三、掺霉变米的检验

利用感官鉴定法、化学鉴定法和微生物鉴定法进行好米中掺霉变米的检验。

1. 感官鉴定法

(1) 色泽：发霉米粒的色泽与正常米粒不一样，会呈现出黑、灰黑、绿、紫、黄、黄褐等颜色。

(2) 气味：好米的气味正常，霉变米有一股霉气味。

(3) 品尝：好米煮成的饭，食之有一股米香味，霉变的米，食之有一股霉味。

2. 化学鉴定法

化学鉴别法可以采用酸度检验法，按照 GB 5009.239—2016《食品安全国家标准 食品酸度的测定》中第一法——酚酞指示剂法执行。

3. 真菌孢子的检验

(1) 方法：取样品 10 g 置于三角瓶中，加生理盐水 100 mL，放数粒玻璃球，在振荡器上振荡 20 min，即成 1∶10 菌悬液。然后再用生理盐水以 1∶100、1∶1 000、1∶10 000 稀释度稀释。

取以上各比例的稀释液 1 mL 注入无菌平皿中，各做两个平行样。再将冷却至 45 ℃ 的改良察氏培养基倒入平皿中，轻轻转动，使菌液与培养基混合均匀。待凝固后翻转平皿，置于 28 ℃温箱中培养 3 ~5 d。

菌落长出后，选取每皿菌数 20 ~100 个稀释度的平皿，计算菌落总数，并观察鉴定各类真菌。

(2)结果判定:样品检验出真菌孢子数在 1 000 个/g 以下的,属正常米粒;在 1 000～10 000 个/g,属轻度霉变米;在 10 000 个/g 以上的,属霉变米。

经漂洗后的霉变米,用此检验方法,不能反映真实情况。

四、用姜黄染色小米、黄米的检验

利用感官鉴定法和化学鉴定法进行检验用姜黄粉染色的小米和黄米。

1. 感官鉴定法

(1)色泽:新鲜小米、黄米的色泽均匀,呈金黄色,富有光泽。染色后的小米、黄米,色泽深黄,缺乏光泽。

(2)气味:新鲜小米、黄米有一股小米、黄米的正常气味。染色后的小米,闻之有姜黄色素的气味。

(3)水洗:新鲜小米、黄米用温水清洗时,水色不黄。染色后的小米、黄米用温水清洗时,水色显黄。

2. 化学鉴定法

(1)原理:利用姜黄粉在碱性条件下呈红褐色的化学性质来鉴别。

(2)主要试剂:10% 氢氧化钠溶液;无水乙醇。

(3)检验方法:取 10 g 小米于研钵中,加入 10 mL 无水乙醇进行研磨,待研碎后,再加入 15 mL 无水乙醇研匀。取其悬浮液 10 mL 置于比色管中,加入 10% 的氢氧化钠溶液 2 mL,振荡,静置片刻,观察颜色的变化,如果出现橘红色,则说明小米是用姜黄素染色的。

五、粮食杂质的检验

粮食杂质检验按照 GB/T 5494—2019《粮油检验 粮食、油料的杂质、不完善粒检验》进行。

1. 目的

学会检验粮食中存在的杂质(米类除外)。

2. 原理

检验杂质的试样分为大样、小样两种:大样用于检验大样杂质,包括大型杂质和绝对筛层的筛下物;小样是从检验过大样杂质的样品中分出少量试样,检验与粮粒大小相似的并肩杂质。

3. 主要仪器和用具

天平、谷物选筛、电动筛选器、分样器和分样板、分析盘、镊子等。

4. 操作步骤

(1)样品制备:检验杂质的试样分大样、小样两种,大样是用于检验大样中的杂质,包括上层筛上的大型杂质和下层筛的筛下物;小样是从检验过大样杂质的样品中分出少量试样,检验与粮粒大小相似的杂质、不完善粒等。按照 GB/T 5491—1985《粮食、油料检验 扦样、分析法》的规定分取试样至表 4-11 规定的试样质量。

表 4-11　杂质、不完善粒检验试样质量规定

粮食、油料名称	大样质量/g	小样质量/g
小粒：粟、芝麻、油菜籽等	约 500	约 10
中粒：稻谷、小麦、高粱、小豆、棉籽等	约 500	约 50
大粒：大豆、玉米、豌豆、葵花籽、小粒蚕豆等	约 500	约 100
特大粒：花生、蓖麻籽、桐籽、茶籽、文冠果、大粒蚕豆等	约 1 000	约 200
其他：甘薯片等	500 ~ 1 000	

（2）操作步骤

1）筛选

①电动筛选器法：按质量标准中规定的筛层套好（大孔筛在上，小孔筛在下，套上筛底），按规定称取试样放入上层筛上，盖上筛盖。放在电动筛选器上，接通电源，打开开关，选筛自动地向左向右各筛 1 min（110 ~ 120 r/min），筛后静止片刻，将上层筛的筛上物和下层筛的筛下物分别倒入分析盘内。卡在筛孔中间的颗粒属于筛上物。

②手筛法：按照上法将筛层套好，倒入试样，盖好筛盖。然后将选筛放在玻璃板或光滑的桌面上，用双手以 110 ~ 120 次/min 的速度，按顺时针方向和逆时针方向各筛动 1 min。筛动的范围掌握在选筛直径扩大 8 ~ 10 cm。筛后的操作与上法同。

2）大样杂质检验：从平均样品中，按样品制备规定称取试样至表 4-11 规定的大样质量（m），精确至 1 g，按筛选法分两次进行筛选（特大粒粮食分 4 次筛选），然后拣出上层筛的筛上大型杂质（粮食籽粒外壳剥下归为杂质）和下层筛的筛下物合并称重（m_1），精确至 0.01 g。

3）小样杂质检验：从检验过大样杂质的试样中，按照样品制备的规定用量称取试样至表 4-11 规定的小样质量（m_2），小样质量不大于 100 g 时，精确至 0.01 g；小样质量大于 100 g 时，精确至 0.1 g，倒入分析盘中，按质量标准的规定拣出杂质，称量（m_3），精确至 0.01 g。

5. 结果计算

（1）大样杂质含量（w_1）以质量分数（%）表示，按下列公式进行计算：

$$w_1 = \frac{m_1}{m} \times 100$$

式中：m_1——大样杂质质量，g；

m——大样质量，g。

（2）小样杂质含量（w_2）以质量分数（%）表示，按下列公式进行计算：

$$w_2 = (100 - w_1) \times \frac{m_3}{m_2}$$

式中：m_3——小样杂质质量，g；

m_2——小样质量，g。

（3）杂质总量（w_3）以质量分数（%）表示，按下列公式进行计算：

$$w_3 = w_1 + w_2$$

式中：w_1——大样杂质百分率；

w_2——小样杂质百分率。

实验二　注水肉检测

注水肉检测参照GB 18394—2020《畜禽肉水分限量》中直接干燥法进行检测。

一、实验目的

掌握非冷冻畜禽肉样品中水分的测定方法，并实际测出样品中的水分含量。

二、实验原理

采用挥发方法测定样品中干燥减失的质量，即将样品置于101.3 kPa（一个大气压）、温度为（103±2）℃的恒温干燥箱内烘干至恒重，称量烘干前后的质量差即为水分含量。

三、实验仪器

（1）分析天平，感量0.000 1 g。

（2）电热式恒温烘箱。

（3）绞肉机。

（4）称样皿：铝盒，直径40mm以上，高25 nm以下。

（5）干燥器：内置干燥剂。

四、操作步骤

1. 样品处理

取至少200 g试样，剔除样品中脂肪、筋和腱的部分，取肌肉部分进行绞碎、混匀，然后尽快进行测定。

2. 测定步骤

（1）称样皿干燥。将洁净的铝皿连同皿盖置于（103±2）℃的鼓风电热恒温干燥箱内，开盖烘干至恒重后，记录恒重后质量为m_0。

（2）样品测定

1）称取5 g试样（精确至0.001 g）于已知恒重的铝皿中，记录样品与铝皿的总质量m_1。

2）将铝皿与样品置于（103±2）℃的恒温干燥箱内（皿盖斜放在皿边），加热2～4 h后加盖取出，在干燥器内冷却称量。重复以上操作，直至连续两次称量差不超过0.002 g，即为恒重，记录最终的铝皿与样品的总质量（m_2）。

五、结果计算

样品中水分含量按照下列公式进行计算：

$$X = \frac{m_1 - m_2}{m_1 - m_0} \times 100$$

式中：X——样品中水分含量，g/100 g；

m_0——干燥后铝皿的总质量，g；

m_1——样品和铝皿干燥前的总质量，g；

m_2——样品和铝皿干燥后的总质量，g。

六、注意事项

(1)取样应尽可能具有代表性，取样时应避开脂肪、筋和腱的部分，只取肌肉部分。

(2)样品准备好后应尽快进行测定，未能及时检测的样品应密封冷藏储存，储存时间不超过24 h。

七、思考题

不同畜禽肉被判定为注水肉的水分含量判断标准分别是多少？

实验三 酒中甲醇的测定

酒中甲醇的检测按照GB 5009.266—2016《食品安全国家标准 食品中甲醇的测定》执行。

一、实验目的

了解并掌握酒精、蒸馏酒、配制酒及发酵酒中甲醇的测定方法。

二、实验原理

蒸馏除去发酵酒及其配制酒中不挥发性物质，加入内标(酒精、蒸馏酒及其配制酒直接加入内标)，经气相色谱分离，氢火焰离子化检测器检测，以保留时间定性，内标法定量。

三、试剂与仪器

1.试剂

乙醇(色谱纯)。

2.标准品

(1)甲醇(CAS号:67-56-1)：纯度≥99%。

(2)叔戊醇(CAS号:75-85-4)：纯度≥99%。

3.标准品配制

(1)甲醇标准储备液(5 000 mg/L)：准确称取0.5 g(精确至0.001 g)甲醇至100 mL容量瓶中，用乙醇溶液定容至刻度，混匀，0～4 ℃低温冰箱密封保存。

(2)叔戊醇标准溶液(20 000 mg/L)：准确称取2.0 g(精确至0.001 g)叔戊醇至100 mL容量瓶中，用乙醇溶液定容至100 mL，混匀，0～4 ℃低温冰箱密封保存。

(3)甲醇系列标准工作液：分别吸取0.5 mL、1.0 mL、2.0 mL、4.0 mL、5.0 mL甲醇标准储备液，于5个25 mL容量瓶中，用乙醇溶液定容至刻度，依次配制成甲醇含量为

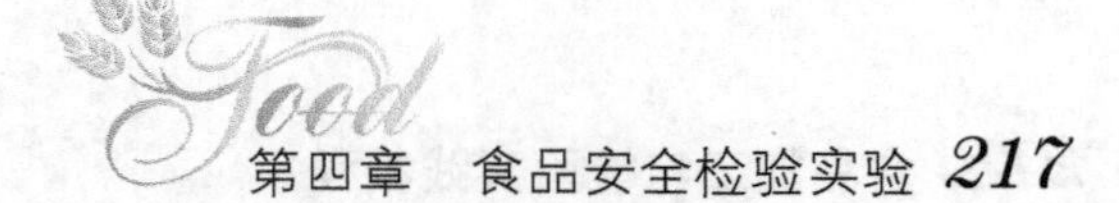

100 mg/L、200 mg/L、400 mg/L、800 mg/L、1 000 mg/L 系列标准溶液，现配现用。

4. 仪器

(1)气相色谱仪，配氢火焰离子化检测器(FID)。

(2)分析天平，感量为 0.1 mg。

四、操作步骤

1. 试样前处理

(1)发酵酒及其配制酒：吸取 100 mL 试样于 500 mL 蒸馏瓶中，并加入 100 mL 水，加几颗沸石(或玻璃珠)，连接冷凝管，用 100 mL 容量瓶作为接收器(外加冰浴)，并开启冷却水，缓慢加热蒸馏，收集馏出液，当接近刻度时，取下容量瓶，待溶液冷却到室温后，用水定容至刻度，混匀。吸取 10.0 mL 蒸馏后的溶液于试管中，加入 0.10 mL 叔戊醇标准溶液，混匀，备用。

(2)酒精、蒸馏酒及其配制酒：吸取 10.0 mL 试样于试管中，加入 0.10 mL 叔戊醇标准溶液，混匀，备用；当试样颜色较深，按照(1)发酵酒及其配制酒的处理步骤操作。

2. 仪器参考条件

(1)色谱柱：聚乙二醇石英毛细管柱，柱长 60 m，内径 0.25 mm，膜厚 0.25 μm，或等效柱。

(2)色谱柱温度：初温 40 ℃，保持 1 min，以 4.0 ℃/min 升到 130 ℃，以 20 ℃/min 升到 200 ℃，保持 5 min。

(3)检测器温度：250 ℃。

(4)进样口温度：250 ℃。

(5)载气流量：1.0 mL/min。

(6)进样量：1.0 μL。

(7)分流比：20∶1。

3. 标准曲线的制作

分别吸取 10 mL 甲醇系列标准工作液于 5 个试管中，然后加入 0.1 mL 叔戊醇标准溶液，混匀，测定甲醇和内标叔戊醇色谱峰面积，以甲醇系列标准工作液的浓度为横坐标，以甲醇和叔戊醇色谱峰面积的比值为纵坐标，绘制标准曲线。

4. 试样溶液的测定

将制备的试样溶液注入气相色谱仪中，以保留时间定性，同时记录甲醇和叔戊醇色谱峰面积的比值，根据标准曲线得到待测液中甲醇的浓度。

五、结果计算

(1)试样中甲醇含量按照下列公式进行计算：

$$X = \rho$$

式中：X——试样中甲醇的含量，mg/L；

ρ——从标准曲线得到的试样溶液中甲醇的浓度，mg/L。

计算结果保留三位有效数字。

(2)试样中甲醇含量(测定结果需要按 100% 酒精度折算时)按照下列公式进行

计算：

$$X = \frac{\rho \times 100}{C \times 1\ 000}$$

式中：X——试样中甲醇的含量，g/L；

ρ——从标准曲线得到的试样溶液中甲醇的浓度，mg/L；

C——试样的酒精度（按照 GB 5009.225 测定）；

1 000——换算系数。

计算结果保留三位有效数字。

六、注意事项

（1）测定前要先判定酒的类型，不同酒类的前处理方法有所区别。

（2）甲醇系列标准工作液要现用现配。

七、思考题

简述气相色谱内标法定量检测酒中甲醇的优缺点。

第五节　综合实践

综合实践一　烤肉中食品危害因子检测分析

烤肉中苯并（a）芘的检测按照 GB 5009.27—2016《食品安全国家标准 食品中苯并（a）芘的测定》执行。

一、实践目的

掌握烤肉中苯并（a）芘检测的原理和方法。

二、实践原理

试样经过有机溶剂提取，中性氧化铝或分子印迹小柱净化，浓缩至干，乙腈溶解，反相液相色谱分离，荧光检测器检测，根据色谱峰的保留时间定性，外标法定量。

三、试剂与仪器

1. 试剂

甲苯、乙腈、正己烷、二氯甲烷，以上试剂均为色谱纯。

2. 标准品

苯并（a）芘标准品（CAS 号：50-32-8），纯度≥99.0%。

3. 标准溶液配制

（1）苯并（a）芘标准储备液（100 μg/mL）：准确称取苯并（a）芘 1 mg（精确到 0.01 mg）于 10 mL 容量瓶中，用甲苯溶解，定容。避光保存在 0 ~ 5 ℃的冰箱中，保存期

1 年。

(2)苯并(a)芘标准中间液(1.0 μg/mL):吸取 0.10 mL 苯并(a)芘标准储备液(100 μg/mL),用乙腈定容到 10 mL。避光保存在 0~5 ℃的冰箱中,保存期 1 个月。

(3)苯并(a)芘标准工作液:把苯并(a)芘标准中间液(1.0 μg/mL)用乙腈稀释得到 0.5 ng/mL、1.0 ng/mL、5.0 ng/mL、10.0 ng/mL、20.0 ng/mL 的校准曲线溶液,临用现配。

4. 材料

(1)中性氧化铝柱:填料粒径 75~150 μm,22 g,60 mL。

(2)苯并(a)芘分子印迹柱:500 mg,6 mL。

(3)微孔滤膜:0.45 μm。

5. 仪器和设备

(1)液相色谱仪:配有荧光检测器。

(2)分析天平:感量为 0.01 mg 和 1 mg。

(3)粉碎机。

(4)组织匀浆机。

(5)离心机:转速≥4 000 r/min。

(6)涡旋振荡器。

(7)超声波振荡器。

(8)旋转蒸发器或氮气吹干装置。

(9)固相萃取装置。

四、操作步骤

1. 试样制备、提取及净化

(1)预处理:将去骨的可食部分绞碎均匀,储于洁净的样品瓶中,并标明标记,于 -16~-18 ℃冰箱中保存备用。

(2)提取:称取 1 g(精确到 0.001 g)试样,加入 5 mL 正己烷,旋涡混合 0.5 min,40 ℃下超声提取 10 min,4 000 r/min 离心 5 min,转移出上清液。再加入 5 mL 正己烷重复提取一次。合并上清液,用下列 2 种净化方法之一进行净化。

(3)净化

1)净化方法 1:采用中性氧化铝柱,用 30 mL 正己烷活化柱子,待液面降至柱床时,关闭底部旋塞。将待净化液转移进柱子,打开旋塞,以 1 mL/min 的速度收集净化液到茄形瓶,再转入 70 mL 正己烷洗脱,继续收集净化液。将净化液在 40 ℃下旋转蒸至约 1 mL,转移至色谱仪进样小瓶,在 40 ℃氮气流下浓缩至近干。用 1 mL 正己烷清洗茄形瓶,将洗涤液再次转移至色谱仪进样小瓶并浓缩至干。准确吸取 1 mL 乙腈到色谱仪进样小瓶,涡旋复溶 0.5 min,过微孔滤膜后供液相色谱测定。

2)净化方法 2:采用苯并(a)芘分子印迹柱,依次用 5 mL 二氯甲烷及 5 mL 正己烷活化柱子。将待净化液转移进柱子,待液面降至柱床时,用 6 mL 正己烷淋洗柱子,弃去流出液。用 6 mL 二氯甲烷洗脱并收集净化液到试管中。将净化液在 40 ℃下氮气吹干,准确吸取 1 mL 乙腈涡旋复溶 0.5 min,过微孔滤膜后供液相色谱测定。

2. 仪器参考条件

(1)色谱柱:C18,柱长 250 mm,内径 4.6 mm,粒径 5 μm,或性能相当者。

(2)流动相:乙腈∶水=88∶12。

(3)流速:1.0 mL/min。

(4)荧光检测器:激发波长 384 nm,发射波长 406 nm。

(5)柱温:35 ℃。

(6)进样量:20 μL。

3. 标准曲线的制作

将标准系列工作液分别注入液相色谱中,测定相应的色谱峰,以标准系列工作液的浓度为横坐标,以峰面积为纵坐标,得到标准曲线回归方程。

4. 试样溶液的测定

将待测液进样测定,得到苯并(a)芘色谱峰面积。根据标准曲线回归方程计算试样溶液中苯并(a)芘的浓度。

五、结果计算

试样中苯并(a)芘的含量按下列公式计算:

$$X=\frac{\rho \times V}{m} \times \frac{1\ 000}{1\ 000}$$

式中:X——试样中苯并(a)芘含量,μg/kg;

ρ——由标准曲线得到的样品净化溶液浓度,ng/mL;

V——试样最终定容体积,mL;

m——试样质量,g;

1 000——由 ng/g 换算成 μg/kg 的换算因子。

结果保留到小数点后一位。

六、注意事项

(1)苯并(a)芘是一种已知的致癌物质,测定时应在通风柜中进行并佩戴手套,尽量减少暴露,做好安全防护。

(2)苯并(a)芘标准工作液需要临用现配。

七、思考题

简述烤肉中苯并(a)芘产生原因。

综合实践二 芝麻油储藏过程中品质变化分析

芝麻油分为芝麻原油、芝麻香油、小磨芝麻香油和精炼芝麻油,芝麻油的质量指标依据 GB/T 8233—2018《芝麻油》进行分析。

折光指数检验

芝麻油的折光指数依据 GB/T 5527—2010《动植物油脂 折光指数的测定》进行测定。

一、实验原理

在规定温度下,用折光仪测定液态试样的折光指数。

二、试剂与仪器

1. 试剂

十二烷酸乙酯、己烷。

2. 仪器

(1)折光仪:折光指数测定范围为 $n_D = 1.300$ 至 $n_D = 1.700$,折光指数可读至±0.000 1,例如 Abbe 型。

(2)光源:钠蒸气灯。如果折射仪装有消色差补偿系统,也可使用白光。

(3)标准玻璃板:已知折光指数。

(4)水浴:带循环泵和恒温控制装置,控温精度为±0.1 ℃。

三、试样制备

按照 GB/T 15687—2008《动植物油脂 试样的制备》制备试样。

四、操作步骤

1. 仪器校正

按仪器操作说明书的操作步骤,通过测定标准玻璃板的折光指数或者测定十二烷酸乙酯的折光指数,对折射仪进行校正。

2. 测定

在 20 ℃(适用于该温度下完全液态的油脂)下测定试样的折光指数。

(1)让水浴中的热水循环通过折光仪,使折光仪棱镜保持在测定要求的恒定温度。

(2)用精密温度计测量折光仪流出水的温度。测定前,将棱镜可移动部分下降至水平位置,先用软布,再用溶剂润湿的棉花球擦净棱镜表面,让其自然干燥。

(3)依照折光仪操作说明书的操作步骤进行测定,读取折光指数,精确至 0.000 1,并记下折光仪棱镜的温度。

(4)测定结束后,立即用软布,再用溶剂润湿的棉花球擦净棱镜表面,让其自然干燥。

(5)测定折光指数两次以上,计算三次测定结果的算术平均值,作为测定结果。

五、结果计算

如果测定温度 t_1 与参照温度 t(20 ℃)之间差异小于 3 ℃,则按下列公式计算在参照温度 t 下的折光指数 n_D^t。

$$n_D^t = n_D^{t_1} + (t_1 - t)F$$

式中：t_1——测定温度，℃；

t——参照温度(20 ℃)，℃；

F——校正系数，0.000 35。

如果测定温度 t_1 与参照温度 t 之间差异等于或大于3 ℃时，则重新进行测定。

测定结果取至小数点后第4位。

碘值检验

芝麻油的碘值检验依据 GB/T 5532—2008《动植物油脂 碘值的测定》进行测定。

一、实验原理

在溶剂中溶解试样，加入韦氏(Wijs)试剂反应一定时间后，加入碘化钾和水，用硫代硫酸钠溶液滴定析出的碘。

二、试剂与仪器

1. 试剂

(1)碘化钾溶液(KI)：100 g/L，不含碘酸盐或游离碘。

(2)淀粉溶液：将5 g可溶性淀粉在30 mL水中混合，加入1 000 mL沸水，并煮沸3 min，然后冷却。

(3)硫代硫酸钠标准溶液：$c(Na_2S_2O_3 \cdot 5H_2O) = 0.1$ mol/L，标定后7 d内使用。

(4)溶剂：将环己烷和冰乙酸等体积混合。

(5)韦氏(Wijs)试剂：含一氯化碘的乙酸溶液。韦氏(Wijs)试剂中I/Cl之比应控制在1.10±0.1的范围内。含一氯化碘的乙酸溶液配制方法可按一氯化碘25 g溶于1 500 mL冰乙酸中。韦氏(Wijs)试剂稳定性较差，为使测量结果准确，应做空白样的对照测定。

2. 主要仪器

(1)玻璃称量皿：与试样量配套并可置入锥形瓶中。

(2)容量为500 mL的具塞锥形瓶：完全干燥。

(3)分析天平：分度值0.001 g。

三、试样制备

按照 GB/T 15687—2008《动植物油脂 试样的制备》制备试样。

四、操作步骤

1. 称样及空白样品的制备

根据样品预估的碘值，称取适量的样品于玻璃称量皿中，精确到0.001 g。推荐的称样量见表4-12。

表 4-12 试样称取质量

预估碘值/(g/100 g)	试样质量/g	溶剂体积/mL
<1.5	15.00	25
1.5～2.5	10.00	25
2.5～5	3.00	20
5～20	1.00	20
20～50	0.40	20
50～100	0.20	20
100～150	0.13	20
150～200	0.10	20

注：试样的质量必须能保证所加入的韦氏（Wijs）试剂过量 50%～60%，即吸收量的 100%～150%。

2. 测定

（1）将盛有试样的称量皿放入 500 mL 锥形瓶中，根据称样量加入表 4-12 所示与之相对应的溶剂体积溶解试样，用移液管准确加入 25 mL 韦氏（Wijs）试剂，盖好塞子，摇匀后将锥形瓶置于暗处。不加试样的作为空白溶液。

（2）对碘值低于 150 的样品，锥形瓶应在暗处放置 1 h；碘值高于 150 的、已聚合的、含有共轭脂肪酸的（如桐油、脱水蓖麻油）、含有任何一种酮类脂肪酸（如不同程度的氢化蓖麻油）的，以及氧化到相当程度的样品，应置于暗处 2 h。

（3）达到规定的反应时间后，加 20 mL 碘化钾溶液和 150 mL 水。用标定过的硫代硫酸钠标准溶液滴定至碘的黄色接近消失。加几滴淀粉溶液继续滴定，一边滴定一边用力摇动锥形瓶，直到蓝色刚好消失。也可以采用电位滴定法确定终点。同时做空白溶液的测定。

五、结果计算

试样的碘值按下列公式计算：

$$W_1 = \frac{12.69 \times c \times (V_1 - V_2)}{m}$$

式中：W_1——试样的碘值，g/100 g；

c——硫代硫酸钠标准溶液的浓度，mol/L；

V_1——空白溶液消耗硫代硫酸钠标准溶液的体积，mL；

V_2——样品溶液消耗硫代硫酸钠标准溶液的体积，mL；

m——试样的质量，g。

皂化值的测定

芝麻油的皂化值依据 GB/T 5534—2008《动植物油脂 皂化值的测定》进行测定。

一、实验原理

皂化值是测定油和脂肪酸中游离脂肪酸和甘油酯的含量。在回流条件下将样品和氢氧化钾-乙醇溶液一起煮沸，然后用标定的盐酸溶液滴定过量的氢氧化钾。

二、试剂与仪器

1. 试剂

（1）氢氧化钾-乙醇溶液：大约 0.5 mol 氢氧化钾溶解于 1 L 95% 乙醇（体积分数）中。

（2）盐酸标准溶液：$c(HCl)=0.5$ mol/L。

（3）酚酞溶液（$\rho=0.1$ g/100 mL）：溶于 95% 乙醇。

（4）碱性蓝 6B 溶液（$\rho=2.5$ g/100 mL）：溶于 95% 乙醇。

（5）助沸物。

2. 仪器

（1）锥形瓶：容量 250 mL，耐碱玻璃制成，带有磨口。

（2）回流冷凝管：带有连接锥形瓶的磨砂玻璃接头。

（3）加热装置（如水浴锅、电热板或其他适合的装置）：不能用明火加热。

（4）滴定管：容量 50 mL，最小刻度为 0.1 mL，或者自动滴定管。

（5）移液管：容量 25 mL，或者自动吸管。

（6）分析天平。

三、试样制备

按照 GB/T 15687—2008《动植物油脂 试样的制备》制备试样。

四、操作步骤

1. 称样

于锥形瓶中称量 2 g 实验样品精确至 0.005 g。

以皂化值（以 KOH 计）170 ~ 200 mg/g、称样量 2 g 为基础，对于不同范围皂化值样品，以称样量约为一半氢氧化钾-乙醇溶液被中和为依据进行改变。推荐的取样量见表 4-13。

表 4-13 取样量

估计的皂化值（以 KOH 计）/（mg/g）	取样量/g
150 ~ 200	2.2 ~ 1.8
200 ~ 250	1.7 ~ 1.4
250 ~ 300	1.3 ~ 1.2
>300	1.1 ~ 1.0

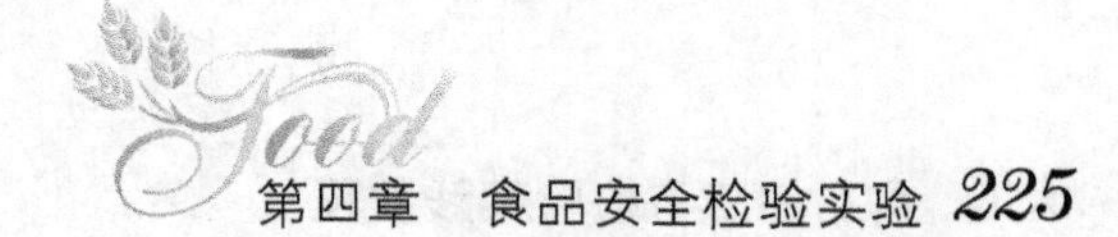

2. 测定

(1)用移液管将25.0 mL氢氧化钾-乙醇溶液加到试样中,并加入一些助沸物,连接回流冷凝管与锥形瓶,并将锥形瓶放在加热装置上慢慢煮沸,不时摇动,油脂维持沸腾状态60 min。对于高熔点油脂和难于皂化的样品需煮沸2 h。

(2)加0.5~1 mL酚酞指示剂于热溶液中,并用盐酸标准溶液滴定到指示剂的粉色刚消失。如果皂化液是深色的,则用0.5~1 mL的碱性蓝6B溶液作为指示剂。

(3)空白试验:按照"测定"要求,不加样品,用25.0 mL的氢氧化钾-乙醇溶液进行空白试验。

五、结果计算

按下列公式计算试样的皂化值:

$$I_s = \frac{(V_0 - V_1) \times c \times 56.1}{m}$$

式中:I_s——皂化值(以KOH计),mg/g;

V_0——空白试验所消耗的盐酸标准溶液的体积,mL;

V_1——试样所消耗的盐酸标准溶液的体积,mL;

c——盐酸标准溶液的实际浓度,mol/L;

m——试样的质量,g。

色泽、透明度、气味、滋味检验

芝麻油的色泽检验按GB/T 5009.37—2003《食用植物油卫生标准的分析方法》执行。透明度、气味、滋味检验依据GB/T 5525—2008《植物油脂透明度、气味、滋味鉴定法》执行。

一、样品制备

按照GB/T 15687—2008《动植物油脂 试样的制备》制备试样。

二、色泽鉴定

1. 操作方法

将试样混匀并过滤于烧杯中,油层高度不得小于5 mm,在室温下先对着自然光观察,然后再置于白色背景前借其反射光线观察。

2. 结果表示

色泽检验结果按下列词句描述:白色、灰白色、柠檬色、淡黄色、黄色、橙色、棕黄色、棕色、棕红色、棕褐色等。

三、透明度鉴定

1. 仪器和用具

(1)比色管:100 mL,直径25 mm。

(2)恒温水浴:0~100 ℃。

(3)乳白色灯泡。

2.操作方法

量取试样100 mL注入比色管中,在20 ℃下静置24 h,然后移到乳白色灯泡前(或在比色管后衬以白纸)。观察透明程度,记录观察结果。

3.结果表示

观察结果用“透明”“微浊”“混浊”字样表示。

四、气味、滋味鉴定

1.仪器和用具

可调电炉:电压220 V,50 Hz,功率小于1 000 W。

2.操作方法

取少量油脂样品注入烧杯中,均匀加温至50 ℃后,离开热源,用玻棒边搅边嗅气味。同时品尝样品的滋味。

3.结果表示

(1)气味表示

1)当样品具有油脂固有的气味时,结果用“具有某某油脂固有的气味”表示。

2)当样品无味、无异味时,结果用“无味”“无异味”表示。

3)当样品有异味时,结果用“有异常气味”表示,再具体说明异味为哈喇味、酸败味、溶剂味、汽油味、柴油味、热煳味、腐臭味等。

(2)滋味表示

1)当样品具有油脂固有的滋味时,结果用“具有某某油脂固有的滋味”表示。

2)当样品无味、无异味时,结果用“无味”“无异味”表示。

3)当样品有异味时,结果用“有异常滋味”表示,再具体说明异味为哈喇味、酸败味、溶剂味、汽油味、柴油味、热煳味、腐臭味、土味、青草味等。

水分及挥发物含量检验

芝麻油的水分及挥发物含量检验按GB 5009.236—2016《食品安全国家标准 动植物油脂水分及挥发物的测定》中第一法——沙浴(电热板)法执行。

一、实验原理

在(103±2)℃的条件下,对测试样品进行加热至水分及挥发物完全散尽,测定样品损失的质量。

二、仪器和设备

(1)分析天平:感量0.001 g。

(2)碟子:陶瓷或玻璃的平底碟,直径80 mm/90 mm,深约30 mm。

(3)温度计:刻度范围至少为80~110 ℃,长约100 mm水银球加固,上端具有膨

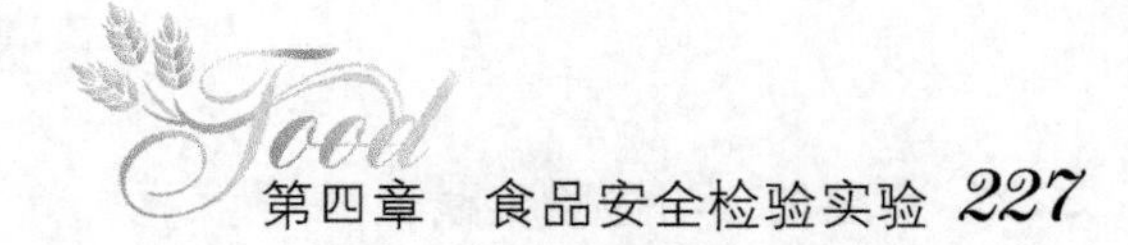

胀室。

(4)沙浴或电热板(室温 ~150 ℃)。

(5)干燥器:内含有效的干燥剂。

三、操作步骤

1. 试样制备

在预先干燥并与温度计一起称量的碟子中,称取试样约 20 g,精确至 0.001 g。

对于澄清无沉淀物的液体样品,在密闭的容器中摇动,使其均匀。对于有混浊或有沉淀物的液体样品,在密闭的容器中摇动,直至沉淀物完全与容器壁分离,并均匀地分布在油体中。检查是否有沉淀物吸附在容器壁上,如有吸附,应完全清除(必要时打开容器),使它们完全与油混合。

2. 试样测定

将装有测试样品的碟子在沙浴或电热板上加热至 90 ℃,升温速率控制在 10 ℃/min 左右,边加热边用温度计搅拌。

降低加热速率观察碟子底部气泡的上升,控制温度上升至(103±2)℃,确保不超过 105 ℃。继续搅拌至碟子底部无气泡放出。

为确保水分完全散尽,重复数次加热至(103±2)℃、冷却至 90 ℃的步骤,将碟子和温度计置于干燥器中,冷却至室温,称量,精确至 0.001 g。重复上述操作,直至连续两次结果不超过 2 mg。

四、结果计算

水分及挥发物含量(X)以质量分数表示,按下列公式计算:

$$X = \frac{m_1 - m_2}{m_1 - m_0} \times 100$$

式中:X——水分及挥发物含量,%;

m_1——加热前碟子、温度计和测试样品的质量,g;

m_2——加热后碟子、温度计和测试样品的质量,g;

m_0——碟子和温度计的质量,g;

100——单位换算。

不溶性杂质含量检验

芝麻油的不溶性杂质含量检验按 GB/T 15688—2008《动植物油脂 不溶性杂质含量的测定》执行。

一、实验原理

用过量正己烷或石油醚溶解试样,对所得试液进行过滤,再用同样的溶剂冲洗残留物和滤纸,使其在 103 ℃下干燥至恒重计算不溶性杂质的含量。

二、试剂和仪器

1. 试剂

正己烷或石油醚、硅藻土。

2. 主要仪器

(1)分析天平:分度值0.001 g。

(2)电烘箱:可控制在(103±2)℃。

(3)干燥器:内装有效干燥剂。

(4)坩埚式过滤器:玻璃,P16级(孔径10~16 μm),直径40 mm,容积50 mL,带抽气瓶。

三、试样制备

按照GB/T 15687—2008《动植物油脂 试样的制备》制备试样。

四、操作步骤

1. 试样

在锥形瓶中,称取约20 g试样,精确至0.01 g。

2. 测定

(1)将滤纸及带盖过滤器或坩埚式过滤器置于烘箱中,烘箱温度为103 ℃,加热烘干。在干燥器中冷却,并称量,精确至0.001 g。

(2)加200 mL正己烷或石油醚于装有试样的锥形瓶中,盖上塞子并摇动。在20 ℃下放置30 min。

(3)在合适的漏斗中通过无灰滤纸过滤,必要时通过坩埚式过滤器抽滤。清洗锥形瓶时要确保所有的杂质都被洗入滤纸或坩埚中。用少量的溶剂清洗滤纸或坩埚过滤器,洗至溶剂不含油脂。如有必要,适当加热溶剂,但温度不能超过60 ℃,用于溶解滤纸上一些凝固的脂肪。

(4)将滤纸从漏斗移到过滤器中,静置,使滤纸上的大部分溶剂在空气中挥发,并在103 ℃烘箱中使溶剂完全蒸发,然后从烘箱中取出,盖上盖子,在干燥器中冷却并称量,精确至0.001 g。

(5)如果用坩埚式过滤器,使坩埚式过滤器上的大部分溶剂在空气中挥发,并在103 ℃烘箱中使溶剂完全蒸发,然后在干燥器中冷却并称量,精确至0.001 g。

(6)如果要测定有机杂质含量,必要时使用预先干燥并称量的无灰滤纸,灰化含有不溶性杂质的滤纸,从被测不溶性杂质的质量中减去所得滤纸灰分的质量。

有机杂质含量以质量分数表示,需在计算式中乘以$100/m_0$,m_0表示的是质量,单位以克(g)计。

(7)如果要分析酸性油,玻璃坩埚式过滤器要按如下方法涂布硅藻土。在100 mL的烧杯中用2 g硅藻土和30 mL石油醚混合成膏状。在减压状态下将膏状混合物倒入坩埚式过滤器,使玻璃过滤器上附着一层硅藻土。

将涂有硅藻土坩埚式过滤器置于烘箱中,在温度为103 ℃烘箱内干燥1 h后,移入干

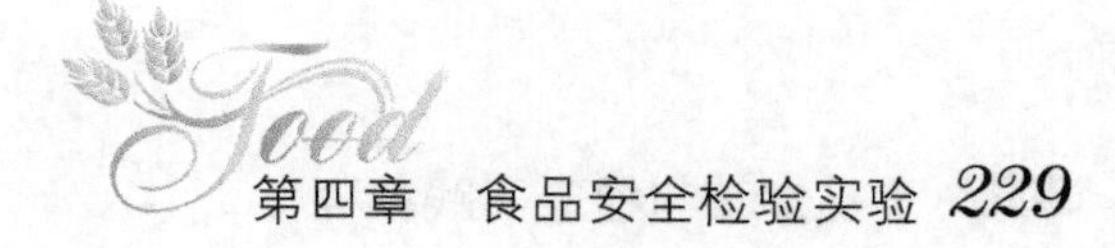

燥器中冷却并称量,精确至 0.001 g。

五、结果计算

试样中不溶性杂质含量 w(以质量分数表示)按下列公式计算:

$$w = \frac{m_2 - m_1}{m_0} \times 100\%$$

式中:m_0——试样的质量,g;

m_1——带盖过滤器及滤纸,或坩埚式过滤器的质量,g;

m_2——带盖过滤器及带有干残留物的滤纸,或坩埚式过滤器及干残留物的质量,g。

酸价检验

芝麻油的酸价检验按 GB 5009.229—2016《食品安全国家标准 食品中酸价的测定》中第一法—冷溶剂指示剂滴定法执行。

一、实验原理

用有机溶剂将油脂试样溶解成样品溶液,再用氢氧化钾或氢氧化钠标准滴定溶液中和滴定样品溶液中的游离脂肪酸,以指示剂相应的颜色变化来判定滴定终点,最后通过滴定终点消耗的标准滴定溶液的体积计算油脂试样的酸价。

二、试剂和仪器

1. 试剂

异丙醇、乙醚、甲基叔丁基醚、95% 乙醇、酚酞指示剂、百里香酚酞指示剂、碱性蓝 6B 指示剂、无水硫酸钠、无水乙醚、石油醚。以上试剂均为分析纯。

2. 试剂配制

(1)氢氧化钾或氢氧化钠标准滴定水溶液,浓度为 0.1 mol/L 或 0.5 mol/L,按照 GB/T 601 标准要求配制和标定,也可购买市售商品化试剂。

(2)乙醚-异丙醇混合液:乙醚∶异丙醇=1∶1,500 mL 的乙醚与 500 mL 的异丙醇充分互溶混合,用时现配。

(3)酚酞指示剂:称取 1 g 的酚酞,加入 100 mL 的 95% 乙醇并搅拌至完全溶解。

(4)百里香酚酞指示剂:称取 2 g 的百里香酚酞,加入 100 mL 的 95% 乙醇并搅拌至完全溶解。

(5)碱性蓝 6B 指示剂:称取 2 g 的碱性蓝 6B,加入 100 mL 的 95% 乙醇并搅拌至完全溶解。

3. 仪器和设备

(1)10 mL 微量滴定管:最小刻度为 0.05 mL。

(2)天平:感量 0.001 g。

(3)恒温水浴锅。

(4)恒温干燥箱。

(5)离心机:最高转速不低于8 000 r/min。

(6)旋转蒸发仪。

(7)索氏脂肪提取装置。

(8)植物油料粉碎机或研磨机。

三、操作步骤

1. 试样制备

(1)食用油脂试样的制备:若食用油脂样品常温下呈液态,且为澄清液体,则充分混匀后直接取样。

(2)植物油料试样的制备:先用粉碎机或研磨机把植物油料粉碎成均匀的细颗粒,脆性较高的植物油料(如大豆、葵花籽、棉籽、油菜籽等)应粉碎至粒径为0.8~3 mm甚至更小的细颗粒,而脆性较低的植物油料(如椰干、棕榈仁等)应粉碎至粒径不大于6 mm的颗粒。

取粉碎的植物油料细颗粒装入索氏脂肪提取装置中,再加入适量的提取溶剂,加热并回流提取4 h。最后收集并合并所有的提取液于一个烧瓶中,置于水浴温度不高于45 ℃的旋转蒸发仪内,0.08~0.1 MPa负压条件下,将其中的溶剂彻底旋转蒸干,取残留的液体油脂作为试样进行酸价测定。

2. 试样称量

根据制备试样的颜色和估计的酸价,按照表4-14规定称量试样。

表4-14　试样称样表

估计的酸价/(mg/g)	试样的最小称样量/g	使用滴定液的浓度/(mol/L)	试样称重的精确度/g
0~1	20.0	0.1	0.050
1~4	10.0	0.1	0.020
4~15	2.5	0.1	0.010
15~75	0.5~3.0	0.1或0.5	0.001
>75	0.2~1.0	0.5	0.001

试样称样量和滴定液浓度应使滴定液用量在0.2~10 mL(扣除空白后)。若检测后,发现样品的实际称样量与该样品酸价所对应的应有称样量不符,应按照表4-14要求,调整称样量后重新检测。

3. 试样测定

取一个干净的250 mL的锥形瓶,按照要求用天平称取制备的油脂试样,其质量单位为克(g)。加入乙醚-异丙醇混合液50~100 mL和3~4滴的酚酞指示剂,充分振摇溶解试样。再用装有标准滴定溶液的刻度滴定管对试样溶液进行手工滴定,当试样溶液初现微红色,且15 s内无明显褪色时,为滴定的终点。立刻停止滴定,记录下此滴定所消耗的标准滴定溶液的毫升数,此数值为V。

对于深色泽的油脂样品,可用百里香酚酞指示剂或碱性蓝6B指示剂取代酚酞指示剂,滴定时,当颜色变为蓝色时为百里香酚酞的滴定终点,碱性蓝6B指示剂的滴定终点

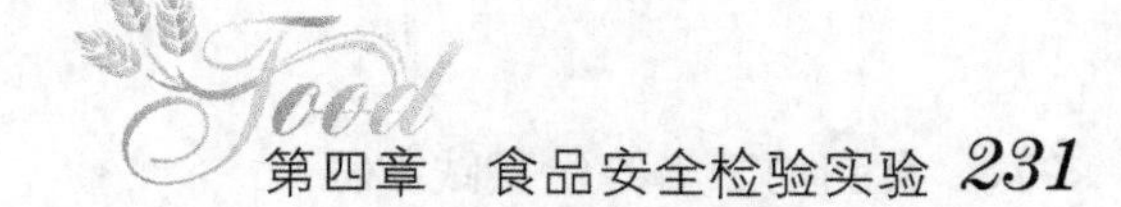

由蓝色变红色。米糠油（稻米油）的冷溶剂指示剂法测定酸价只能用碱性蓝 6B 指示剂。

4. 空白试验

另取一个干净的 250 mL 的锥形瓶，准确加入与试样测定时相同体积、相同种类的有机溶剂混合液和指示剂，振摇混匀。然后再用装有标准滴定溶液的刻度滴定管进行手工滴定，当溶液初现微红色，且 15 s 内无明显褪色时，为滴定的终点。立刻停止滴定，记录下此滴定所消耗的标准滴定溶液的毫升数，此数值为 V_0。

对于冷溶剂指示剂滴定法，也可在配制好的试样溶解液中滴加数滴指示剂，然后用标准滴定溶液滴定试样溶解液至相应的颜色变化且 15 s 内无明显褪色后停止滴定，表明试样溶解液的酸性正好被中和。然后以这种酸性被中和的试样溶解液溶解油脂试样，再用同样的方法继续滴定试样溶液至相应的颜色变化且 15 s 内无明显褪色后停止滴定，记录下此滴定所消耗的标准滴定溶液的毫升数，此数值为 V，如此无须再进行空白试验，即 $V_0=0$。

四、结果计算

酸价（又称酸值）按照下列公式的要求进行计算：

$$X_{AV}=\frac{(V-V_0)\times c\times 56.1}{m}$$

式中：X_{AV}——酸价，mg/g；

V——试样测定所消耗的标准滴定溶液的体积，mL；

V_0——相应的空白测定所消耗的标准滴定溶液的体积，mL；

c——标准滴定溶液的摩尔浓度，mol/L；

56.1——氢氧化钾的摩尔质量，g/mol；

m——油脂样品的称样量，g。

酸价≤1 mg/g，计算结果保留两位小数；1 mg/g<酸价≤100 mg/g，计算结果保留一位小数；酸价>100 mg/g，计算结果保留至整数位。

过氧化值检验

芝麻油的过氧化值检验按 GB 5009.227—2016《食品安全国家标准 食品中过氧化值的测定》中第一法——滴定法执行。

一、实验原理

制备的油脂试样在三氯甲烷和冰乙酸中溶解，其中的过氧化物与碘化钾反应生成碘，用硫代硫酸钠标准溶液滴定析出的碘。用过氧化物相当于碘的质量分数或 1 kg 样品中活性氧的毫摩尔数表示过氧化值的量。

二、试剂和仪器

1. 试剂

冰乙酸、三氯甲烷、碘化钾、硫代硫酸钠、石油醚（沸程为 30～60 ℃）、无水硫酸钠、可溶性淀粉、重铬酸钾（工作基准试剂）。

2. 试剂配制

(1)三氯甲烷-冰乙酸混合液(体积比40∶60):量取40 mL三氯甲烷,加60 mL冰乙酸,混匀。

(2)碘化钾饱和溶液:称取20 g碘化钾,加入10 mL新煮沸冷却的水,摇匀后贮于棕色瓶中,存放于避光处备用。要确保溶液中有饱和碘化钾结晶存在。使用前检查:在30 mL三氯甲烷-冰乙酸混合液中添加1.00 mL碘化钾饱和溶液和2滴1%淀粉指示剂,若出现蓝色,并需用1滴以上的0.01 mol/L硫代硫酸钠溶液才能消除,此碘化钾溶液不能使用,应重新配制。

(3)1%淀粉指示剂:称取0.5 g可溶性淀粉,加少量水调成糊状。边搅拌边倒入50 mL沸水,再煮沸搅匀后,放冷备用。临用前配制。

3. 标准溶液配制

(1)0.1 mol/L硫代硫酸钠标准溶液:称取26 g硫代硫酸钠,加0.2 g无水碳酸钠,溶于1 000 mL水中,缓缓煮沸10 min,冷却。放置两周后过滤、标定。

(2)0.01 mol/L硫代硫酸钠标准溶液:由0.1 mol/L硫代硫酸钠标准溶液以新煮沸冷却的水稀释而成。临用前配制。

(3)0.002 mol/L硫代硫酸钠标准溶液:由0.1 mol/L硫代硫酸钠标准溶液以新煮沸冷却的水稀释而成。临用前配制。

4. 仪器

(1)碘量瓶:250 mL。

(2)滴定管:10 mL,最小刻度为0.05 mL;25 mL或50 mL,最小刻度为0.1 mL。

(3)天平:感量为1 mg、0.01 mg。

(4)电热恒温干燥箱。

(5)旋转蒸发仪。

三、操作步骤

1. 试样制备

振摇装有试样的密闭容器,充分均匀后直接取样。样品制备过程应避免强光,并尽可能避免带入空气。

2. 试样的测定

应避免在阳光直射下进行试样测定。称取制备的试样2~3 g(精确至0.001 g)置于250 mL碘量瓶中,加入30 mL三氯甲烷-冰乙酸混合液,轻轻振摇使试样完全溶解。准确加入1.00 mL饱和碘化钾溶液,塞紧瓶盖,并轻轻振摇0.5 min,在暗处放置3 min。取出加100 mL水,摇匀后立即用硫代硫酸钠标准溶液(过氧化值估计值在0.15 g/100 g及以下时,用0.002 mol/L标准溶液;过氧化值估计值大于0.15 g/100 g时,用0.01 mol/L标准溶液)滴定析出的碘,滴定至淡黄色时,加1 mL淀粉指示剂,继续滴定并强烈振摇至溶液蓝色消失为终点。同时进行空白试验。空白试验所消耗0.01 mol/L硫代硫酸钠溶液体积V_0不得超过0.1 mL。

四、结果计算

(1)用过氧化物相当于碘的质量分数表示过氧化值时,按下列公式计算:

$$X_1 = \frac{(V - V_0) \times c \times 0.1269}{m} \times 100$$

式中：X_1——过氧化值，g/100 g；

V——试样消耗的硫代硫酸钠标准溶液体积，mL；

V_0——空白试验消耗的硫代硫酸钠标准溶液体积，mL：

c——硫代硫酸钠标准溶液的浓度，mol/L；

0.126 9——与1.00 mL硫代硫酸钠标准滴定溶液[$c(Na_2S_2O_3) = 1.000$ mol/L]相当的碘的质量；

m——试样质量，g。

(2)用1 kg样品中活性氧的毫摩尔数表示过氧化值时，按下列公式计算：

$$X_2 = \frac{(V - V_0) \times c}{2 \times m} \times 1000$$

式中：X_2——过氧化值，mmol/kg；

V——试样消耗的硫代硫酸钠标准溶液体积，mL；

V_0——空白试验消耗的硫代硫酸钠标准溶液体积，mL；

c——硫代硫酸钠标准溶液的浓度，mol/L；

m——试样质量，g。

参考文献

[1]葛向阳.酿造学[M].北京:高等教育出版社,2005.
[2]何国庆.食品发酵与酿造工艺学[M].北京:中国农业出版社,2001.
[3]梁宗余.白酒酿造技术[M].北京:中国轻工业出版社,2015.
[4]许赣荣.固态发酵原理、设备与应用[M].北京:化学工业出版社,2009.
[5]陈洪章.现代固态发酵技术[M].北京:化学工业出版社,2013.
[6]邱立友.固态发酵工程原理及应用[M].北京:中国轻工业出版社,2008.
[7]侯红萍.发酵食品工艺学[M].北京:中国农业大学出版社,2016.
[8]吴振强.固态发酵技术与应用[M].北京:化学工业出版社,2006.
[9]余永健.恒顺香醋酿制技艺[M].吉林:吉林大学出版社,2016.
[10]潘洁琼.固态法小米醋酿造工艺的研究[J].中国酿造,2020,39(7):212-216.
[11]陈洪章.现代固态发酵技术——理论与实践[M].北京:化学工业出版社,2013.
[12]肖芳,刘春娟.食品理化检验技术[M].北京:中国质检出版社,中国标准出版社,2017.
[13]何晋浙.食品分析综合实验指导[M].北京:科学出版社,2014.
[14]李秀婷.食品微生物学实验技术[M].北京:化学工业出版社,2020.
[15]许春芳,余春平.肉桂酸钾及其他三种防腐剂对大肠杆菌的抑菌作用分析[J].农产品加工,2022(09):24-26.
[16]乔成桓,杨凌,范雪彤,等.不同温度对沼液土壤大肠杆菌及理化特性的影响[J].山东农业大学学报(自然科学版),2021,52(04):631-636.
[17]董春柳.截短侧耳素类药物与四环素联用对金黄色葡萄球菌抑菌机制研究[D].广州:华南农业大学,2018.
[18]中华人民共和国国家卫生健康委员会,国家市场监督管理总局.食品安全国家标准 食品微生物学检验 菌落总数测定:GB 4789.2—2022 [S].北京:中国标准出版社,2022.
[19]中华人民共和国国家卫生和计划生育委员会.食品安全国家标准 食品微生物学检验 霉菌和酵母计数:GB 4789.15—2016[S].北京:中国标准出版社,2017.
[20]中华人民共和国国家卫生和计划生育委员会,国家食品药品监督管理总局.食品安全国家标准 食品微生物学检验 大肠菌群计数:GB 4789.3—2016[S].北京:中国标准出版社,2017.
[21]中华人民共和国国家卫生和计划生育委员会,国家食品药品监督管理总局.食品安全国家标准 食品微生物学检验 金黄色葡萄球菌检验:GB 4789.10—2016[S].北京:中国标准出版社,2017.
[22]中华人民共和国国家卫生和计划生育委员会,国家食品药品监督管理总局.食品安

全国家标准 食品微生物学检验 乳酸菌检验:GB 4789.35—2016[S].北京:中国标准出版社,2017.

[23]中华人民共和国国家卫生和计划生育委员会,国家食品药品监督管理总局.食品安全国家标准 食品微生物学检验 双歧杆菌检验:GB 4789.34—2016[S].北京:中国标准出版社,2017.

[24]中华人民共和国国家卫生和计划生育委员会.食品安全国家标准 食品酸度的测定:GB 5009.239—2016[S].北京:中国标准出版社,2017.

[25]全国粮油标准化技术委员会.粮油检验 粮食、油料的杂质、不完善粒检验:GB/T 5494—2019[S].北京:中国标准出版社,2019.

[26]中华人民共和国国家卫生和计划生育委员会,国家食品药品监督管理总局.食品安全国家标准 食品中蛋白质的测定:GB 5009.5—2016[S].北京:中国标准出版社,2017.

[27]中华人民共和国农业农村部.畜禽肉水分限量:GB 18394—2020[S].北京:中国标准出版社,2020.

[28]中华人民共和国国家卫生和计划生育委员会,国家食品药品监督管理总局.食品安全国家标准 食品中甲醇的测定:GB 5009.266—2016[S].北京:中国标准出版社,2017.

[29]中华人民共和国国家卫生和计划生育委员会,国家食品药品监督管理总局.食品安全国家标准 食品中苯并(a)芘的测定:GB 5009.27—2016 [S].北京:中国标准出版社,2017.

[30]全国粮油标准化技术委员会.芝麻油:GB/T 8233—2018 [S].北京:中国标准出版社,2018.

[31]全国粮油标准化技术委员会.动植物油脂 折光指数的测定:GB/T 5527—2010 [S].北京:中国标准出版社,2011.

[32]全国粮油标准化技术委员会.动植物油脂 碘值的测定:GB/T 5532—2008 [S].北京:中国标准出版社,2009.

[33]全国粮油标准化技术委员会.动植物油脂 皂化值的测定:GB/T 5534—2008 [S].北京:中国标准出版社,2009.

[34]全国粮油标准化技术委员会.植物油脂 透明度、气味、滋味鉴定法:GB/T 5525—2008 [S].北京:中国标准出版社,2008.

[35]中华人民共和国国家卫生和计划生育委员会.食品安全国家标准 动植物油脂水分及挥发物的测定:GB 5009.236—2016 [S].北京:中国标准出版社,2017.

[36]全国粮油标准化技术委员会.动植物油脂 不溶性杂质含量的测定:GB/T 15688—2008 [S].北京:中国标准出版社,2009.

[37]中华人民共和国国家卫生和计划生育委员会.食品安全国家标准 食品中酸价的测定:GB 5009.229—2016[S].北京:中国标准出版社,2017.

[38]中华人民共和国国家卫生和计划生育委员会.食品安全国家标准 食品中过氧化值的测定:GB 5009.227—2016[S].北京:中国标准出版社,2017.